国 土 空 间 规 划 丛 书
战 略 性 新 兴 领 域 "十 四 五" 高 等 教 育 教 材
教育部战略性新兴领域"十四五"高等教育教材体系建设团队编写

丛书主编　吴志强

国土空间规划理论与方法
THEORIES AND METHODS OF SPATIAL PLANNING

林 坚　主编

同济大学出版社
TONGJI UNIVERSITY PRESS
·上海·

图书在版编目（CIP）数据

国土空间规划理论与方法 / 林坚主编. -- 上海：同济大学出版社, 2024.8. -- （国土空间规划丛书 / 吴志强主编）（战略性新兴领域"十四五"高等教育教材）. -- ISBN 978-7-5765-1316-5

Ⅰ．F129.9

中国国家版本馆CIP数据核字第2024GY4156号

战略性新兴领域"十四五"高等教育教材
国土空间规划丛书

丛书主编　吴志强

国土空间规划理论与方法

林　坚　主编

策划编辑：吕　炜　｜　责任编辑：孙　彬　｜　责任校对：徐逢乔　｜　封面设计：完　颖

出版发行	同济大学出版社 www.tongjipress.com.cn
	（地址：上海市四平路1239号　邮编：200092　电话：021-65985622）
经　　销	全国各地新华书店、建筑书店、网络书店
印　　刷	上海安枫印务有限公司
开　　本	787mm×1092mm　1/16
印　　张	15.5
字　　数	286 000
版　　次	2024年8月第1版
印　　次	2024年8月第1次印刷
书　　号	ISBN 978-7-5765-1316-5
定　　价	68.00元

本品若有印装质量问题，请向本社发行部调换　　版权所有　　侵权必究

《国土空间规划理论与方法》编委会

主　编

林　坚

编委会委员（按拼音排序）

曹小曙	邓红蒂	董　慰	杜国明	郝晋珉	胡守庚	胡业翠	黄大全
金晓斌	李和平	李　昕	林　坚	刘大海	刘　涛	陆方兰	彭　建
石晓东	田　莉	王　昊	王兴平	王　勇	吴宇哲	杨庆媛	杨一帆
姚宏韬	易树柏	袁　媛	曾　鹏	张安录	张　立	张　全	张书海
张文忠	张晓玲						

编写人员（按拼音排序）

艾　东	白羽萍	曹小曙	常　青	陈　猛	陈　卓	楚建群	戴林琳
董玛力	董　慰	杜国明	顿明明	冯　喆	傅　兆	高宜程	顾媛媛
韩贵峰	何莲娜	和朝东	胡　畔	胡业翠	黄大全	黄晓燕	金晓斌
柯新利	李和平	李晋轩	李　琳	李　昕	李　欣	李秀伟	李　旭
林　坚	刘大海	刘建新	刘　鹏	刘　涛	刘　源	柳　清	柳意云
卢艳霞	陆方兰	吕国玮	马　亮	慕　野	倪莉莉	彭　建	祁　帆
钱　笑	孙海清	孙忠伟	谭文勇	陶　遂	田　莉	王宝强	王　波
王　纯	王　昊	王佳文	王　亮	王明田	王新峰	王兴平	王雅捷
王亚辉	王　垚	王　勇	王　雨	王珍珍	吴龙峰	吴宇哲	谢苗苗
解永庆	邢文秀	徐　姗	徐有钢	许立言	杨庆媛	杨　滔	杨　欣
杨一帆	姚之浩	易树柏	袁　弘	袁　媛	曾　鹏	张　华	张　立
张　莉	张书海	张文新	张文雍	张文忠	张　雪	张英男	赵　丹
赵　斐	赵星烁	周　敏					

总　序

"智人"（*Homo sapiens*）之所以在动物界中脱颖而出超越动物本能，是因为其具有谋划共同愿景、在共同目标下创造复杂工具技术、展开语言沟通交流及大规模集体协同行动的能力。其中包含三种关键能力：

（1）具有想象愿景的能力。可通过协商想象，制定出一个共同认同的、尚未现实存在的愿景目标（visioning）。

（2）具有为实现目标设置路径的能力。对大规模个体进行系统分工，分头分段推进计划（approaching）。

（3）具有语言沟通、协同调整的能力。在实施愿景的过程中，对于没有发生的场景进行过程沟通，不断优化目标、优化途径、优化分工，直到实现愿景，甚至实现超出原本愿景的目标（coordinating）。

这三种能力是人类区别于其他动物的本质能力，也是规划的三大核心要素：目标愿景、实施路径、沟通协调。因此，只要理解人类与动物能力的本质区别，就可以理解人类为什么一定会进行规划。

土地是人类生存的根本基础，也是动植物的生存基础。人类在现代文明之前，几乎所有的生存、生活和生产活动都在土地上发生。因此，人类在进入现代文明之前，各种族之间的竞争几乎都可以理解为对生存土地及土地之上的生产、生活资料的竞争。马克思主义诞生以前，西方对于财富的认识一般为：土地是财富之母，劳动是财富之父。马克思主义诞生以后，资本主义产生财富的依托要素被扩展至除土地、劳动之外的资本等其他要素。

空间比土地的含义更多，也更复杂。空间之所以比土地复杂，可以从以下三个方面来认识：

（1）从空间维度上，空间有地下、地面、地上、空中的深度和高度。

（2）从生产维度上，除了包含第一产业之外，更重要的是第二产业和第三产业，以及更高维度的生产组织和生产关系。

（3）从构成要素维度上，除了自然物质空间和人造物质空间外，还有社会空间，以及正在诞生的数字智能空间的多要素空间复合。

因此，我们现在一般称空间是复合的，空间进入了三度空间：物质空间、社会空间和数字空间。而三度空间在某个时段中又是一体化运行推进的，这也说明人类文明正进入更高的维度，空间的规划也变得更加多维、更加系统、更加复合，要求更高的文明来规划和治理。

空间规划是文明的产物，不同的文明阶段也对应了不同的空间规划。进入工业文明后，随着城市空间的立体化和城市财富要素的高速流动，大城市的规划成为一种职业，也是现代空间规划的起源。现代空间规划从大城市区域的空间规划，逐步发展到中小城市的规划，并延续到农业地区的规划，使得空间规划包含了城市和乡村地区人类居住空间的整体规划。

当前，我们这套"国土空间规划丛书"第1期共有22个分册，包括《国土空间规划原理》《数字国土空间》《国土空间规划概论》《国土空间规划理论与方法》《国土空间治理学（上册）》《国土空间治理学（下册）》《国土空间规划实施与治理》《国土空间使用与管理（上册）》《国土空间使用与管理（下册）》《国土空间总体规划编制》《国土空间详细规划编制》《乡镇域国土空间规划》《村域国土空间规划》《国土空间专项规划编制》《国土空间健康规划》《国土空间遗产保护与复兴规划》《国土空间产业规划》《国土空间生态规划》《国土空间规划与空间形态设计》《国土空间规划相关知识：自然卷》《国土空间规划相关知识：人文卷》《国土空间规划相关知识：陆海统筹》，基本涵盖了空间规划的维度和层级。

这套丛书汇聚了清华大学、北京大学、东南大学、天津大学、同济大学、华中科技大学、中国人民大学等众多高水平教学团队的智慧和经验，除完成系统整理和传播国土空间规划领域的知识、厘清学科脉络这一书籍的历史使命之外，我们还期望这套丛书在指导实际规划工作中的决策和操作、推介最新技术和方法、了解和适应国土空间规划行业变化、扩展跨学科和国际视野方面能提供实际的帮助。

"国土空间规划丛书"作为开放体系，随着科技进步和城市规划理论的发展而不断更新和完善，可能会增加更多探讨新兴技术和方法的分册、更新前沿的实际案例研究。我们也希望这套丛书能够成为国土空间规划领域的一个开放平台，吸引更多的学者和实践者参与进来，激发更多关于构建更加智能、可持续和公平的城市的讨论和探索，共同推动国土空间规划学科的发展。

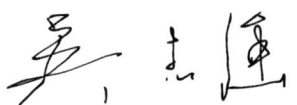

"国土空间规划丛书"总主编
中国工程院院士
教育部建筑类专业教学指导委员会副主任、城乡规划学分指导委员会主任

前　言

在过去数十年间，包括主体功能区规划、土地利用规划、城乡规划等在内的各级各类空间规划在支撑城镇化快速发展、优化国土空间格局、保护自然生态环境等方面发挥了极为重要的作用。然而，空间规划体系存在的规划类型繁多、内容重叠冲突、审批流程冗杂等问题也日益凸显。为了解决这些问题，2019 年中共中央、国务院发布了《关于建立国土空间规划体系并监督实施的若干意见》，明确提出要建立"多规合一"的国土空间规划体系，这就要求对已有规划理论和方法进行梳理、整合、完善与创新，形成具有中国特色的、适用于全国国土空间规划的理论与技术方法体系。针对这一问题，学术界和实践、管理界已经进行了大量研究和探讨，但相关工作较为零散，在完整性和系统性方面仍明显不足。本书将对国土空间规划的相关理论与方法进行总领性的介绍，力图构建一套较为完整和系统的知识体系。

国土空间规划是国家空间发展的指南、可持续发展的空间蓝图，是各类开发保护建设活动的基本依据。建立国土空间规划体系是推进生态文明建设、实现国家治理能力现代化的重要一环，其根本目的在于推动人与自然的和谐共生、促进中华民族的永续发展。人地关系地域系统理论为国土空间规划理论和技术体系的建立和完善提供了重要基础和支撑。在工业化、城镇化、全球化过程持续推进的背景下，人类活动与自然环境之间的互动方式、影响范围以及作用强度不断转变、拓展和强化，各地区的经济结构和生态环境结构发生强烈改变，资源能源加速消耗，全球气候变化的影响日益凸显，对人类社会可持续发展提出了严峻挑战。上述挑战产生的根本原因是地球表层系统中"人"和"地"之间关系的不协调甚至是对立，而人地关系地域系统理论为解决这一问题提供了理论支撑。人地关系地域系统是指人与地在一定的地域范围空间内相互联系、相互作用而形成的动态结构。人地之间两个最基本的客观关系在于：其一，人对地具有依赖性，即地理环境是人类活动的物质基础和空间场所，对人类活动具有一定的制约作用；其二，人在人地关系中处于主导地位，人具有明确的主观能动性，地理环境以及人地关系会受到人类活动方式的深刻影响。因此，从人地关系地域系统理论来看，解决人地矛盾、实现人类社会可持续发展的关键在于人类如何科学合理地调控人地间的互动方式，这与建立国土空间规划体系的目标完全一致。国土空间规划工作的本质和核心任务就是通过整体谋划国土空间开发保护格局、对各类开发保护建设活动进行空间管制，以促进人地之间的协调发展、实现国土空间的合理规划与可持续利用。

国土空间规划的直接对象是"国土空间"，即"地"。建立国土空间规划理论和方法体系首先就要对"国土空间"具有清晰明确的认知。"国土空间"具有区域和要素的双重特性。区域型国土空间的分类体现了人们对地球表层生存场所和环境的抽象认知，是对一定空间范围内人类活动和自然资源环境进行综合汇总的结果，体现了地理学区划的认识视角。作为综合性的地域范围，"区域"型国土空间可以进行地图学上的区划，例如行政区划、经济区划、自然区划、政策区划、主体功能区、自然保护区、开发区等。这些不同类型的划分从抽象的、宏观的视角认知国土空间，由此所形成的政策、理论与方法更为偏向综合性管理，主要处理区域协调问题。与之相对，要素型国土空间的分类则更多反映了国土空间具象的、客观存在的方面，国土空间被视作各类自然资源要素和生态环境的载体。根据所承载的不同人类活动或自然资源，要素型国土空间也可被划分为不同的类型，例如城市建设用地、乡村建设用地、耕地、林地、草地等，均为特定自然资源类型的、具体的物质空间，因而基于这一视角的国土空间认知及相应的政策和规划方法更为侧重落地管理，主要处理资源要素配置问题。上述两种不同认知下的国土空间既存在区别又具有联系，要以联通区域型、要素型国土空间开发保护制度为重点，建立"区域－要素"统筹的国土空间开发保护理论和方法体系。

国土空间规划的根本目标是服务于"人"、促进人类社会的可持续发展。在人地关系地域系统理论中，"人"不仅指个体的自然人，还具有多重的、广泛的内涵。具体到国土空间规划中，"人"既是国土空间规划的服务对象，又是国土空间规划的参与者和实施者。作为规划的服务对象，"人"的需求是国土空间规划的出发点和落脚点，要充分考虑居民的居住、工作、休闲等多样化需求，合理有序利用各类自然资源、满足人们不同需求；居民的意见和建议也是国土空间规划的重要参考，要通过公众参与、利益相关者协商等机制，充分考量不同主体的诉求，形成共识。作为规划的编制者和实施者，各级政府有关机构及工作人员是国土空间规划落地的关键，要通过法律法规、政策引导、宣传教育等手段，充分调动各方积极性，形成国土空间规划实施的强大合力。作为一项复杂的系统工程，国土空间规划需要政府、市场、社会等多方力量共同参与和协作，政府主要发挥规划的统筹和引领作用，市场发挥各类资源配置的决定性作用，社会则起到公众参与和监督作用。国土空间规划工作必须要处理好不同参与主体之间的关系，建立权责清晰的规划编制、管控和监督的方法体系，提升国土空间规划的有效性，促进国家治理能力的现代化。

在新的发展背景下，国土空间规划还应注重创新驱动，运用现代科技手段，提高规划的科学性和可实施性。地理信息系统（GIS）和卫星遥感技术的应用，为国土空间规划提供了强有力的工具支持。地理信息系统能够整合各种空间数据，进行地形分析、土地利用分析等工作，大大提升了国家对自然资源的管理能力；而卫星遥感技术则能够实时监测土地覆盖变化、城市扩张、自然灾害等地表变化情况，为规划的编制、实施和监管提供动态更新的数据支持。近年来蓬勃发展的大数据分析、人工智能等新兴技术也会不可避免地使未来国土空间规划的工作方式发生变革，推动国土空间规划走向智能化、自动化。因此，国土空间规划工作者们必须要对国土空间规划在当前和未来所采用的现代科技手段有所认识，能够合理利用各项技术工具，从而使得国土空间规划工作更为科学、精准、高效。

基于对国土空间规划的上述理解和认识，本书如图1《国土空间规划理论与方法》知识体系结构（两级知识单元和知识点）所示，分别从第1章到第6章对国土空间规划理论与方法相关知识点进行整理和解析。各章主要内容如下：

第1章从国土空间规划体系的目的和意义切入，对国土空间规划基本理念进行介绍，包括生态文明观与可持续发展理念、国土安全观与底线思维、资源节约集约理念、现代城市与乡村发展理念等，理解和把握上述各项理念是开展国土空间规划工作的前提。

第2章面向国家治理能力现代化水平的提升，介绍国土空间治理相关理论，如区域协调与资源要素统筹优化理论、资源产权与租价理论、现代公共治理理论等，建立科学、合理、可行的国土空间规划理论与方法体系离不开这些治理理论的指导。

第3章主要对国土空间组织理论进行介绍，包括区域空间结构形成理论、区域分工与布局理论、城镇村体系组织理论、城市结构组织理论、城乡形态组织理论、城乡景观与城市设计理论等，是进行国土空间区域协调与综合管理的基础。

第4章围绕国土空间规划的编制过程，介绍国土空间规划的主要方法，涵盖规划设计思维、规划方法模式、规划调查方法、规划分析评价方法、规划预测方法、规划设计方法等。

第5章结合现行法律法规和政策制度，对国土空间规划管控方法展开介绍，包括国土空间指标管控方法、国土空间分区管控方法、国土空间重要控制线管控方法、国土空间转用管控方法、节约集约用地配套方法、国土空间生态修复方法等，是国土空间规划编制实施监督、实现"区域—要素"统筹的制度保障。

第6章从规划机助技术、地理信息系统技术、面向未来的规划设计技术等方面对国土空间规划中当前和未来可能采用的各类技术手段与应用方式进行介绍，使读者了解和认识国土空间规划相关技术方法。

本书正文中的附图内容请至图书勒口处扫码查看。

图1 《国土空间规划理论与方法》知识体系结构
资料来源：自绘

扫码读图

目 录

总 序   V
前 言   VII

第1章   国土空间规划基本理念   001

1.1   生态文明观与可持续发展理念   001

1.2   国土安全观与底线思维   007

1.3   资源节约集约理念   018

1.4   现代城市发展理念   024

1.5   现代乡村发展理念   038

第2章   国土空间治理理论   045

2.1   区域协调与资源要素统筹优化理论   045

2.2   资源产权与租价理论   050

2.3   现代公共治理理论   057

第3章   国土空间组织理论   065

3.1   区域空间结构形成理论   065

3.2   区域分工与布局理论   072

3.3   城镇村体系组织理论   078

3.4   城市结构组织理论   084

3.5   城乡形态组织理论   092

3.6   城乡景观与城市设计理论   099

第4章	国土空间规划方法论	104
4.1	规划设计思维	104
4.2	规划方法模式	115
4.3	规划调查方法	123
4.4	规划分析评价方法	127
4.5	规划预测方法	130
4.6	规划设计方法	136

第5章	国土空间规划管控方法	145
5.1	国土空间指标管控方法	145
5.2	国土空间分区管控方法	149
5.3	国土空间重要控制线管控方法	156
5.4	国土空间转用管控方法	177
5.5	节约集约用地配套方法	183
5.6	国土空间生态修复方法	192

第6章	国土空间规划技术应用	207
6.1	规划机助技术	207
6.2	地理信息系统技术	208
6.3	面向未来的规划设计技术	215

后 记	234

第 **1** 章

国土空间规划基本理念

■ 本章要点

发展理念是发展行动的先导，一定的发展实践都是由一定的发展理念来引领的。作为国家空间发展的指南、可持续发展的空间蓝图、各类开发保护建设活动的基本依据，国土空间规划在其编制、实施、监督的过程中，需要坚决贯彻我国新时代发展背景下党中央提出的各类基本发展理念、充分发展针对我国现实国情的城乡发展理念、积极吸收国际前沿的规划理念，以确保发展方向的正确性、实施过程的有效性、理论基础的科学性。本章介绍了国土空间规划的基本理念：生态文明观和可持续发展理念为国土空间规划工作提供了目标指引并赋予时代内涵，应作为基础背景充分了解，其中以"两山"理论和高质量发展理念为学习重点；国土安全观、底线思维、资源节约集约理念为国土空间规划工作提出了全方位的现实发展需求，需要掌握国土安全各方面的核心要求，理解底线思维和用途管控在国土空间规划工作中的具体体现，以土地资源为重点综合理解节约集约利用相关理念；现代城市和乡村的发展理念为国土空间规划提供了可参考借鉴的发展路径，需要重点关注城乡融合发展理念和乡村地域多功能理念。

1.1 生态文明观与可持续发展理念

党的十八大以来，以习近平同志为核心的党中央高度重视绿色发展，把生态文明建设摆到党和国家事业全局突出位置，坚持倡导绿色、低碳、循环、可持续的生产生活方式，科学阐释生态环境保护和经济发展的辩证统一关系，不断开拓生产发展、生活富裕、生态良好的文明发展道路。这一目标和路径与联合国所提出可持续发展目标不谋而合，结合我国经济社会发展多年来坚持贯彻的高质量发展理念，共同为我国引领全球可持续发展目标的实现提供中国经验、彰显中国智慧。

1.1.1　人与自然和谐共生理念

作为生态文明建设的首要原则，坚持人与自然和谐共生是习近平生态文明思想的六项原则之一，是新时代坚持和发展中国特色社会主义的基本方略之一，是对解决人与自然关系问题的创造性解答。党的二十大报告指出："中国式现代化是人与自然和谐共生的现代化"，"必须牢固树立和践行绿水青山就是金山银山的理念，站在人与自然和谐共生的高度谋划发展"。国家"十四五"发展规划要求"推动绿色发展，促进人与自然和谐共生"。

1. 人与自然和谐共生的基本内涵

人与自然和谐共生，是对人与自然相互关系处于协调和谐状态、人与自然共同发展处于理想状态的一种价值诉求。人与自然和谐共生的基本内涵包含了人与自然是生命共同体、利益共同体、发展共同体的多维理念。

1）人与自然是生命共同体

人与自然的关系是人类社会最基本的关系。一方面，人源于自然，依赖自然。大自然孕育抚养了人类，人因自然而生，是自然存在物和自然进化的产物。大自然为人类提供赖以生存发展的基本条件，自然资源也会制约人类的发展。另一方面，人类能够发挥主观能动性通过社会实践去认识和改造自然、利用自然，为自己的生存和发展服务，从而使得自然成为人化的自然。人与自然是生命共同体的科学理念系统揭示了人与自然之间相互依赖与相互影响的共生、共存、共荣关系。

人与自然是生命共同体的理念与地理学领域的人地关系理论密切关联，其认为人地之间存在客观关系，人地关系变化也存在客观规律。人必须依赖所处的地理环境，并将其作为生产生活的基础，人应该主动地认识地理环境，并自觉地依据客观规律去改变和利用地理环境；人地关系会随着人类科技和生产力的不断发展而变得日益紧密，并随着地理环境在人类的作用下产生新变化。

人与自然生命共同体的理念将人与自然有机融入生命共同体的理论范式，注重从系统性、整体性、结构性的维度认识和把握人与自然的关系。"山水林田湖草"是人与自然和谐共生的客观要素，是人类生存发展的物质基础。"山水林田湖草"是一个生命共同体的系统思想，要求在生态环境治理中树立大局观、全局观，遵循自然规律、顺应生态系统固有的协同演进规律，统筹兼顾、整体施策、多措并举，全方位、全地域和全过程地推动人与自然和谐共生现代化建设。

2）人与自然是利益共同体

人与自然是"一荣俱荣，一损俱损"的利益共同体。人与自然和谐共生要以人类利益与自然生态利益都能够得到双向保全和优化作为重要前提。一方面，就人类利益而言，自然是人类生存和发展的基础，是人的生活和活动的重要组成部分。自然的生态环境价值是人的价值形成和发展的前提和基础，在人与自然和谐相处中以资源能源、生态产品等形式不断地转化为人的价值。另一方面，人对自然的任何改造都会直接或间接作用于人类。在人的价值和利益实现过程中，人类只有尊重自然、顺应自然、保护自然，才能促进自然界在生生不息的发展中哺育人类，人类又在呵护自然中把"绿水青山"转化为"金山银山"，推动经济发展和生态保护相协调，实现人与自然和谐共生。

"绿水青山就是金山银山"的"两山"理论是对人与自然利益共同体的深入阐释，深刻揭示了发展与保护之间辩证统一、相辅相成的关系。"绿水青山"是人类社会经济发展所倚仗和依靠的优质生态环境。自然资源和环境本身表现出的生态效益、生态价值是自然赋予人类的最大、最丰厚的经济效益和经济资本。"金山银山"则是代表人类社会的一切物质生活条件，是对经济增长的形象化表述。"两山"理论从发展视角和时代发展需求看待环境问题，致力于建设以产业生态化和生态产业化为特征的生态经济体系，推进生态惠民、生态利民、生态为民，走人与自然的和谐发展道路。

3）人与自然是发展共同体

人与自然是相互促进、共同发展的整体。人与自然和谐共生构成的生命共同体和利益共同体不是静态不变的，而是在运动、变化中的发展共同体[1]。人与自然作为发展共同体，实质上是一个在人与自然互馈互益中不断创造出价值的过程。促进人与自然和谐共生，既体现在对人与自然关系的认识，又彰显了在人与自然关系上以解决问题为对策的发展意识。"自然—社会—人"形成了一个相互作用和相互影响的发展共同体。发展必须追求有助于人与自然和谐共生的绿色生产力，实现绿色发展。人类社会发展的速度、规模、程度和水平，都要符合自然界的客观规律，注重与自然生态系统的可供给能力相匹配，与资源、环境、人口发展的比例相协调，充分考虑生态环境的负荷量和承载力。坚持绿色发展，就是坚持中国式现代化是人

---

1. 方世南. 在"两个结合"中创造人类生态文明新形态［J］. 思想理论教育，2023（11）：19-25.

与自然和谐共生的现代化的价值定位，以绿色发展实现发展观、现代化观、发展方式、现代化方式的重大变革，以绿色发展推动人与自然和谐共生。

2. 人与自然和谐共生的主要价值取向

人与自然和谐共生的主要价值取向表现为：人的价值与自然价值互促共进，人文价值与经济价值协调共增，代内价值与代际价值承续共保，区域价值、民族价值、国别价值与全人类价值分担共享。

1.1.2　可持续发展理论

可持续发展理论起源于人类社会对其发展和生态环境矛盾的反思。1987 年，格罗·哈莱姆·布伦特兰在联合国大会上发表《我们共同的未来》（*Our Common Future*）报告，正式提出可持续发展概念。可持续发展的内涵为："既满足当代人的需要，又不损害后代人满足其需要的能力的发展。"可持续发展五大支柱包括：共同发展、协调发展、公平发展、高效发展和多维发展。

（1）共同发展。强调地球是一个复杂巨系统，任何部分不可分割，每个系统都在发生联系，相互作用，因此可持续发展追求的是整体协调发展。

（2）协调发展。强调社会、经济、环境三大系统的整体协调，也包括世界、国家和地区三个空间层面的协调，还包括一个国家或地区经济与人口、资源、环境、社会以及内部各个阶层的协调，要求人类通过规范自身行为使各子系统之间达到合理的结构关系。

（3）公平发展。包括两个维度：一是时间维度的公平，当代人的发展不能以损害后代人的发展能力为代价；二是空间维度的公平，一个国家或地区的发展不能以损害其他国家或地区的发展能力为代价。

（4）高效发展。高效发展是指经济、社会、资源、环境、人口等协调下的高效率发展，既包含经济上的效率，又涉及自然资源和环境的损益的成分。

（5）多维发展。包含多样性、多模式的多维度选择，意味着各国和各地区在实施可持续发展战略时，应该从国情或区情出发，走符合本国或本区实际的、多样的、多模式的可持续发展道路。

2015 年联合国可持续发展峰会上正式批准《变革我们的世界——2030 年可持续发展议程》，议程提出了消除贫困、增进福祉、减少不平等、遏制气候变化、保护生态系统等 17 个全球性目标，旨在消除贫困、保护地球、确保所有人共享繁荣。

专栏 1-1 联合国《变革我们的世界——2030年可持续发展议程》提出的发展目标

2015年9月25日至27日在纽约联合国总部召开的联合国大会第70届会议上正式通过了2015年后发展议程《变革我们的世界——2030年可持续发展议程》，提出了全新的、系统的全球可持续发展目标，包括17个可持续发展目标（SDGs）（图1-1）以及169个相关具体目标，发出了"行动起来，变革我们的世界"的呼吁，在促进经济繁荣的同时保护地球。

图1-1 联合国17个可持续发展目标

资料来源：自然资源部国土空间规划局.新时代国土空间规划——写给领导干部［M］.北京：中国地图出版社，2021.

1.1.3 高质量发展理念

2017 年，党的第十九次全国代表大会首次提出"高质量发展"表述，表明中国经济由高速增长阶段转向高质量发展阶段。高质量发展是指能够满足人民日益增长的美好生活需要的发展，是体现新发展理念的发展，是创新成为第一动力、协调成为内生特点、绿色成为普遍形态、开放成为必由之路、共享成为根本目的的发展。党的十九大报告提出的"建立健全绿色低碳循环发展的经济体系"为新时代下高质量发展指明了方向，同时也提出了一个极为重要的时代课题。高质量发展根本在于经济的活力、创新力和竞争力。而经济发展的活力、创新力和竞争力都与绿色发展紧密相连，密不可分。离开绿色发展，经济发展便丧失了活水源头而失去了活力；离开绿色发展，经济发展的创新力和竞争力也就失去了根基和依托。绿色发展是我国从速度经济转向高质量发展的重要标志。

从经济社会发展的全局看，高质量发展，就是发展从"有没有"转向"好不好"。推动高质量发展，可从三个方面认识。一是实现经济持续健康发展要求推动高质量发展。我国正处于转变发展方式关键阶段，劳动力成本上升，资源环境约束增大，粗放型发展方式难以为继，经济循环不畅问题突出。我们要完整、准确、全面地贯彻落实新发展理念，坚持质量第一、效益优先，切实转变发展方式，推动质量变革、效率变革、动力变革。二是解决我国社会主要矛盾要求推动高质量发展。我国社会主要矛盾已转化为人民日益增长的美好生活需要和不平衡不充分的发展之间的矛盾，并集中体现在发展质量上。坚持以推动高质量发展为主题，就是要在质的提升中实现量的有效增长，进入新发展阶段，高质量发展不仅仅局限于经济领域，社会主义现代化建设各方面各领域都要体现高质量发展要求，不断实现人民对美好生活的向往，增强人民群众的获得感、幸福感、安全感。三是遵循经济规律要求推动高质量发展。20 世纪 60 年代以来，全球 100 多个中等收入经济体中只有十几个成为高收入经济体，这些取得成功的国家和地区，都经历了高速增长后从量的扩张转向质的提高；而那些徘徊不前甚至倒退的国家和地区，都没有自觉推动和实现这种根本性转变。在经济发展中，量的积累到了一定阶段必须及时转向质的提升，我国经济发展也需要顺应并遵循这一规律 [1]。

---

1. 中华人民共和国国家发展和改革委员会 . "十四五"规划《纲要》名词解释之 3 | 高质量发展 [EB/OL] . (2021-12-24) [2023-12-24] . https://www.ndrc.gov.cn/fggz/fzzlgh/gjfzgh/202112/t20211224_1309252.html ? state=123&state=123.

1.2 国土安全观与底线思维

国土安全观与底线思维是新时代中国特色社会主义建设过程中的至关重要的战略思想，共同构成了维护国家国土安全的战略框架。在国土空间规划的编制、实施和监管全过程中，国土安全观强调了在粮食与食物安全、生态安全、水资源安全、能源与矿产安全等多个自然资源相关维度进行系统性和全面性的保护和管理；底线思维则针对未来发生风险和挑战时仍有能力积极主动应对，而对当前的发展提出基本性要求和作出长远布局。两类安全观念在灾害防范和用途管控等方面皆有具体体现。

1.2.1 粮食安全与食物安全

1. 粮食安全

粮食安全直接关系到国家和人民的生存与发展，是维护国家稳定、社会和谐的基础。在全球化和城市化进程中，粮食安全问题日益凸显。粮食安全是指在任何时候，国家或地区能够保障其居民获得充足、安全、富有营养的食物，以满足其正常生活和健康发展的需求。这包括确保粮食生产能够满足国家或地区的自给自足需求，以及在特殊情况下能够通过适度的进口来应对供给不足的情况。粮食安全涉及粮食的质量、安全性和营养价值，以及居民对粮食供应的信任度和满意度。此外，强调粮食安全的同时，也要毫不放松抓好粮食等重要农产品稳定安全供给，多途径开发食物来源也能为主粮供应减轻一些压力，尽量避免在粮食问题上受制于人的风险。

耕地保护是粮食安全的基础。我国实施"以我为主、立足国内、确保产能、适度进口、科技支撑"的粮食安全战略。这一战略要求做到谷物基本自给、口粮绝对安全，以确保国家粮食供应的稳定性和安全性[1]。我国人多地少，若要减少对国际粮食市场进口的依赖，并满足国内的粮食需求，根本途径主要为扩大粮食种植面积和提高耕地单产能力[2]。从本质上讲，粮食安全的基础和关键是耕地有效保护与合理利用。为此，国土空间规划划定永久基本农田保护红线，严守耕地红线，确保耕地面积基本稳定、质量不下降，粮食生产稳定发展。同时，加强耕地污染防治，确保粮食质量安全[3]。

纵观耕地保护政策的发展历程，我国经历了从"数量平衡"到"数量—质量平

---

1. 吴宇哲, 沈欣言. 中国耕地保护治理转型：供给、管制与赋能 [J]. 中国土地科学, 2021, 35 (8)：32-38.
2. 吴宇哲, 许智钇. 大食物观下的耕地保护策略探析 [J]. 中国土地, 2023 (1)：4-8.
3. 国土资源部土地整治中心. 土地整治蓝皮书：中国土地整治发展研究报告 No.2 [M]. 北京：社会科学文献出版社, 2015.

衡"再到"数量—质量—生态平衡"这一过程。当前，数量、质量和生态"三位一体"的耕地保护制度已成为共识，其关键在于"藏粮于地"[1]。"藏粮于地"是一个系统工程，需要将"保空间、提产能、可持续"协同起来，以"藏粮于地"为抓手构建粮食安全引领下的耕地保护体系（图1-2）。

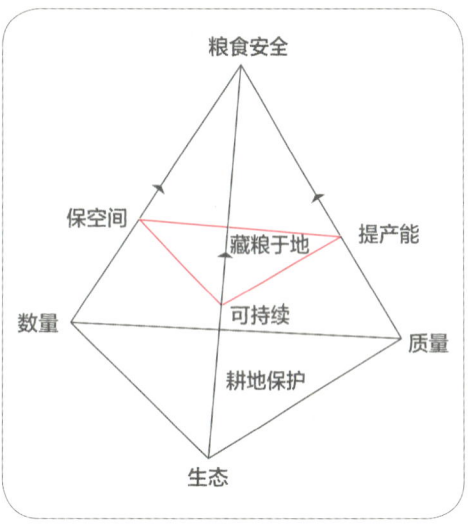

图1-2 藏粮于地：耕地保护与粮食安全
资料来源：自绘

2. 食物安全

食物安全是指人们在食用食品时不受到任何伤害的状态，是人类生存和发展的基本保障之一。食物安全包括食品本身的质量和安全性、人们对食品来源和生产过程的信任和满意度、人们对食品的选择和饮食习惯的合理性等方面的因素。

随着人们收入和消费水平的提升，人们对食物结构的认识和态度也发生了转变，"大食物观"理念应运而生。"大食物观"首先强调食物供给的多元化，认为不同种类的食物都有其独特的营养成分，只有保持食物种类的多样性，才能满足人们不同的营养需求，保持饮食的均衡性和健康性；其次，注重食物的健康化，认为食物的健康与否不仅取决于其营养成分，还取决于其生产过程和加工方式，只有确保食物健康，才能保障人们的健康和生命安全；最后，强调食物的安全性，关注食品的来源和生产过程。

保障食物安全，需要树立"大食物观"，推动食物供给由单一生产向多元供给转变，实现各类食物供求平衡，以满足人民既要"吃得饱"，又要"吃得好""吃得放心""吃得营养健康"的要求[2]。

3. 农业生产资料安全

"大食物观"拓展了传统的粮食边界。我国的饲料消费需求已经超过口粮，成为粮食消费量需求的大头，饲料消费和工业消费占粮食总消费需求的比重已经达到了60%～65%。饲料用粮必须保持较高的国内自给率，以免受制于人。因此在保障口粮稳定供应的前提下，饲料用粮的增产是未来粮食增产的关键。

---

1. 吴宇哲，蔡宇超.藏粮于地：保空间、提产能、可持续［J］.中国土地，2024（3）：4-7.
2. 张红宇，张海阳，李伟毅，等.中国特色农业现代化：目标定位与改革创新［J］.中国农村经济，2015（1）：4-13.

在我国目前耕地有限的情况下，粮食增产的核心是化肥，化肥对于粮食生产保供起到不可替代的作用，特别是钾肥，这是氮磷钾三大肥中唯一不能自给且需要大量进口的肥料，其重要性不言而喻，因此保护和拓展盐田等钾肥生成基地，也是保障粮食安全的重要环节。

1.2.2　生态安全

生态安全是国家安全的重要组成部分[1]，是经济社会持续健康发展的重要保障。生态安全是指一个国家或群体赖以生存和发展的生态环境处于不受或少受破坏和威胁的状态，以及应对内外重大生态问题保障这一持续状态的能力。2015 年，我国颁布的《中华人民共和国国家安全法》将生态环境保护作为国家安全中第三十条内容，对生态环境保护制度建设、生态风险预警能力提升等内容提出要求，强调生态安全在国家安全层面的重要性[2]。

当前，生态安全仍面临诸多挑战，如动物栖息地破坏、生物多样性退化、水资源短缺、全球气候变化加剧等，极大威胁了人类生存与发展的基本环境。生态安全相关研究也不断深入，认识不断细化（表 1-1），关注视角从最初仅关注气候灾害、森林退化等环境问题，向整个生态系统以及社会—生态系统转变[3]，研究分支涉及土地生态安全、水资源生态安全、景观生态安全以及海岸带生态安全等[4, 5, 6]，提倡针对不同对象分类施策、精准保护。

保障生态安全，需要明确底线、完善功能，构建生态安全格局。明确底线，指落实生态保护红线、自然保护地体系等空间发展底线；完善功能，指巩固生态系统服务功能，基于水源涵养、水土保持、生物多样性维护、防风固沙、海岸防护等生态系统服务功能，优先保护森林、灌丛、草地、内陆湿地、荒漠、海洋等生态系统。同时，基于水土流失、石漠化、土地沙化、海岸侵蚀及沙源流失等生态脆弱性因素，须结合生态脆弱性评价和生态系统服务功能评价确定生态安全格局。

---

1. 郇庆治，李永恒 . 中国的全球生态安全观：形塑、意涵与革新［J］. 中央民族大学学报（哲学社会科学版），2023，50（3）：100–110.
2. 中华人民共和国第十二届全国人民代表大会常务委员会第十五次会议 . 中华人民共和国国家安全法［EB/OL］.（2015-07-01）［2024-05-01］. https：//www.gov.cn/zhengce/2015-07/01/content_2893902.htm.
3. LITFIN K T. Constructing environmental security and ecological interdependence［J］. Global Governance：A Review of Multilateralism and International Organizations，1999，5（3）：359–377.
4. 倪冉，关洪军 . 海洋生态安全与海洋经济高质量发展协同演化及交互响应［J］. 统计与决策，2023，39（21）：127–131.
5. 田雨欣，田美，冯朝阳 . 黄河流域生态安全评估与影响因素分析［J］. 人民黄河，2024，46（2）：107–111+117.
6. 韩琭，陶德鑫，史鲁彦 . 黄河流域两大区域的土地生态安全动态评价及比较［J］. 水土保持学报，2024，38（1）：255–266+277.

表1-1　生态安全概念及内涵演进

组织机构/学者	时间（年）	概念及内容
第42届联合国大会	1987	要求保护环境，提升环境质量，创造良好的环境保障人类生活
程漱兰、陈焱[1]	1999	保持土地、水源、天然林、地下矿产、动植物种质资源、大气等"自然资本"的保值增值、永续利用
曲格平[2]	2002	强调生态环境的退化对经济基础的影响，预防因环境资源短缺引起的动荡与恐慌
马克明、傅伯杰等[3]	2004	提出生态安全狭义上指自然和半自然生态系统的安全，即生态系统的完整性和健康水平的整体反映
余谋昌[4]	2004	认为生态安全是人民生活和生存发展的基本条件，是人类社会、政治、经济和文化发展的自然基础，其变动影响经济和社会持续发展的能力，威胁人类安全
欧阳志云等[5]	2015	生态安全是指生态环境条件与生态系统服务功能可以有效支撑经济发展和社会安定，保障人民生活和健康不受环境污染与生态破坏损害的状态与能力
彭建等[6]	2017	区域生态安全格局的构建达到对特定生态过程的有效调控，从而保障生态系统功能及服务的充分发挥以实现生态安全保护
王悦露、傅伯杰等[7]	2023	关注生态系统服务的内在关系和服务拓展，将生态系统服务与生态安全相结合

资料来源：作者整理

1.2.3　水资源安全

水是生命之源、生产之要、生态之基。水的赋存状况对人们生活、聚居的方式具有决定性作用[8]，是国土空间规划中需要重点谋划的自然资源要素。水资源安全是指国家或区域利益不因洪涝灾害、干旱缺水、水质污染、水环境破坏等造成严重损失，水资源的自然循环过程和系统不受破坏或严重威胁，在某一具体历史发展阶段下，水资源能够满足区域国民经济和社会可持续发展的需要[9]。

我国面临水资源短缺、水质污染、水生态系统失衡、地下水位下降等挑战。国土空间规划应强化水资源监管，促进国土空间开发利用布局与水资源时空分布相协

---

1. 程漱兰，陈焱.高度重视国家生态安全战略[J].生态经济，1999（5）：9-11.
2. 曲格平.关注生态安全之一：生态环境问题已经成为国家安全的热门话题[J].环境保护，2002（5）：3-5.
3. 马克明，傅伯杰，黎晓亚，等.区域生态安全格局：概念与理论基础[J].生态学报，2004（4）：761-768.
4. 余谋昌.论生态安全的概念及其主要特点[J].清华大学学报（哲学社会科学版），2004（2）：29-35.
5. 欧阳志云，崔书红，郑华.我国生态安全面临的挑战与对策[J].科学与社会，2015，5（1）：20-30.
6. 彭建，赵会娟，刘焱序，等.区域生态安全格局构建研究进展与展望[J].地理研究，2017，36（3）：407-419.
7. 王悦露，董威，张云龙，等.基于生态系统服务的生态安全研究进展[J].生态学报，2023（19）：7821-7829.
8. 姚士谋.中国城镇化及其资源环境基础[M].北京：科学出版社，2010.
9. 王伟光，郑国光，潘家华，等.应对气候变化报告（2014）：科学认知与政治争锋[R].北京：社会科学文献出版社，2014.

调，有效避免区域水资源供需矛盾、过度开发、水环境恶化、水生态破坏等资源环境问题。在国土空间规划中，尤其要注意水源地保护、水资源承载力，强调"四水四定"。

专栏 1-2　我国水安全问题

（1）水资源短缺

中国水资源总量丰富，2022年全国水资源总量为2.7万亿立方米[1]，但人均占有量少，人均水资源量仅为世界平均水平的1/4。同时，我国水资源的区域分布极不均衡，南方水资源丰富，北方缺水严重。自然地理条件的差异性决定了我国水资源空间分布不均衡的特征，降水量从东南沿海向西北内陆递减。在此条件下，人口分布与水资源分布不协调、水资源供需不平衡进一步加剧了局部地区的缺水问题，一些地区（尤其是北方）的城镇化、工业化与水资源开发保护的矛盾日益突出。

在21世纪初我国600个城市中，就有北京、天津、沈阳、西安、邯郸等110个城市严重缺水，年人均水资源量少于1000立方米[2]。从省会城市来看，有15个省会城市的年人均水资源量低于500立方米（图1-3）。按联合国的标准属于极度缺水城市，这些城市主要分布在西北地区和华北地区，但值得注意的是，南方长江流域的一些大城市（如上海、南京、武汉等）也进入缺水城市的行列[3]。有18个省会城市2010—2020年的平均人口已经超过依据居民用水定额计算的水资源适宜承载人口，水资源对人口增长和经济活动的约束作用越来越突出。

（2）水质污染

在水资源先天不足的情况下，中国的水污染问题也相当严重。我国水质分5类，Ⅰ—Ⅲ类可用于生活饮用水源，Ⅳ类和Ⅴ类不可作为饮用水源。根据《2015中国环境状况公报》，全国七大流域和浙闽片河流、西北诸河、西南诸河的700个国控断面中，Ⅳ类及以上水质的断面占比27.9%，超过1/4的河流水资源不能作为生活用水利用。在这些流域中，辽河、海河、淮河和黄河是水污染最严重的四大流域。辽河流域和海河流域的劣Ⅴ类水质断面占比14.5%和39.1%，

---

1. 中华人民共和国水利部. 2022年中国水资源公报［EB/OL］.（2023-06-30）［2023-12-20］. http://www.mwr.gov.cn/sj/tjgb/szygb/202306/t20230630_1672556.html.
2. 夏国才. 搞好我国水资源开发利用的建议（二）［EB/OL］.（2018-08-28）［2023-12-20］. https://www.ndrc.gov.cn/fggz/fgjh/jsxy/201808/t20180828_1097634_ext.html.
3. 罗爽，张兴奇，许有鹏. 中国主要省会城市水资源生态足迹与适宜承载人口规模［J］. 水土保持通报，2023，43（3）：196-202.

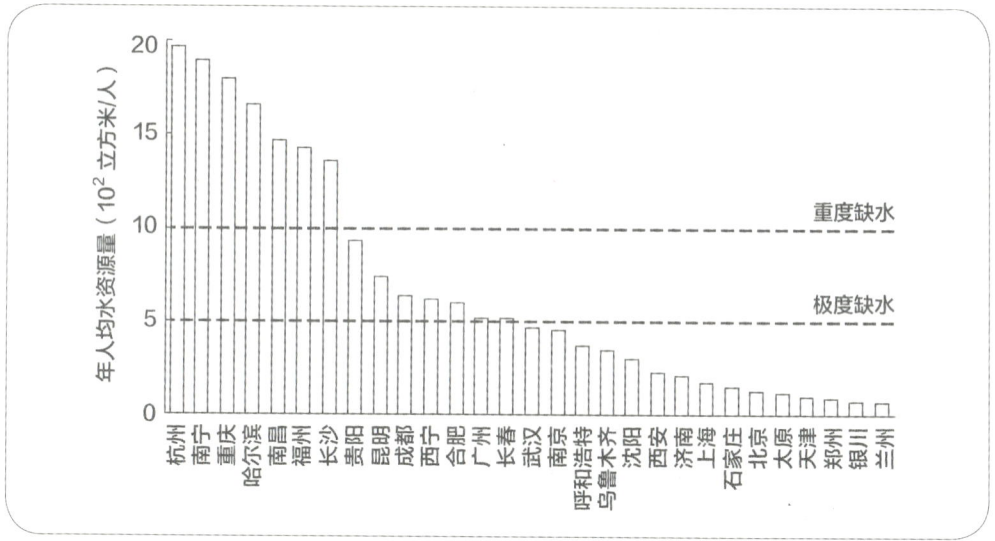

图 1-3　中国主要省会城市 2010—2020 年人均水资源量
资料来源：罗爽，张兴奇，许有鹏 . 中国主要省会城市水资源生态足迹与适宜承载人口规模［J］. 水土保持通报，2023，43（3）：196-202.

基本无使用功能；两个流域分别有六成的断面水质在Ⅳ类及以上，不可作为生活饮用水源[1]。

（3）水生态系统失衡

过量地使用水资源，破坏了水资源的自然循环过程。海河、黄河、辽河流域水资源可开发利用率分别高达 106%、82% 和 70%，远远超过国际公认的40%，使得水环境的自净能力锐减[2]。部分地区用水量远超过水资源可利用量，一些河流发生间歇性断流或常年断流，河流功能衰减、湿地萎缩甚至消失[3]。

（4）地下水位下降

过度开发水资源还体现为地下水超采问题。2021 年，全国 21 个省区市存在不同程度的超采问题，地下水超采区总面积达 28.7 万平方公里，其中华北地区地下水超采问题最为严重。超采导致地下水水位下降、含水层疏干、水源枯竭，引发地面沉降、河湖萎缩、海水入侵、生态退化等问题[4]。

---

1. 中华人民共和国环境保护部 . 2015 中国环境状况公报［EB/OL］.（2016-05-20）［2023-12-25］. https：//www.mee. gov.cn/hjzl/sthjzk/zghjzkgb/201606/P020160602333160471955.pdf.
2. 夏国才 . 搞好我国水资源开发利用的建议（一）［EB/OL］.（2018-08-28）［2023-12-25］. https：//www.ndrc.gov. cn/fggz/fgjh/jsxy/201808/t20180828_1097633.html.
3. 姚士谋 . 中国城镇化及其资源环境基础［M］. 北京：科学出版社，2010.
4. 中国新闻网 . 水利部：局地地下水超采问题仍突出 总面积达 28.7 万平方公里［EB/OL］.（2021-11-22）［2023-12-25］. https：//www.chinanews.com/cj/2021/11-22/9614113.shtml.

专栏 1-3 水资源安全约束下的国土空间规划关注重点

（1）水源地保护

水源地具有水源涵养的生态功能，从区域生态安全底线出发，应该划定水源地的生态保护红线，以维系水资源的自然循环过程，保证水生态系统不受破坏。优化河湖水系格局，统筹重点河湖岸线及周边土地保护利用；严格落实地表水源保护区、地下水源涵养区、自然保护区等各类、各级水生态保护区，明确划定河湖蓝线和湿地保护线，确定水体保护等级和要求，改善水体生态功能。

（2）水资源承载力

坚守水资源承载能力底线，明确取用水总量、水质达标率等控制目标和配置方案。基于现有经济技术水平和生产生活方式，以水资源、空间约束等为主要约束，缺水地区重点考虑水平衡，分别评价地区可承载农业生产和城镇建设的最大规模。农业生产承载规模包括耕地承载规模（根据灌溉可用水量和耕地灌溉亩均用水量测算）、牲畜承载规模和渔业承载规模，城镇建设承载规模根据城镇可用水资源量和人均用水指标测算水资源可承载的城镇人口规模和城镇用地规模。

（3）四水四定

2014 年 2 月，习近平总书记在视察北京工作时，提出要强化水资源环境刚性约束，坚持以水定城、以水定地、以水定人、以水定产。国土空间开发要量水而行，形成与水资源、水环境、水生态、水安全相协调的国土空间布局。以水定城、定人指以区域水资源为约束指标，确定水资源可承载的城镇建设规模和人口规模。以水定地要求优化调整农业生产结构，推进适水种植。干旱地区压减高耗水作物种植，扩大高耐旱作物种植，推行轮作休耕。地下水超采地区禁止新增开采难以更新的地下水用于农业灌溉。以水定产指根据可用水量，合理规划工业发展布局和规模，优化调整产业结构。水资源超载地区、严重缺水地区有序压减高耗水产业规模，严格限制新上高耗水项目取水许可。

第 1 章　国土空间规划基本理念

1.2.4　能源与矿产资源安全

1. 能源安全

能源安全通常指以可支付得起的价格获得充足的能源供应[1]。新时期从能源供给保障角度看，能源安全主要取决于经济对能源的依赖程度、能源价格、国际能源市场以及应变能力（包括战略储备、备用产能、替代能源、能源效率、技术力量等）。中国自身的能源资源呈现富煤、少油、少气的特征，已探明煤炭储量占世界探明煤炭储量的 11%。能源利用结构以煤为主，2022 年煤炭消费占一次能源消费的比重为 56.2%，石油占比 17.9%，天然气占比 8.4%，水电、核电、风电、太阳能发电等非化石能源占比 17.5%[2]，因而化石能源，尤其是煤炭资源对于中国经济社会发展具有重要的战略意义。

中国能源供应安全主要是油气资源供应问题。在国家层面，"多煤少油缺气"的能源生产结构导致中国长期依赖海外油气进口。1993 年，中国成为石油净进口国，2008 年，成为天然气净进口国[3]，2022 年，中国原油对外依存度和天然气对外依存度分别高达 71.2% 和 40.5%。相应地，能源供应安全主要涉及三个方面：一是油气资源贸易，其影响因素主要是能源价格，以及与之相关的国际政治经济局势[4]；二是油气资源的增储，涉及油气资源的海外开发投资和战略储备、国内油气资源的勘探开发和资源接续基础的夯实[5]；三是替代能源的开发，如清洁能源的开发利用，以优化能源生产消费结构，减轻对石油的依赖。在区域层面，能源供应安全主要是解决区域能源供需错配的问题[6]，很大程度上取决于能源运输上的保障。中国的能源消费以煤为主，煤炭资源主要集中在北方，北煤南运通道是保障区域能源供应的重要基础设施。在城市层面，能源供应安全主要涉及应急保障能力。重点区域（如直辖市、省会城市等）应强化电力安全保障，提升电力应急供应和事故恢复能力。统筹本地电网结构优化和互联输电通道建设，加强事故状态下的电网互济支撑，推进本地应急保障电源建设。

2. 矿产资源安全

矿产资源安全指一个国家或地区可以持续、稳定、及时、足量和经济地获取

---

1. 张雷．中国能源安全和资源国际化 [J]．资源科学，2002（1）：1-4.
2. 中华人民共和国自然资源部．中国矿产资源报告 2023 [EB/OL]．（2023-10-30）[2024-02-01]．https://www.mnr. gov.cn/sj/sjfw/kc_19263/zgkczybg/202310/P020231030522363999436.pdf.
3. 杨宇．中国与全球能源网络的互动逻辑与格局转变 [J]．地理学报，2022，77（2）：295-314.
4. 沈镭，成升魁．论国家资源安全及其保障战略 [J]．自然资源学报，2002，17（4）：393-400.
5. 郎一环，王礼茂，李红强．中国能源地缘政治的战略定位与对策 [J]．中国能源，2012，34（8）：24-30.
6. 张雷．中国能源安全和资源国际化 [J]．资源科学，2002（1）：1-4.

所需矿产资源的状态或能力。矿产资源分为能源矿产、金属矿产、非金属矿产和水气矿产。矿产资源安全包括矿产资源的供给安全、生产与消费的环境安全。矿产资源生产与消费的环境安全，重点需要关注：矿山开采也对土地资源和周边生态环境造成破坏，诱发地质灾害、采空区、环境污染等问题，乃至改变土壤的性质和功能[1]。

国土空间规划需要有效保障能源和矿产资源安全。在规划分区管理方面，落实国家规划确定的能源资源基地和国家规划矿区；落实战略性矿产保护和储备区域的范围边界，落实省级以上重点勘查区和重点开采区；保障能源项目和基础设施项目的选址落地和能源输送管道安全通畅；统筹协调矿产资源开发和生态保护、农业生产三者之间的空间关系，处理好矿产资源勘查开采与生态保护红线及永久基本农田等控制线的关系，协调地上地下空间保护和利用，防治矿山地质灾害、推动绿色矿山建设；制定能源供需平衡方案，落实碳减排任务，控制能源消耗总量。

专栏 1-4 国土空间规划中能源与矿产资源安全的考量：青海茫崖市的规划协同编制

茫崖市位于青海省海西蒙古族藏族自治州，地处柴达木盆地西缘，现状油气类能源资源基地面积占全市国土空间面积的52.94%，是青藏高原规模最大的石油天然气储备区和开采区，盐湖矿产资源种类丰富，是海西州建设世界级盐湖产业基地的有力支撑，金属矿产资源和风光清洁能源资源均达到国家级储备水平。

根据《中华人民共和国矿产资源法（修订草案）》，矿产资源规划是矿产资源保护、勘查、开采及矿区生态修复的重要依据，应依据国民经济和社会发展规划、国土空间规划、地质调查成果等编制。《茫崖市国土空间总体规划（2021—2035年）》编制与矿产资源规划同期启动、同步编制，在国家级、省级、市县级规划上层级对应，确保国土空间底线约束条件传导落实，又充分吸纳矿产资源规划在专项领域的深度调研结论和规划方案，地上地下空间统筹协调，突出本地国土空间特色。有关规划协同编制的技术路线如图1-4所示。

1.张淑娴.矿山治理对生态环境建设作用及治理措施研究[J].资源节约与环保，2022（11）：25-28.

第 1 章　国土空间规划基本理念

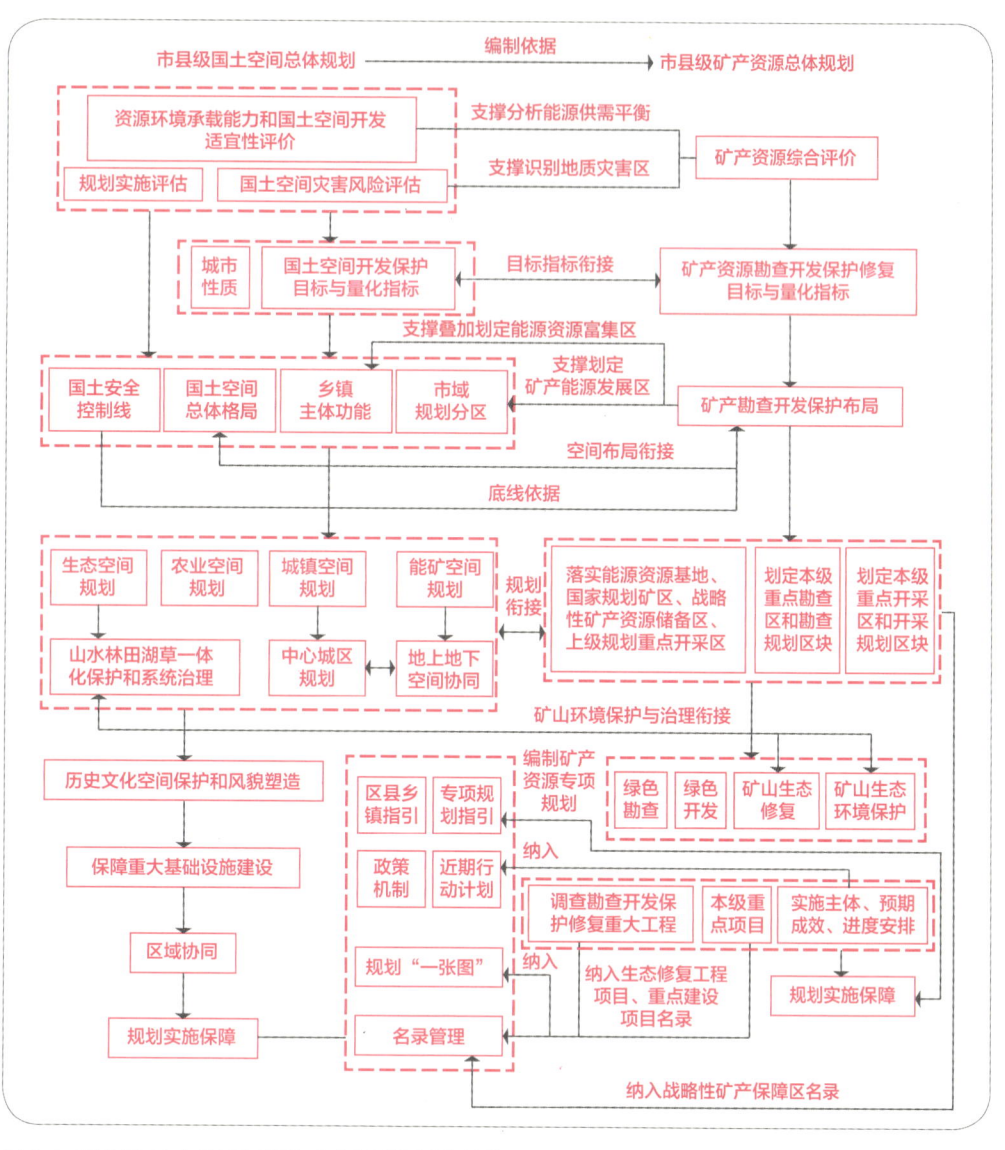

图 1-4　茫崖市国土空间总体规划与矿产资源总体规划的协同编制
资料来源：自绘

　　茫崖市在国土空间总体规划的编制过程中，将矿产资源储量与分布、地下水分布、地下采空塌陷区分布等矿资源综合评价过程数据，纳入国土空间规划的基础分析研究，确定了"青藏高原特色石油新城"的城市性质，并将盐湖资源绿色勘查实施率、新建矿山地质环境治理恢复率等矿产资源勘查开发保护修复量化指标纳入国土空间开发保护指标体系。根据茫崖市居民点稀少、能源矿产资源遍在分布的空间特征，在主体功能区基础上叠加划定能源资源富集区，在市域一级规划分区中增加了能源矿产发展区，并将能矿空间作为继生态、农业、城镇三大空间外的第四大空间进行专章规划，落实油气开采区，划定重要矿产资源开发分区，识别划定清洁能源产业发展集中区。在规划实施方面，将2个能源资源基地、3个国家规划矿区、12个省级重点勘查区、280余个能源矿产勘查开发项目、9个矿山生态修复项目逐一核对，统筹协调空间矛盾冲突后纳入重大工程项目名录、规划"一张图"、近期行动计划，强化对能源矿产资源安全的有效保障。

1.2.5 灾害防范与国土韧性健康

灾害防范是国家应急管理体系的重要组成部分。自然资源灾害防范需要准确把握自然灾害风险隐患，强化灾前早期识别和预报预警能力，健全多灾种防御体系，有效阻断灾害传导链条。自然资源灾害实时监测系统，自然资源灾害预警预报系统，自然资源灾害跨区域联合保障平台是自然资源灾害防范的重要保障。

国土空间韧性起源于加拿大生态学家克劳福德·霍林提出的生态系统"韧性"思想，是指国土空间系统保持其组织结构并在发生重大扰动后继续保持合理生产力的倾向。国土空间韧性健康强调国土空间系统对外界干扰、冲击或不确定性因素的抵抗、适应和恢复能力，以及总结经验教训，从而提升国土空间系统整体韧性的能力。形成以国土空间灾害防范体系为目标的治理模式，优化以韧性健康国土空间为指引的空间组织结构，是防范灾害及提升国土韧性健康的必然选择。

1.2.6 底线思维与用途管控

凡事都有底线，即所谓的临界点。超越临界点，逾越了某种警戒线，事物就会发生质的改变，这一思维被称为底线思维。底线管控是底线思维在国土空间规划中的实践应用，目标在于完善国土空间用途管制制度，优化国土空间开发保护格局，提升国土空间治理能力，有效保障生态安全、粮食安全、国土安全，实现国土空间高质量发展。

"用途管控"的提法，出现在党中央关于"十四五"规划纲要的建议中，要求："加快推动绿色低碳发展。强化国土空间规划和用途管控，落实生态保护、基本农田、城镇开发等空间管控边界，减少人类活动对自然空间的占用。"而从传统的土地利用规划、城乡规划到国土空间规划，用途管控始终存在，在西方国家也被称为

"土地使用分区管制"[1,2]"土地规划许可制"[3]等，强调土地使用功能的分区分类和对土地用地开发利用行为的管理规则。

国土空间规划的城镇开发边界、永久基本农田、生态保护红线三条控制线是底线思维和用途管控的生动体现。18亿亩耕地的指标规划底线以及永久基本农田保护线保障了粮食安全；生态保护红线对水源涵养、生物多样性维护、水土保持、防风固沙等生态功能极重要区域及极敏感区域的预测划定与保护，保障了生态安全；城镇开发边界通过约束建设用地过分扩张保障了国土安全的底线。

1.3 资源节约集约理念

资源节约集约利用是我国的基本国策，是维护国家资源安全、推进生态文明建设、推动高质量发展的一项重大任务。习近平总书记在党的二十大报告中提出："推进各类资源节约集约利用"，"健全资源环境要素市场化配置体系"。中国是资源大国，也是人口大国，资源总量大、品类丰富，但人均占有量偏少，这一客观事实决定了资源的节约集约利用是需要长期坚持的基本国策。国土空间规划统筹了资源的开发开采、利用、分配等关键流程，针对不同资源类型，将资源节约集约理念进行了具体体现。

1.3.1 土地资源节约集约利用理念

土地资源节约集约利用是指通过规模引导、布局优化、标准控制、市场配置、盘活利用等手段，达到节约土地、减量用地、提升用地强度、促进低效废弃地再利用、优化土地利用结构和布局、提高土地利用效率的各项行为与活动。

从农用地角度看，主要讨论农地集约利用，指通过将较多的生产资料和劳动力集中投入到一定面积的农用地上，并且使用更加先进的农业技术和更加科学的管理方法，从而提高产量、增加收入的农业经营方式，相当于"精耕细作"。马克思将农地集约利用定义为："在经济学上，所谓耕作集约化，无非是指资本集中在同

---

1. 夏陈红，翟国方. 德国国土空间用途管制机制经验与启示 [J]. 现代城市研究，2024（1）：76-82+124.
2. 朱红，李涛. 日本国土空间用途管制经验及对我国的启示 [J]. 中国国土资源经济，2020，33（12）：51-58.
3. 王佳佳，荣冬梅. 英国国土空间用途管制经验与启示 [J]. 资源导刊，2021（7）：50-51.

一土地上，而不是分散在若干毗连的土地上。"[1]《中国大百科全书》的定义是："所谓农业土地集约经营，是指在一定面积的土地上，集中地投入较多的生产资料和劳动，使用先进的技术和管理方法，以求在较小面积的土地上获得高额产量和收入的一种农业经营方式。"[2]

从建设用地角度看，"节约"与"集约"利用土地可以有所区分。建设用地节约利用是指在开发利用土地过程中，以理性确定建设用地规模为前提，减少增量用地，提高用地效率，以较少土地资源消耗，创造尽可能多的经济效益的土地利用行为，主要体现在对增量土地的利用上；建设用地集约利用是指在有限的土地资源上，尽可能提高其对建筑、人口、经济的容受力，主要体现在对存量土地的利用上。建设用地节约集约利用是指通过降低建设用地消耗、增加对土地的投入，不断提高土地的利用效率和经济效益的一种开发经营模式。有关措施包括：严格控制建设用地总量、不断优化土地利用结构和布局、推进土地存量挖潜、综合整治及相关制度的建设和完善。

1.3.2 水资源节约集约利用理念

水资源的节约利用和集约利用是两个不同的理念。水资源节约利用是指在社会经济活动和生态系统保护中，采取各种措施减少水资源的消耗、提高用水效率和效益，以实现水资源的可持续利用。它不仅关注量的节约，也强调质的保护和用水结构的优化。水资源集约利用的概念由农业土地集约利用引申而来，指的是在"以水定城、以水定地、以水定人、以水定产"的指导下，以水资源总量为刚性约束，通过使用先进的技术和管理方式，提高水资源使用效率[3]。水资源集约利用的核心是在必要条件约束下，加大工程、技术和管理的投入，尽可能提高水资源的使用效率和效益。水资源集约利用和节约利用是两个互补且相辅相成的概念，它们共同构成了水资源高效利用和可持续管理的理论基础。

水资源节约集约要加强水源地保护和用水总量管理，推进水循环利用，建设节水型社会。要坚持推进"以水而定、量水而行"，走"节水先行、生态优先、适水发展、人水和谐"的集约节约、协同发展之路。逐步提升生态用水比重，采用人工措施将地表水或其他水源的水注入地下以补充地下水。针对不同类型国土空间的水

---

1. 马克思 . 资本论（第三卷）下［M］. 北京：人民出版社，1975.
2. 中国大百科全书出版社编辑部 . 中国大百科全书（经济学）2［M］，北京：中国大百科全书出版社，1988.
3. 韩宇平，黄会平 . 水资源集约利用概念、内涵与模式［J］. 中国水利，2020（13）：43-44.

资源利用：农业用水提倡节水增效，大力推进节水灌溉、优化调整作物种植结构、推广畜牧渔业节水方式、加快推进农村生活节水；工业用水提倡节能减排，大力推进节水改造、推动高耗水行业节水增效、积极推行水循环梯级利用；城镇用水提倡节水降损，全面推进节水型城市建设、大幅降低供水管网漏损率、深入开展公共领域节水、严控高耗水服务业用水。

为实现水资源的节约集约利用，在制度上，我国实施最严格的水资源管理制度，包括用水总量和强度双控制度，要求在省、市、县三级行政区域内，加强用水总量和强度控制指标管理，明确地下水取水总量和水位控制指标，合理配置各类用水，确保水资源合理利用和有效保护。在宣传教育上，要普及节水知识，通过提升群众节水意识、推广节水技术和设备、优化用水结构等措施，形成节水型生产生活方式。在监督管理上，需要进一步建立健全水资源监测和评估体系，定期发布水资源状况和利用效率报告，增强公众对水资源管理的监督力度。在执法上，应加强水资源管理部门的执法力度，加大对违规行为的查处和处罚力度，维护水资源管理制度的严肃性和权威性。

1.3.3 能源资源节约集约利用理念

能源是人类文明进步的基础和动力，攸关国计民生和国家安全，对于促进经济社会发展、增进人民福祉至关重要[1]。在促进经济高质量发展和增进民生福祉目标下，加强节约集约利用是推动能源系统绿色低碳转型中一个重要且有效的努力方向。

推进能源节约集约利用的重要原因之一在于能源资源的稀缺性。"节约"即量的减少，用更少的投入量获得更大的产出；而"集约"意味着质的变化，通过把能源纳入人与自然复合系统中综合考量以实现乘数效应。节约能源是指加强用能管理，采取技术上可行、经济上合理以及环境和社会可以承受的措施，从能源生产到消费的各个环节，降低消耗、减少损失和污染物排放、制止浪费，有效、合理地利用能源。因此，进一步提高能源节约集约利用应从两个方面入手：一是"节约优先，保护存量"，平衡巨大的人口规模和有限的能源资源，在保持经济增长和提高国民生活水平的前提下通过技术革新和政策优化来减少能源消耗；二是"集约牵引，做大增量"，以能源集约利用牵引经济、社会、健康、生态等综合效益的提升。

总体来看，我国当前的能源产业仍面临能源需求压力巨大、能源供给制约较

---

1. 国家发展改革委，国家能源局."十四五"现代能源体系规划［EB/OL］.（2022-01-29）［2023-12-25］. https://www. gov.cn/zhengce/zhengceku/2022-03/23/5680759/files/ccc7dffca8f24880a80af12755558f4a.pdf.

多、能源生产和消费对生态环境损害严重、能源技术水平总体落后等问题。国土空间规划是统筹能源行业与其他产业部门协同发展的重要手段，要求坚决控制能源消费总量，有效落实节能优先方针，把节能贯穿于经济社会发展全过程和各领域；坚定调整产业结构，高度重视城镇化节能；树立勤俭节约的消费观，加快形成能源节约型社会。具体而言，需控制能源消费强度和总量（表1-2）、控制主要污染物排放总量，组织实施节能减排重点工程，进一步健全节能减排政策机制，从而推动能源利用效率提高、主要污染物排放总量持续减少，实现节能降碳减污协同增效、生态环境质量持续提高的目标，为实现碳达峰、碳中和目标奠定坚实基础。

表1-2 中国能源消费总量和结构

年份	能源消费总量（万吨标准煤）	占能源消费总量的比重（%）			
		煤炭	石油	天然气	一次电力及其他能源
2010	360 648	69.2	17.4	4.0	9.4
2011	387 043	70.2	16.8	4.6	8.4
2012	402 138	68.5	17.0	4.8	9.7
2013	416 913	67.4	17.1	5.3	10.2
2014	428 334	65.8	17.3	5.6	11.3
2015	434 113	63.8	18.4	5.8	12.0
2016	441 492	62.2	18.7	6.1	13.0
2017	455 827	60.6	18.9	6.9	13.6
2018	471 925	59.0	18.9	7.6	14.5
2019	487 488	57.7	19.0	8.0	15.3
2020	498 314	56.9	18.8	8.4	15.9
2021	525 896	55.9	18.6	8.8	16.7
2022	541 000	56.2	17.9	8.4	17.5

资料来源：国家统计局.中国统计年鉴2022［M］.北京：中国统计出版社，2022.

其中，能源转型是实现能源节约集约利用的重要途径，涉及多个领域和权责主体，其改革转型过程中充满了错综复杂的矛盾和问题。尤其是在当前能源供需紧张、地缘政治多变的国际背景下，要充分认识能源转型面临的重重挑战，把能源绿色低碳转型上升到新阶段、新理念、新格局的高度来思考和布局。具体而言，需要健全节能法律法规和标准体系，修订实施《节约能源法》，建立完善工业、建筑、交通等重点领域和公共机构节能制度，健全节能监察、能源效率标识、固定资产投

第 1 章　国土空间规划基本理念

资项目节能审查、重点用能单位节能管理等配套法律制度。同时需要强化标准引领约束作用，健全节能标准体系，实施百项能效标准推进工程；发布实施国家节能标准，实现主要高耗能行业和终端用能产品全覆盖；加强节能执法监督，强化事中事后监管，严格执法问责，确保节能法律法规和强制性标准有效落实。

1.3.4　矿产资源综合利用与循环经济理念

矿产资源是指经过地质作用而形成的，埋藏于地下或出露于地表，呈固态、液态或气态的，并具有开发利用价值的矿物或有用元素的集合体。矿产资源是重要的自然资源，是社会生产发展的重要物质基础，根据用途不同，可将矿产资源划分为能源矿产、金属矿产、非金属矿产和水气类矿产四大类。2022 年我国主要矿产资源储量见表 1-3，结合当前各产业需求，整体看来并不充足且均衡，需要深入推进矿产资源综合利用。矿产资源综合利用是指对矿产资源进行综合找矿、综合评价、综合开采和综合回收的统称，其目的是使矿产资源及其所含有用成分最大限度地得到回收利用，以提高经济效益，增加社会财富并保护自然环境。

表 1-3　2022 年我国主要矿产资源储量

矿产	储量	矿产	储量
煤炭（亿吨）	2 070.12	原生钛（磁）铁矿 TiO_2（万吨）	9 551.82
石油（亿吨）	38.06	锑矿金属（万吨）	66.69
天然气（亿立方米）	65 690.12	铝土矿矿石（万吨）	67 552.60
铁矿矿石（亿吨）	162.46	镍矿金属（万吨）	434.65
锰矿矿石（万吨）	27 561.45	钨矿 WO_3（万吨）	299.56
铜矿金属（万吨）	4 077.18	锡矿金属（万吨）	100.49
铅矿金属（万吨）	2 186.50	硫铁矿矿石（万吨）	114 785.58
锌矿金属（万吨）	4 607.86	磷矿矿石（亿吨）	36.90
金矿金属（吨）	3 127.46	钾盐 KCl（万吨）	28 788.70
银矿金属（吨）	70 344.21	盐矿 $NaCl$（亿吨）	142.90

资料来源：国家统计局 . 中国统计年鉴 2022［M］. 北京：中国统计出版社，2022.

广义的矿产资源综合利用包括三个环节：一是对原矿资源的高效回收，包括综合勘查、综合评价、综合开采回收，采取先进技术和生产工艺提高回采率和选矿回收率，最大限度综合回收具有共生伴生、低品位等特性的难利用资源；二是由于原矿生产每年会产生大量的固体废弃物和废气、废液，需要对这些废弃物进行资源化利用；三是高效回收废旧金属。矿产资源综合利用的应用范畴主要为两个方面：一是综合勘探、开采、利用共生和伴生矿产资源；二是综合治理矿产资源开发利用过程中产生的"三废"（废水、废气和固体废弃物），特别是二次矿（尾矿、废渣）。

循环经济是国际社会推进可持续发展战略的一种优选模式，它强调以循环生产模式替代线性增长模式，表现为"资源—产品—再生资源"的资源利用方式，以实现生产和消费过程中"污染排放最小化、废物资源化和环境无害化"，以最小成本获取最大的经济效益、社会效益和环境效益[1]。要想实现循环经济，需加强矿产资源勘查、保护、合理开发，提高矿产资源勘查合理开采和综合利用水平。其中，矿产资源的开发应推行循环经济的"污染物减量、资源再利用和循环利用"的技术原则：一是发展绿色开采技术，实现矿区生态环境无损或受损最小；二是发展干法或节水的工艺技术，减少水的使用量；三是发展无废或少废的工艺技术，最大限度地减少废弃物的产生；四是矿山废物按照先提取有价金属、组分或利用能源，再选择用于建材或其他用途，最后进行无害化处理处置的技术原则。

地区和国家要实现新的产业化发展，必须高度关注和加速循环经济的发展。对于矿产资源十分充裕的区域，既要充分开采主要矿体，又要合理开采共生与伴生的稀有贵金属，不能作为尾矿、冶炼废渣丢弃，导致资源的二次浪费。当前，我国的伴生矿物综合利用状况令人担忧，忽视或丢弃了伴生稀有金属，导致了资源的大量浪费。因此，在国土空间规划编制实施管理过程中，必须开发新技术、发展新工艺、引入相应的技术人员，充分重视矿产资源的综合利用，在现有成熟技术的引导下逐步实现主要矿物和共生矿物的开采回收，增加矿产资源的综合回收量，提高矿产资源的利用率。

1.3.5 海洋资源节约集约利用理念

海域海岛是海洋资源的空间载体。海洋资源节约集约利用是指通过布局优化、规模调节、标准控制、市场配置、盘活利用等手段，达到降低海域海岛资源消耗、提升单位面积用海用岛的经济社会和生态综合效益、挖掘低效海域海岛资源再利用潜力、优化海域海岛利用结构和布局的各项行为与活动。

---

1. 谭雪萍，耿涌，宋晓倩，等．构建面向碳中和目标的物质流分析研究框架——基于文献计量视角［J］．中国人口·资源与环境，2023，33（12）：145-158.

1.4 现代城市发展理念

在新时代中国特色社会主义现代化的发展要求下，推动我国城市以人为本的现代化发展是国土空间规划的重要建设目标，这一过程离不开对于国内外近百年不同时期城市发展理念的深入理解和对其他城市先进发展经验的总结与借鉴。本节介绍了精明高效、包容友好、绿色低碳、安全韧性和智慧赋能五大现代城市发展理念，并以案例形式展现国土空间规划如何立足中国特色对各理念进行继承与发展。

1.4.1 精明高效的城市发展理念

精明高效的城市发展理念是指在集约、紧凑、高效的内涵式发展模式下营造以人为本的高品质城市空间。20 世纪 50 年代以来，欧美城市的郊区化发展使城市用地不断向外扩张，造成交通阻塞、环境污染、挤压绿色开放空间、削弱传统地域文化、加剧地方财政负担等问题。80 年代之后，这些问题逐渐引起社会各方关注。在集聚效应思想的影响下，地方政府、学者、企业及各类机构通过不断合作实践提出一系列精明高效的城市发展理念，涉及集聚效应、新城市主义、精明增长、精明收缩、紧凑城市、垂直城市、立体城市等。

1. 集聚效应

作为现代城市形成并发展的重要动力，集聚效应是人口、产业及社会经济活动向特定地区集中并产生经济优势的现象，主要体现在邻近效应、分工效应、结构效应、规模效应、洼地效应五个方面。

2. 新城市主义

反对城市郊区化发展，倡导回归以人为中心，重塑多样性、人性化、社区感的城镇生活氛围。从 1996 年的《新城市主义宪章》出发，该理念的经典代表为"传统邻里开发模式"和"公共交通导向的城市发展模式"，体现了紧凑、功能混合、适宜步行、人性尺度、多样化住宅等特点。

3. 精明增长

针对城市蔓延危机，通过鼓励土地的混合式利用、交通的多模式建设、住房的多样化开发等方式来促进特定区域内的紧凑式发展以及土地的集约化利用，实现城市与郊区协同、增加就业及住房选择、保护自然文化资源、提高开发利益等综合目标。

4. 精明收缩

针对城市或区域内人口减少、经济衰败、发展动力不足的地区，通过集约利用土地、合理控制规模、改变传统功能等方式来聚合城市发展的资源与动力，促进该地区的复兴与可持续发展。

5. 紧凑城市

针对城市无序蔓延提出来的可持续发展理念模式，强调通过加大开发控制力度、混合利用土地及各项资源、加强公共交通发展、创造利于步行的邻里空间、健全法律法规保障制度等策略，提高城市土地的利用效率和发展品质。

6. 垂直城市

这是一种利用高层建筑群来应对城市高密度发展、土地高强度开发的解决方案。在建筑和城市两个层面上完成功能的垂直分区是垂直城市的基本原则。复合立体交通系统、多层次公共空间、建筑技术革新是维持垂直城市运行的重要保障。

7. 立体城市

利用大运量公共交通和高效便捷的立体步行系统来实现多交通方式的立体转换，将城市的各个复合功能空间进行有机融合，使功能、空间、交通形成一体化的立体网络，以提升城市的运行效率和环境品质。

1.4.2　包容友好的城市发展理念

包容友好的城市发展理念涉及全龄友好城市、健康城市、包容性城市等。

1. 全龄友好城市

全龄友好城市意味着居民从出生、单身、结婚、生子、求学、教育与起居、养老等不同阶段的物质和精神需求都需要得到满足，同时要求城市既能提供普惠的、高品质的公服需求，又能提供和满足部分小众、个性化的需求。在全龄友好包容社会营建工程建设中，要根据不同年龄群体需求的差异性，在空间资源分配与共享、微空间打造、步行网络设计施工、儿童主体与老年主体导向设计、多元主体参与等方面，推动更多促进民生公平、共同富裕的政策安排，营造共建、共治、共享的社会氛围。

2. 健康城市

指一个不断创造和改善其物质建成环境，拓展社区资源，从而使居民能够相互支持，实现生活的多种需求并发挥最大潜能的城市。城市的健康意味着城市作为生命体自身的健康发展，包括了环境、经济和社会的各个方面；城市的健康影响着城市中人的健康，社会经济条件、自然和物质建成环境等对人类健康产生直接影响，并通过影响人的生活方式、工作状态对人体健康产生间接影响。因此，居民健康是城市健康的重要表征和结果，城市的健康是居民健康的保障和支撑，健康城市应当成为由健康的人群、健康的环境和健康的社会有机结合的发展的整体。

3. 包容性城市

通常关注一些特定的边缘化群体（如老人、儿童、贫民窟居民、移民、失业者及残疾人等）在城市中的就业机会、平等对话权利、生活便利性以及社会参与度等方面的满足程度，强调城市居民个体发展的公平性与多样性，应充分尊重个人的发展意愿，体现出对弱势群体的包容性，使其能充分享受城市发展成果，不应因其特殊身份而加以排斥。城市的包容性不仅针对减少贫困等单一经济维度，还注重消除公共服务不均等的城市排斥与城市隔离，实践出一条所有城市居民和谐有序、共享参与的城镇化道路，符合经济全球化背景下的包容性发展趋势。

1.4.3 绿色低碳的城市发展理念

绿色低碳的城市发展理念是为了保护环境、提高居民生活质量和实现可持续发展而提出的。生态城市、绿色城市、低碳城市和低碳生态城市等概念是在这一理念下的具体体现（图1-5）。

（1）生态城市（Eco-city）[1]。20世纪70年代，联合国教科文组织在"人与生物圈计划"研究过程中首次正式提出生态城市概念，并在其第57期报告中指出"生态规划就是要从自然生态和社会心理两方面去创造一种能充分融合技术和自然的人类活动的最优环境，诱发人的创造精神和生产力，提供高的物质和文化生活水平"。

---

1. 黄肇义，杨东援. 国内外生态城市理论研究综述［J］. 城市规划，2001（1）：59-66.

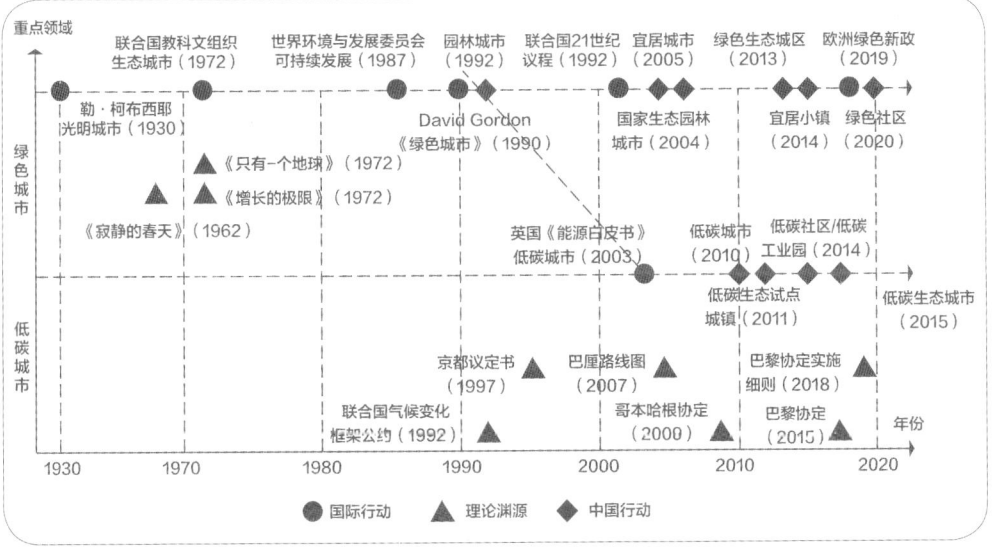

图1-5 绿色低碳的城市发展理念相关概念溯源
资料来源：郑德高，罗瀛，周梦洁，等.绿色城市与低碳城市：目标、战略与行动比较[J].城市规划学刊，2022（4）：103-110.

生态城市是以生态学原理为基础，以自然系统和谐、人与自然和谐为基础的社会和谐、经济高效、生态良性循环的人类住区形式，自然、城、人融为有机整体，形成互惠共生结构。"人与生物圈计划"（MAB）报告提出了生态城市规划的5项原则：生态保护战略、生态基础设施、居民的生活标准、文化历史的保护、将自然融入城市。

（2）绿色城市（Green City）[1]。它是在为保护全球环境而掀起的"绿色运动"过程中提出的，是指既强调生态平衡、保护自然，又注重人类健康和文化发展的城市建设，侧重于环境污染控制、资源高效利用、人与自然和谐相处等方面，是兼具繁荣的绿色经济和绿色的人居环境两大特征的城市发展形态和模式，其空间层次可主要概括为"绿色建筑""生态社区""生态城区/城市""绿色城乡空间"四大自下而上、相互关联的类型。

（3）低碳城市（Low Carbon City）[2]。该理念的提出则与气候变化、能源危机等问题息息相关，主要是指在城市建设中，发展低碳经济，通过零碳和低碳技术研发及其在城市发展中的推广应用，节约和集约利用能源，减少温室气体排放，实现城市的经济高效、能源安全、环境保护和社会的进步。

（4）低碳生态城市（Low Carbon Eco-city）[3]。它是指低碳经济发展模式和生态化发

1.李迅，董珂，谭静，等.绿色城市理论与实践探索[J].城市发展研究，2018，25（7）：7-17.
2.刘志林，戴亦欣，董长贵，等.低碳城市理念与国际经验[J].城市发展研究，2009，16（6）：1-7+12.
3.沈清基，安超，刘昌寿.低碳生态城市的内涵、特征及规划建设的基本原理探讨[J].城市规划学刊，2010（5）：48-57.

展理念在城市发展中的落实，旨在实现"人—城市—自然环境"和谐共生的复合人居系统。发展低碳生态城市应当遵循城市功能和低碳生态城市发展要求，合理发展城市产业；完善规划指标体系，推行规划环评；以全方位的可持续交通系统引导城市高效节能运转，构建可持续城市交通系统；研究推广节能技术，推广绿色建筑技术和清洁生产技术；推进体制创新，改革财税体制和考核体系，转变和优化城市政府职能等。

专栏1-5 瑞典哈马碧生态城：全球零碳城市典范

哈马碧（Hammarby Sjöstad）位于瑞典首都斯德哥尔摩城区东南部，在全球可持续发展和零碳城市建设中具有重要的地位。然而，历史上的哈马碧曾是一个高度工业化、污染严重的地区，环境脏污不堪，垃圾遍地，污水横流，土遭受了严重的工业废物污染，搭建的临时建筑随处可见，土地规划混乱，缺乏有效的城市管理。20世纪90年代初，为了争取2004年奥运会的主办权，斯德哥尔摩市政府开始对哈马碧地区进行改造。在规划之初，哈马碧就设定了清晰的目标，即最大限度将其自身的耗费转化为动力，不消耗额外的能源，并最低限度地控制碳排放。如今，哈马碧对环境的影响已成功减少50%，并提供了能源、废弃物、污水等解决方案，成为一种集节能环保、可持续发展于一体的现代化城市建设模式。它的成功经验和模式不仅为当地居民带来了福祉，也为全球城市的可持续发展提供了有益的借鉴和参考。

多样化能源供给。哈马碧地区电网与国家电网相连，大约有一半供电来源于核能，另一半来源于水能，还有一小部分来源于风能和太阳能。其中就包括在墙面和屋顶上安装的太阳能电池装置。这些装置能够捕获阳光中的能量，并将其转换为电力，为城市提供部分电力需求。与此同时，太阳能取热器可以利用太阳热量生产热水，为居民提供热水供应。据统计，哈马碧居民每年使用的50%的热水均来自于此。这种方式不仅降低了能源消耗，也减少了对传统热水供应方式的依赖。

供暖与制冷系统。北欧地区气候极端，因此供暖与制冷系统在城市规划和建设中占据重要地位。哈马碧的供暖来自区域集中供暖。其中：34%的热量来自污水厂的废水净化，通过热泵从处理过的废水中提取能量，输送到各个建筑物中，剩余的冷却水则输入制冷系统，用于空调系统的制冷；47%来自可燃的生活垃圾，哈马碧每栋建筑入口处均设置不同种类的垃圾投放点，其中生活垃圾通过地下真空管道和自动抽吸系统输送到中央收集站进行生物技术处理，产生的沼气重新利用到城市建设和居民生活中；19%的热量来源于生物燃料，如木材、农作物废弃物、动物粪便等。生物质资源经过加工处理，转化为可用于发电或供热的生物燃料。生物燃料的使用不仅减少了对传统化石燃料的依赖，还降低了温室气体排放，有助于应对气候变化。

水资源管理。 得益于独特的地理环境和气候条件，哈马碧的水资源相当丰富。尽管如此，随着人口的增长和经济的发展，哈马碧对水资源的需求也在不断增加，这对水资源的可持续利用提出了更高的要求。在自然降水的收集与利用方面，哈马碧通过绿色屋顶等设施，有效地集中了降水。这些降水经过蓄水池的沉淀和过滤后，再汇入湖水与运河中，为城市的水循环提供了重要的补充。这种设计不仅有效地利用了雨水资源，还避免了雨水在城市中的无序流动和可能带来的污染问题。在污水处理方面，哈马碧也取得了显著的成效。通过建设先进的污水处理厂，实现了对污水的高效处理。这些经过处理的污水不仅达到了排放标准，而且部分污水经过进一步处理后用于城市绿化、道路清洁等，大大提高了水资源的利用效率。

经过20多年的发展，哈马碧已经建设成为一座占地约240公顷的高循环、低能耗的宜居生态城，实现了资源的低消耗和废弃物的循环使用，成为全世界可持续发展城市建设的典范（图1-6）。

图1-6 哈马碧现状
资料来源：梁青，拍摄于2019年

1.4.4 安全韧性的城市发展理念

安全韧性的城市发展理念以公共安全为导向，强调城市系统和区域通过合理准备、缓冲和应对不确定性扰动，实现公共安全、社会秩序和经济建设等正常运行的能力，涉及韧性城市、海绵城市等。

1. 韧性城市

当代城市正面临周期性经济危机、全球温度增加、极端气候灾害等紧急危机和干扰。城市韧性是指城市承受灾害干扰并保持其自身功能不受破坏的能力，该概念包括抵抗力、恢复力、适应性三个层面，即城市在保持其原有状态或形成新的稳定状态下所能够承受灾害的能力、城市自组织能力，以及城市在灾害经验中学习和提高适应性的能力。韧性城市（Resilient City）是指城市系统及其所有组成的社会—生态和社会技术网络，在面对干扰的情况下，能够凭自身的能力抵御灾害，减轻灾害损失，保持或迅速恢复到期望的功能，以快速转换当前限制或适应未来变化。

归纳总结国内外韧性城市理论研究和实践，韧性城市具有九大特征。①自组织：能利用来自外界社区的物质和能量组成自身的具有复杂功能的有机体，并在一定程度上能自动修复缺损和排除故障，以恢复正常的结构和功能；②多样性：有许多功能不同的部件，在危机之下带来更多解决问题的技能，提高系统抵御多种威胁的能力；③冗余性：具有相同功能的可替换要素，通过多重备份来增加系统的可靠性；④鲁棒性：亦称稳健性，系统抵抗和应对外部冲击，主要功能不受损伤；⑤恢复力：具有可逆性和还原性，受到冲击后仍能恢复系统原有的结构或功能；⑥适应性：系统根据环境的变化调节自身的形态、结构或功能，以便与环境相适合，需要较长时间才能形成；⑦智慧性：利用新的技术进行风险辨析与判别，并能有效管理资源，优化决策，最大化资源利用效益；⑧协同性：各部门相互协作共享而产生"1+1>2"的整体效益，即城市系统应促进利益相关者的积极参与和共治；⑨学习转化能力：通过学习转化，从经历中吸取教训并转化创新的能力。

韧性城市建设主要内容可分为硬韧性和软韧性两大类（图1-7），"硬韧性"主要是指城市硬件设施，包括城市交通设施、管网能源生命线设施、城市建筑、生态维护设施、数字化新基建等。"软韧性"主要是指城市社会、经济、制度、生态四个方面。其中，所涉及的物理韧性（工程韧性）是指城市的基础设施建设面对灾害时的减灾能力；社会韧性是指面对环境干扰时，人类社会所表现出的应对能力；经济韧性是指在面临内部和外部环境变化下，经济发展的有序性；制度韧性主要包括政府的治理水平、服务能力、防救灾能力等；生态韧性是指城市中的生态环境遭受到破坏后恢复稳定的能力。

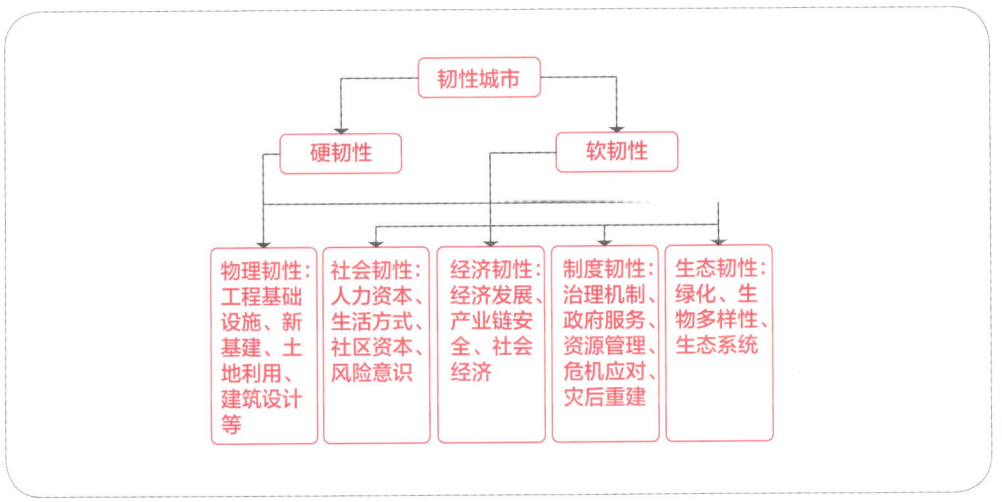

图1-7　韧性城市建设的基本内容示意
资料来源：屠启宇.国际城市发展报告（2022）[M].北京：社会科学文献出版社，2022.

我国韧性城市建设在韧性防灾减灾建设方面发展迅速。韧性防灾理念从单一防灾拓展至公共安全领域；从"抗灾救灾"到"耐灾"；从防灾减灾向后端延伸，注重城市系统受灾后的回弹、重组、学习、转型等能力；强调多风险综合应对、全过程系统监管、全社会共同参与。韧性防灾减灾系统包括几个关键技术：韧性评估技术、系统规划理念与方法、安全风险防控技术与方法以及信息管理平台建设技术。韧性评估技术是基础，该技术是在灾害风险综合评估基础上，构建城市系统韧性评测模型，科学、客观地评估城市防灾减灾系统中可预知风险。系统规划理念与方法就是充分利用规划"技术＋公共政策"的双重属性，提升城市防灾减灾系统的韧性，包括城市空间布局韧性提升、市政基础设施韧性提升、社区韧性提升三方面。安全风险防控技术与方法强调在城市设计建设、管理运维过程中，结合新方法，采用新工艺、设备、材料、产品等新技术，达到提高设施强度等关键指标，实现韧性提升的目的。信息管理平台建设技术是充分利用计算机、网络和数据库等信息化、数字化、智能化手段，CIM、BIM、GIS、IoT等技术，辅助城市防灾减灾系统进行韧性评估、系统规划、安全风险防控，主要包括数据融合与韧性技术、智能分析技术、应急处理技术。

专栏 1-6 荷兰：从"安全抵御洪水"到"与洪水安全共存"的韧性转变

荷兰是典型的低地之国，除南部和东部有一些丘陵外，绝大部分地势都很低。同时，荷兰位于莱茵河和马斯河两大河流的下游，极易遭受洪涝灾害的侵袭。荷兰在与水共生的历史中，在如何应对极端自然灾害、解决城市洪涝问题、提升洪涝防御能力和城市韧性等方面经历了从"安全抵御洪水"到"与洪水安全共存"的转变。

荷兰的防洪排涝相关韧性规划中重视周期性洪水的环境动态特征，从城乡规划、工程设计与管理维护等环节增强区域和城市的"可浸性"（floodability），来主动适应洪水与内涝，而非被动抵抗。即：在现有的防洪工程体系以及防洪安全标准基础上，调整局部地区的土地利用方式，给河道以更大空间，以"与洪水共存"的理念灵活应对超设防标准的洪水。在无须加高堤防的情况下，通过区域的空间规划，对流域进行分割及功能划分，以有限区域内的暂时性的洪水淹没来达到削减洪峰、增大流量、降低水位的目标，从而在总体上减小灾害损失，降低洪涝风险。

除了关注于"可浸性"以外，荷兰还将分析与动态测评的结论体现在各层级空间规划中：在国家级空间规划中融入"韧性"理念，围绕雨洪安全等方面的适应性提出空间规划方案；在省级空间规划中着重将韧性理念中的"适应性"加以体现，并纳入空间规划方案中加以实施；在市级空间规划中将防洪排涝的韧性安全理念体现于土地利用、开发功能和建筑类型等更加具体、更具针对性的分配方式中。例如，格罗宁根省绘制了"格罗宁根省气候适应地图"（附图 1-1）[1]，并依此提出韧性空间战略干预策略，以应对饮用水短缺问题，同时帮助环湖村庄进行改造升级、建设动态海岸。

在预防性的措施之外，荷兰还充分重视"灾后恢复力"建设。当洪涝灾害无可避免时，通过科学有效的监测与分析，获得风险区分布、淹没区（半淹没区）空间分布、安全优先保障区域类别与空间分布等，并通过各层级空间规划等手段，对该类区域施加工程措施与非工程措施以进行分类保障。由此，来达到"在遭受灾害时，政府与民众可以有序防御与撤离；在遭受灾难破坏后，受灾程度与经济、社会、生态损失可以相对最低，可以用最小的时间与资金代价来恢复至原有状态"的韧性发展目标。

1.本书正文中的附图内容请至图书勒口处扫码查看。

2. 海绵城市

海绵城市（Sponge City）的学术术语为"低影响开发雨水系统构建"（Low Impact Development of Rainwater System Construction，LIDRSC），也称"水弹性城市"，比喻城市像海绵一样，在降雨时能就地或就近吸收、存蓄、入渗和净化雨水，从而补充地下水，实现城市雨水资源的有效利用；在干旱缺水时将蓄存的水释放出来，从而让水在城市中更加"自然"地进行传输和循环，旨在提升城市生态系统功能和减少城市洪涝灾害的发生。海绵城市的建设应遵循生态优先等原则，将自然途径与人工措施相结合，在确保城市排水防涝安全的前提下，最大限度地实现雨水在城市区域的积存、渗透和净化，促进雨水资源的利用和生态环境保护。在海绵城市建设过程中，应统筹自然降水、地表水和地下水的系统性，协调给水、排水等水循环利用各环节，并考虑其复杂性和长期性。

海绵城市规划是国土空间规划的重要组成部分，要从加强雨水径流管控的角度提出城市层面落实生态文明建设、推进绿色发展的顶层设计，是以解决城市内涝、水体黑臭等问题为导向，以雨水综合管理为核心，绿色设施与灰色设施相结合，统筹"源头、过程、末端"的综合性、协调性规划。海绵城市规划主要任务就是通过综合评价海绵城市建设条件，系统分析城市水问题，研究提出需要保护的自然生态空间格局，明确雨水年径流总量控制率等目标并进行分解，制定绿灰结合的系统方案，确定海绵城市建设近期建设的重点。

海绵城市规划研究范围应同时兼顾雨水汇水区和山、水、林、田、湖等自然生态要素的完整性，一般包括两个范围：一是需要划定海绵管控分区的规划范围，该范围应以城镇开发边界为核心，包括规划集中建设区、通过降雨汇水计算和模拟必需的自然基底、必须进行综合管控的区域等；二是在此基础上适当放大研究范围（如流域或延伸到外围生态屏障），主要目的是确定自然生态格局。

结合两个研究范围，分别开展：①从区域尺度确定海绵生态格局。以山、水、林、田、湖、草等生态要素为切入点开展下垫面分析，获得自然要素空间分布格局；在此基础上，开展低洼地和径流路径分析，得到雨水径流路径及雨水易淹点位等空间数据。选取区域和地块两种尺度，分别进行生态安全格局评价指标体系构建，通过定量、综合性的方式对待评价对象进行生态安全格局评价，获得生态敏感性空间分布结果数据。最终，结合地域特征，在不同尺度下选取生态安全格局不同层次划分的侧重点，进而通过层次区分和相应的管控要求来确保整体生态安全格局保持稳定和健康水平，平衡生态保护和开发建设之间的矛盾。②海绵管控分区。重点为科学划定管控分区，科学构建海绵指标体系并优化规划管控制度，从水生态、水环境、水安全、水资源等角度提出海绵规划方案。管控分区划定需综合考虑城市排水分区和城市控规的规划用地管理单元等要素划分，以便于管理、便于考核、便于指导下位规划编制为划分原则。海绵指标体系构建要在调查清楚生态本底和现状问题的基础上，从修复城市水生态、改善城市水环境、保障城市水安全、提升水资源承载能力等方面明确海绵城市建设的目标和具体指标，并将指标分解至管控单元和地块，提出明确的管控制度保障指标落地。海绵城市核心技术指标体系通常包括水生态（年径流总量控制率、生态岸线率、水面率）、水环境［地表水体水质达标率、年径流污染物（SS）削减率］、水资源（污水再生利用率、雨水资源利用率）和水安全［内涝标准、防洪（潮）标准、雨水管渠设计标准］四方面指标。

海绵城市规划方案研究。重点集中在：①水生态保护方案：主要从生态保护建设模式、生态岸线建设要求、生态补水建设要求等几方面进行研究；②水环境提升方案：在定量分析污染物排放的基础上，合理制定规划方案，减少旱天污水直排、控制合流制溢流污染和面源污染，保持河道水质持续稳定，系统解决水环境问题；③水安全保障方案：主要从构建大排水体系、科学推进河湖整治、强化雨水源头减排、科学规划排水管网、对积水严重的内涝点针对性提出整治方案等方面着手，借助水力模型等新型手段评估建设效果；④水资源利用方案：在分析城市非常规水资源用水潜力的基础上，进行供需平衡分析，根据分析结果确定非常规水资源用水对象和用水设施布局。

专栏1-7 海绵城市建设研究案例

某市中心城区四面环山，地貌以丘陵为主，北高南低、东高西低，干流穿城而过，多年平均降雨量1600 mm，雨水多短时雨量大，该市在水生态、水安全、水环境等方面均存在一定问题。水生态方面，城区周边耕地逐渐减少，直接导致径流量增大、生态失衡和生物多样性减少；生态岸线薄弱，河岸植被赖以生存的基础被破坏，且河道滨岸无绿化带，大型的绿地广场存在使用功能偏重、生态功能偏弱的状况。水安全方面，由于下游河道顶托、雨水管网能力不足、硬质地面多源头产流量大、地势低洼等原因，导致城区内涝频发、积水点多，主要分布于沿岸地势较低区域，特别是老城区。水环境方面，由于污水管网建设不完善以及雨水径流污染等原因造成河道水质不稳定。水资源方面，由于降水季节分布不均，城市蓄水能力差、资源利用方式粗放、雨水等非传统水资源未得到有效利用等因素导致水资源匮乏，用水紧张。

针对该市水环境、水安全、水生态、水资源方面主要问题，要从城市尺度出发，从区域尺度确定海绵生态格局。以山、水、林、田、湖、草等生态要素为切入点开展下垫面分析，获得自然要素空间分布格局，在此基础上，开展低洼地和径流路径分析，得到雨水径流路径及雨水易淹点位等空间数据。从城市角度进行生态安全格局评价指标体系构建，通过定量、综合性的方式对待评价对象进行生态安全格局评价，获得生态敏感性空间分布结果数据，最终，结合地域特征，在不同尺度下选取生态安全格局不同层次划分的侧重点，进而通过层次区分和相应的管控要求来确保整体生态安全格局保持稳定和健康水平，平衡生态保护和开发建设之间的矛盾。

具体做法：首先，根据城市特征，选取了地形类、资源保护类、风险避让类、功能类四大类因子进行海绵城市生态敏感性分析，将单因子按不同敏感度等级叠加，取最大值，与现有建设用地进行叠置，得出该市生态敏感性分区图谱，总的分布规律是四周高、中部主城区和东城区低。其次，根据生态敏感性分析结果，对规划建设用地空间布局进行适当调整，使建设用地主要分布在非敏感区、低敏感区和部分中敏感区。该市新版用地规划已根据生态敏感性分析结果进行调整，在上一版基础上将高敏感性区域的用地类型调整为绿地或水系保护起来。最后，以GIS分析为基础，结合生态敏感性分析结果，对中心城区划定建设管制区，包括禁建区、限建区和适建区，同时对构建大海绵体的蓝绿空间提出管控措施，主要为划定城市蓝线和绿线（附图1-2），并提出具体管控要求。

1.4.5 智慧赋能的城市发展理念

智慧赋能的城市发展理念建立在智慧城市的基础框架上，强调将数字城市（现实生活的物理城市在网络世界中的再现）与物理城市通过物联网进行有机融合，形成虚实一体化的空间，自动和实时地感知现实世界中人和物的各种状态和变化，为人类生存繁衍、经济发展、社会交往等提供各种智能化的服务，从而建立一个低碳、绿色和可持续发展的城市。

智慧城市以信息和通信技术为手段，通过对城市系统关键信息的感测、分析、和整合，从而对城市各项活动和需求做出智能响应。大数据是智慧城市建设的核心技术手段，通过传感网络与城市各系统紧密关联，借助云计算和人工智能平台对城市建设与管理中地理信息、GPS数据、建筑物三维信息、统计数据等进行存储、计算和分析，实现对城市交通、环境保护、安全防灾、基础设施等系统的智慧化管理和决策支持，为市民提供快速、智能、个性化的响应服务，促进城市的可持续成长。

智慧城市的概念来自20世纪60年代的"信息化或受控规划城市"、80年代的"网络化城市"或"可计算城市"，特别是迪拜的现代化计划引入智能城市概念、1997年的《京都议定书》提倡的可持续性视角使智慧城市在1999年得到进一步发展。2008年全球金融危机期间，IBM发布的《智慧地球：下一代领导人议程》报告提出了智慧城市的概念，强调利用新一代信息技术实现城市的各行各业的智能化。这一阶段，智慧城市的发展重点是通过信息通信技术感知、分析并整合各种数据，以实现智能响应。随着时间的推移，现已进入"智慧城市2.0"时代，强调由技术经济驱动转变为更加重视社区参与和协作，采用去中心化和以人为本的方法，内容不仅包括技术层面，还涉及社会制度和环境方面。现阶段，国际上对智慧城市的定义尚无共识，但普遍认为其基本组成包括环境、社会、政府和技术/数据四个部分，强调技术与社会需求的结合，注重创新和公民参与，关注知识经济的发展。

现有的智慧城市建设模式主要分为四种类型（表1-4）。第一类是松散型，通过市场化的平台吸引各类利益相关者参与智慧城市的建设，典型城市为阿姆斯特丹。第二类是垂直型，政府起到主导作用，政府的各部门和工作小组负责牵头进行

表1-4 智慧城市主要建设模式

模式	内容	代表城市
松散型	以公民为中心，依赖自下而上的力量推动项目发展，小型项目试点成功后利用开放平台展示推广，从而扩大影响力，但缺乏顶层设计	荷兰阿姆斯特丹
垂直型	采用"联合使用总体＋联合技术总体"统分结合的一体化建设模式，建设一个统领式的顶层设计	中国深圳
垂直型	由政府主导，其他团体起到支持作用。智慧城市建设得到了政府的大力支持，主要由政府推动，同时政企合作密切，由企业提供技术支持，有详细的总体规划，目标明确	中国杭州
扁平型	主要领导者是城市技术与创新市长办公室及市政府其他各部门。它们可以根据自己主管业务的特点提出符合规划总纲的具体智慧城市建设项目和计划。在建设的过程中，不同部门会在技术、资金、政策等方面进行互相合作，互相支持	美国纽约
扁平型	在智慧城市项目办公室的统一领导下，所有项目分为自上而下和自下而上两个来源发起	中国台北
探索型	采用公私合营模式。政府提供价格低廉的土地，更好的场地、基础设施和政府设施，税收优惠政策。企业通过建立一个国际化商业区来吸引投资者投资建造公共基础设施，但这些设施的归属权属于城市政府	韩国仁川市松岛国际都市区

资料来源：作者整理

规划和建设，具体分为：统分结合一体化建设模式，典型城市为深圳；政府领导，企业和研究机构支持，典型城市为杭州。第三类是扁平型，包括：政府引导型，典型城市为纽约；双重来源型，典型城市为台北。第四类是探索型，主要是政府和企业合作试点开发一块区域，具体执行以企业为主，典型城市为仁川市松岛国际都市区。

智慧城市在智慧交通、环境保护、公共安全和社会服务等多个领域都展现了巨大的应用潜力。智慧交通系统通过实时的交通管理减少拥堵，优化交通流量，并提高交通安全。在环境保护方面，智能监测和管理系统将有效控制污染，提高城市环境质量。公共安全亦将通过先进的视频监控和紧急响应系统提高城市的整体安全和应急处理能力。此外，智慧城市还将提供更加精准高效的健康、教育和社会福利服务，从而全面提升居民的生活质量，使城市成为更宜居、更智能、更人性化的空间。

专栏 1-8 上海市智慧城市的应用：政务 AI[1]

随着人民生活水平的提高和社会服务需求的多样化，我国各城市都开辟12345 政务服务便民热线，作为民生问题反映、承接、处理的重要窗口。上海市12345 热线平均每天会接到几千个来电，包括咨询、求助、意见建议、投诉举报等类别，涵盖卫生计生、公安、住房保障、工商等十大领域，涉及上千委办单位。通常人工接线员精力有限，每天约处理 50 个来电，每个来电还需要手动填单、手动类型归口等环节，服务质量和要求难以满足人民的要求。借助人工智能技术，可实现对群众来电智能导航分流，将不同类型的问题进行分流；智能提取群众诉求，自动填写诉求工单，并且快速识别诉求的所属类别，精准归类；智能识别人民来电意图，推荐相匹配的知识条目，为人工座席提供正确话术；实现智能派单、智能问答等功能。人工智能的介入，将政府工单处理效率提升了 50% 以上，约 80% 事件当日办结，提炼出 1 000 余个热点话题，大幅提升处理效率。通过政务 AI 应用，可实现提炼关键模型，构建智能感知发现、数据分析研判、人机协同处置的闭环全流程，将"问题解决在开口之前"，极大提升政务服务满意度。

在上海徐汇区，华为云与区城运中心共同利用人工智能技术，开发徐汇

---

1. 案例来源：华为云 . 华为 AI 赋能智慧城市白皮书［EB/OL］.（2024-01-18）［2024-03-01］. https://www.huaweicloud.com/about/ai_smart_city_whitepaper.html.

"12345"智能感知系统，从时间、空间和人群三个维度，动态分析热点话题的关联。通过将热点话题历史处置情况提炼成关键模型，构建智能感知发现、数据分析研判、人机协同处置的闭环全流程，提前预判热点问题趋势及风险态势，为"高效处置一件事"提供决策支撑。

上海黄浦区创新性提出了实现"物联、数联、智联"的总体目标和建设任务。以顶层设计为引领，通过创新全方位、全时空、全流程、闭环式的运营管理模式，打造黄浦区城运平台。目前，全区已初步建成公共安全、公共管理、公共服务和经济运行四大板块共15个专题应用。在实现超大城市精细化管理的过程中，"一网统管"的理念推动黄浦区城市治理从数字化、智能化到智慧化，让城区更"聪明"。

1.5　现代乡村发展理念

乡村振兴战略是党的十九大提出的一项重大战略，是关系全面建设社会主义现代化国家的全局性、历史性任务。在国土空间规划中，坚持以现代发展理念统领乡村发展规划全局，是实现乡村全面振兴的重要途径。这需要深刻理解我国几十年来在农村发展事业上的重要实践所得到的宝贵经验和先进理念，坚持城乡融合发展理念，以乡村地域多功能理论为基础，发扬乡愁观与共同富裕观，践行绿色循环发展理念，以加快推进农业农村现代化，最终实现乡村全面振兴。

1.5.1　城乡融合发展理念

城乡融合发展是中国推动城乡统筹发展、实现城乡共荣的重要举措。其内涵是要坚持以人民为中心的发展思想，坚持新发展理念，坚持推进高质量发展，坚持农业农村优先发展，以协调推进乡村振兴战略和新型城镇化战略为抓手，以缩小城乡发展差距和居民生活水平差距为目标，以完善产权制度和要素市场化配置为重点，坚决破除体制机制弊端，促进城乡要素自由流动、平等交换和公共资源合理配置，加快形成工农互促、城乡互补、全面融合、共同繁荣的新型工农城乡关系，加快推进农业农村现代化。

城乡融合最早可追溯到空想社会主义理论中的城乡发展构想，大致经历了三个发展阶段，分别为以空想社会主义和马克思主义"城乡融合"思想为代表的"城乡关联"理论，以"刘易斯—托尼斯—费景汉"模型等为代表的城乡二元结构理论以及以Desakota模型和区域网络模型为代表的城乡互动协调发展理论。我国城乡发展经历了"城乡二元发展—城乡协调发展—城乡统筹发展—城乡一体化发展—城乡融合发展"的演进过程，在新型城镇化及乡村振兴背景下高质量城乡深度融合应是城乡人口、空间、经济、社会、环境要素自由流动、公平与共享基础上的多维融合。

专栏1.9 莆田生态绿心的城乡融合发展模式

莆田生态绿心是兴化平原的核心地区，位于莆田市主城区的地理中心，总面积65平方公里，耕地保有量20.7平方公里，包含村庄45个。绿心一面临海，三面由城市组团环抱，是莆田特色山水格局"一心、二岛、三湾、四水、五山"的重要组成部分，以木兰溪为界划分为北洋平原与南洋平原，片区内水网密布，历史文化资源富集，是我国古代先民农耕治海文化的重要展示窗口。

与国内外其他城市内部绿色空间相比，莆田生态绿心具有绝对的独特性，也支撑了其在城乡融合发展方面的实践价值。国内外大多数与城市片区关联紧密的大尺度绿色空间（例如荷兰兰斯塔德生态绿心）都以山体和湖泊为主，职能多为单一的郊野公园。而莆田绿心作为城市空间结构布局的核心，却呈现水田交织的农耕平原风貌，是承载着15万人日常生活的乡村地区，与周边城市联系十分紧密、资源要素流动频繁。一方面，绿心优越的区位、优美的环境、富集的历史文化资源使其成为承载城市休闲旅游需求的理想空间；另一方面，激发乡村发展的内生动力和积极承接城市的正外部性溢出，积极推动绿心文化、产业、生态、人才、组织的全面振兴，也是绿心保护与发展的重要课题。

产业发展方面，生态绿心作为城区的近郊，具有发展旅游休闲产业的区位条件和资源优势，发挥乡土化、地域化的历史文化资源优势发展文旅产业是绿心城乡融合发展的必由之路。依循历史建筑、景观资源、水网体系的空间差异化分布特征，构建"一带、一环、多核"的文化景观展示体系，搭建文化价值展示和文化内涵转化的平台，保护特色、盘活资源，以用促保，激发文旅潜能的同时推动绿心村庄品质的提升，促进城乡之间的要素交换，实现共赢（图1-8）。在此基础上，按照国家乡村振兴的要求，根据分布特征、现状资源、产业特色和发展条件对生态绿心内部村庄实施分类发展指引，将其划分为12个单元，形成"一片一品"，差异化引导特色产业集聚，有序引领村庄内部的改造升级，推进农业农村现代化发展。

图1-8 莆田生态绿心文旅村落规划引导示意
资料来源：莆田市自然资源局．莆田生态绿心保护与利用总体规划［EB/OL］．（2023-09-12）［2024-03-06］．https://zrzyj.putian.gov.cn/xxgk/ghgk/ghcg/202309/t20230912_1853386.htm．

在道路交通组织中，规划一方面延续道路网络的开放式结构，充分保障乡村居民日常生活的便捷性，另一方面通过对村道结构的优化串接具有文旅潜力的村庄，形成完整游览路径，通过跨木兰溪的慢行桥加强南北洋路网联系。水上交通的打造以贯通内部游览路径和充分连接外部重要城市文旅片区为目标，选取途经荔林水乡优质景观的河段，内部成环、向外放射，设置多个水陆换乘站点，实现城市旅游景点与乡村文旅片区的畅通链接。

空间引导管控方面，先守底线再谋发展，积极盘活资源、整合可利用空间。绿心规划"守底线、谋发展"的总体思路，严守规模底线、文化底线、生态底线，通过落点、划线、分区分类管控等方式落实保护要求，在此基础上谋求"可利用空间"，包括有序引导工业用地腾退、一户多宅腾退和宅基地的有偿退出，以及充分利用闲置房屋和永久基本农田以外的一般农用地，在法规的限制框架下合理运用政策谋求发展空间，通过全域土地综合整治等手段合理优化空间布局，整合可利用空间，谋划项目落地，并优先用于基础设施的提升和公服设施、文旅服务设施的布局。

1.5.2 乡村地域多功能理论

乡村地域系统是由若干要素构成的自然—生态—经济—社会复合体，其与外部环境相互联系和相互作用中表现出来的性质、能力和功效形成了乡村地域功能。乡村地域系统的要素组合和结构状况，决定了乡村地域的功能属性和功能强度。乡村多功能概念由农业多功能或多功能农业演化而来，源于现实"生产主义"农业体系的瓦解，体现了人们对功能维度和功能主体认知的双重改变。乡村多功能还被用于形容土地利用和景观为人类提供多种有益的功能和服务的特征，由此产生了乡村土地利用和景观多功能的理论概念。

乡村地域多功能则是一定发展阶段的特定乡村地域系统在更大的地域空间内，通过发挥自身属性及其与其他系统共同作用所产生的对自然界或人类发展的有益作用的综合特性，既包括对乡村自身需求的保障功能，又包括对城镇系统的支撑作用和与其他乡村系统的协作功能。特定的乡村地域可以提供以下多种商品和服务（图1-9）。第一，经济功能。经济功能是乡村地域的基础功能，包括农业生产功能和非农业生产功能。农业生产功能是指一切进行农业生产活动的能力，包括耕地种植和家禽、水产养殖等活动，为村民提供生产生活必要的粮食等产品，保障乡村地域的基本生活；非农业生产功能是指除了农业生产活动以外的生产能力。经济功能支撑着乡村地域的发展，是乡村地域的核心功能。第二，社会功能。社会功能是乡村地域发展的重要保障。乡村地域是乡村村民的聚集地，村民们在此生活居住，乡村地域为村民们提供了生活居住的空间和环境，是村民们进行社会交往和建立社区联系的重要场所，此外，还包括为村民提供的必要基础设施，如学校和

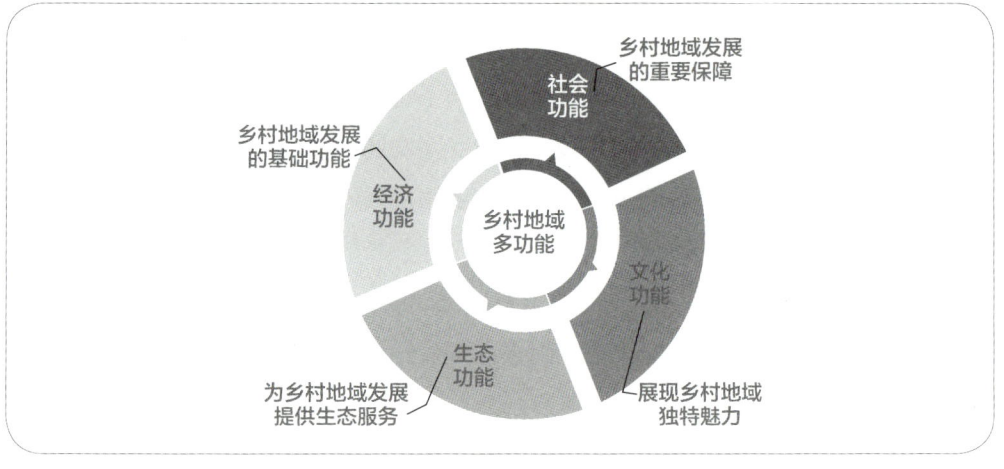

图1-9 乡村地域多功能分类
资料来源：自绘

商店等。第三，生态功能。生态功能是乡村地域不可或缺的重要功能。乡村地域拥有丰富的自然资源，其生态功能主要表现在维护生态平衡、保护生态环境和提供生态服务等方面，对于生物多样性的保护也具有重要作用。第四，文化功能。文化功能为乡村地域的发展展现独特魅力。乡村地区具有独特且多样的文化功能，能够发展乡村旅游，其拥有独特的乡村建筑、乡村风貌和民俗风情是乡村旅游重要的一部分，能够满足城乡居民的休闲文化需求，带动乡村旅游发展及其配套设施的建设，推动乡村经济繁荣。

国土空间规划要遵循乡村发展规律，充分考虑并协调好各种功能之间的关系，科学地把握乡村差异和发展走势分化特征，实现乡村地区的全面、协调、可持续发展。

1.5.3 乡愁观与共同富裕观

乡愁原是一个文化哲学范畴，表征着一种历史情愫，更寄寓一种文化表达。乡愁的基本属性是一种思念家乡、怀念过往的情感，是以乡愁主体的身体实践为载体，并随着时间的流逝而动态发展的情感体验，由此形成乡愁文化与乡愁实践。新时代全面落实乡村振兴战略的过程中，乡愁既是怀念家乡的情感体验，又是对现代化和现代性的反思，是特定的历史条件、现实合理性和国家理性的融合。在城乡关系中，乡愁代表了人们满足物质需求后更高层次的追求，体现了对"人的城镇化"的重视，强调要依托现有山水脉络等独特风光，让城市融入大自然，让居民望得见山，看得见水，记得住乡愁，乡村建设要注意乡土味道，留得住青山绿水，保留乡村特色风貌。乡愁观还强调协调社会关系组织，重塑乡村文化价值，传承和弘扬优秀的乡土文化，提高乡村文化软实力，留住和吸引更多居民参与建设美丽乡村。

共同富裕观强调全体人民的共同富裕，而不是少数人的富裕，既包括物质生活层面，又包括精神层面。在我国区域间、城乡间发展不平衡背景下，农民农村共同富裕是实现全社会共同富裕的关键。实现城乡居民共同富裕，要注重农民收入分配公平化、基本公共服务均等化，以及人们有平等参与的机会和全面发展的条件。这需要健全城乡发展一体化机制，高质量发展推动农业农村现代化，注重城乡生产、生活、生态物质空间资源分配，在全面推进乡村振兴中不断满足人民日益增长的美好生活需求。

乡愁观与共同富裕之间的内在联系主要体现在两个方面：一是对于传统文化和乡土价值的认同，有助于构建公平正义的社会秩序；二是对于地方社区和乡村经济的关注，能为实现共同富裕提供新的途径和资源。首先，乡愁观强调对传统文化和乡土价值的认同。这种认同不仅体现在对自然和文化遗产的保护上，也包括对社区精神、合作共享、公平正义的尊重。在现代社会，人们对于乡愁的怀念实际上是对过去农耕社会中邻里互助、公平共享的社会价值的一种怀念。这些价值观恰恰是现代社会实现共同富裕所追求的目标。因此，乡愁观提供了一种重要的文化资源，有助于我们重新思考公众福祉、社会公平、经济公正等问题，为实现共同富裕提供理论支撑。其次，乡愁观关注地方社区和乡村经济的振兴。在推动乡村振兴的过程中，通过发挥乡村社区的优势，比如激活农民的创新创业活动，开发独具乡土特色的文化和旅游产品，部分地区以乡情乡愁为纽带吸引和凝聚各方人士支持家乡建设，可以为地方经济增添新的活力，推动农民收入的增长，帮助农村地区实现共同富裕（图1-10）。

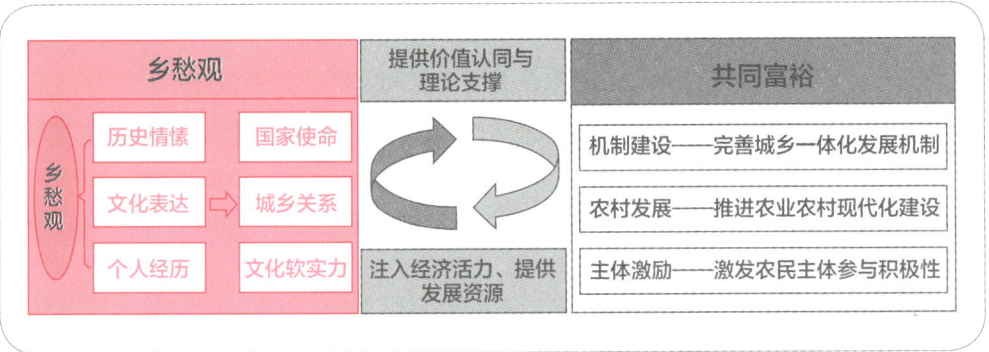

图1-10　乡愁观与共同富裕观的内在联系
资料来源：自绘

1.5.4　绿色循环发展理念

绿色发展是以效率、和谐、持续为目标的经济增长和社会发展方式[1]。从内涵看，绿色发展是在传统发展基础上的一种发展模式创新，是建立在生态环境容量和资源承载力的约束条件下，将环境保护作为实现可持续发展重要支柱的一种新型发展模式[2]。绿色发展的基本要求是实现经济发展的同时，不得破坏自然环境，打破生态平衡，危害人们的幸福生活。循环发展是一种以资源的高效利用和循环利用为核心，以低消耗、低排放、高效率为基本特征，符合可持续发展理念的发展模式。绿色循

1.田时中，陈雨婷.长三角绿色低碳循环发展的时空格局及系统耦合协调评价［J］.经济地理，2023，43（11）：25-35.
2.秦绪娜.共识、分歧与展望：国内绿色发展内涵认知研究［J］.中共济南市委党校学报，2016（1）：35-39.

环发展理念摒弃了大量生产、大量消费、大量废弃的传统的线性经济生产方式，体现了人与自然和谐共生、融合发展的鲜明的价值取向，体现在物质循环和能量流动两个自然生态、经济社会系统的基本功能上。该理念强调以"减量化、再利用、资源化"为原则，注重生产、流通、消费全过程的资源节约，强调低开采、高利用、低排放，从而实现资源的高效率利用和循环利用，减少污染产生的生态环境危害。

种养结合是种植业和养殖业紧密衔接的生态农业模式，是将畜禽养殖产生的粪污作为种植业的肥源，种植业为养殖业提供饲料，并消纳养殖业废弃物，使物质和能量在动植物之间进行转换的循环式农业。绿色种养循环是绿色循环发展的重要方式，是缓解乡村资源约束矛盾和减轻环境污染的必然选择；是提高资源利用效率，促进乡村经济增长方式转变的内在动力。绿色种养循环是指通过促进绿色种养、循环农业发展，以推进粪肥就地就近还田利用为重点，以培育粪肥还田服务组织为抓手，实现资源最大化利用。加快推动种养结合循环农业发展，是提高农业资源利用效率、保护农业生态环境、促进农业绿色发展的重要举措。国土空间规划需要在种养循环理念指导下，协调种植用地和养殖用地空间，形成种养循环单元，从而推动农业生产过程减量化、再利用、资源化。

思考题

1. 简述人与自然和谐共生理念的基本内涵。
2. 简述高质量发展理念的基本内涵。
3. 简述粮食安全与食品安全的区别与联系。
4. 在国土空间规划的编制实施过程中，如何保障生态安全？
5. 我国的主要水资源安全问题有哪些？国土空间规划如何助力解决这些问题？
6. 简述国土空间用途管控与国土空间规划之间的关系。
7. 国土空间规划中，如何体现底线思维？
8. 简述土地节约集约利用的意义和规划策略。
9. 简述水资源节约集约利用的意义和规划策略。
10. 简述韧性城市的主要特征。
11. 国土空间规划中，如何体现海绵城市的规划建设理念？
12. 国土空间规划如何助力乡村振兴？
13. 简述乡村地域多功能理论的要点。

第 2 章

国土空间治理理论

■ 本章要点

国土空间治理是国家治理体系的重要组成部分、国家安全的重要保障、经济高质量发展的重要工具，连同资源治理、环境治理和生态治理，构成生态文明建设的主体内容。在国土空间规划体系建设过程中，国土空间治理通过制度建设、政策调控、监督管理等手段，为国土空间规划的后续实施提供了制度保障。本章介绍了国土空间治理所涉及的基本理论：区域协调与资源要素统筹优化理论是国土空间治理的基础性理论，决定了国土空间治理目标的设定，其中区域空间均衡理论、资源环境承载力理论、资源优化配置理论和"区域—要素"统筹理论均为本章需要掌握的重点内容，也是本章学习的难点；资源产权与租价理论为国土空间治理过程中各项制度的发展奠定了理论基础，应深入理解各类权利的定义以及中外理论发展过程中的差异性；现代公共治理理论已成为当前国土空间治理的重要理论来源，需要简单了解其"现代性"在当前国土空间治理过程中的体现。

2.1 区域协调与资源要素统筹优化理论

区域差异大、发展不平衡是我国的基本国情。推动区域协调发展，是建设现代化经济体系、推动经济高质量发展的重要任务。改革开放以来，经过长期不懈努力，我国区域发展出现一系列重要变化、取得一系列重要成就，促进了各地区经济普遍发展，缩小了地区间发展差距。在新时期国土空间规划体系建设过程中，应进一步梳理总结这些变化和成就、特点和经验，进一步深化对区域协调发展战略的认识，进一步实践发展资源要素统筹优化理论，推动新时代区域协调发展取得新的更大成就。

2.1.1 区域空间均衡理论

传统的区域发展理论大多强调区域发展的非均衡性。在现实发展中，一些地区长期处于经济落后状态，而另一些地区却发展迅速，两者之间出现了明显的发展不均衡，较多学者针对这一现象展开实证导向的理论与政策研究，形成了循环累积因果原理、增长极理论、核心边缘理论、梯度推移理论、点轴系统理论（表2-1）。这些理论将地理空间系统和社会经济系统进行充分结合，有效揭示了各地经济发展水平在空间上不平衡的原因与形成过程，进而为后续优化和调控提供了有益的指引。

表2-1 代表性区域空间结构非均衡理论

理论名称	代表性学者	提出年代	主要观点
循环累积因果原理	纲纳·缪达尔（Karl Gunnar Myrdal）	1957	社会经济各因素之间存在着循环累积的因果关系，导致社会经济过程沿着最初那个因素变化的方向发展形成累积性的循环发展趋势
增长极理论	弗朗索瓦·佩鲁（François Perroux）	1950	现实中的经济增长通常是从一个或数个"增长中心"逐渐向其他部门或地区传导，因此应选择特定的地理空间作为增长极，以带动经济发展
核心边缘理论	约翰·弗里德曼（John Friedmann）	1966	区域发展是由基本创新群汇成大规模创新系统的不连续积累过程，迅速发展的大城市系统通常具备有利条件，使得创新从大城市向外围地区进行扩散
梯度推移理论	威尔伯·R.汤普森（Wilbur R.Thompson）	1982	每个国家或地区都处在一定的经济发展梯度上，世界上每出现一种新行业、新产品、新技术都会随时间推移由高梯度区向低梯度区传递
点轴系统理论	陆大道	1984	经济总是首先集中在少数条件较好的区位并形成"点"，随后点与点之间由于生产要素交换需要交通线路以及能源水源供应线等，形成"轴线"

资料来源：作者整理

进入21世纪以来，结合国情，我国提出主体功能区的概念，相继形成主体功能区规划、战略和制度，作为重要理论支撑的区域空间均衡理论也相应形成[1]。区域空间均衡理论的核心是区域发展的空间均衡模型，该理论认为区域发展的空间均衡是指区域的综合发展状态的人均水平值是趋于大体相等的，其中综合发展状态包括经济、社

---

1. 樊杰.我国主体功能区划的科学基础［J］.地理学报，2007（4）：339-350.

会和生态环境等多个方面。认识主体功能区，首先应多维度认知地域功能和功能区，承载一定功能的地域就被称作功能区，对应的地域功能是指一定地域在更大的地域范围内，在自然资源和生态系统中、在人类生产活动和生活活动中将履行特定的职能并发挥特定的作用。功能区的形成应有助于空间均衡正向（差距缩小）演进，同时空间均衡的前提是资源要素在区域间的合理流动。围绕主体功能区的划分，从区域发展的时空特点和地域功能出发，要做到区划方案效益最大化，应把握区域划分的对象和尺度，要用动态眼光来洞察地域功能的演进态势。具体操作要把握：一是地域功能识别时，要注意国土"开发"和"保护"取向的双维复合、评判指标体系构建、相应的区划单元和层级等；二是要通过立体流和立体空间均衡，即"流的立体空间"存在生产层、二次分配层、居民实际消费层三个层面，以不同层级的要素流动实现立体空间均衡，确保区划做到效率与公平并重；三是应强化法律、规划和政策等保障，确保主体功能区划的空间管治制度功能的发挥。

2.1.2　资源环境承载力理论

资源环境承载能力是指基于特定发展阶段、经济技术水平、生产生活方式和生态保护目标，一定地域范围内资源环境要素能够支撑农业生产、城镇建设等人类活动的最大合理规模。资源环境承载力分为资源承载力和环境承载力。基于现有经济技术水平和生产生活方式，一定国土空间内可承载农业生产、城镇建设的最大合理规模主要取决于水资源、土地资源、气候等重要自然资源约束，以及生态环境保护目标下的环境容量约束和空间约束。其中环境容量约束指在特定的环境质量目标、污染物排放标准和总量控制等条件下，环境容量对农业生产、城镇建设的约束要求。空间约束是指从区域生态安全底线角度，基于生态系统服务功能重要性和生态脆弱性评估形成的生态保护重要区，其中生态系统服务功能重要性主要包含水源涵养、水土保持、生物多样性维护、防风固沙、海岸防护等方面，生态脆弱性包含水土流失、石漠化、土地沙化、海岸侵蚀及沙源流失等方面。按照短板原理，各类约束条件下的最小值即为资源环境可承载的最大合理规模。

2.1.3　资源优化配置理论

资源优化配置（optimization allocation on resources），是指为协调缓解资源的稀缺性与人类需求的无限性之间的矛盾，在分析不合理的资源利用现状的基础上，基于优化的改良目标和规划期望，以配置作为过程和手段，将一定的资源进行适当比配，形成合理的资源利用结构，最大限度地提高资源利用的综合效益。

在传统经济学中，资源配置是指资源在不同用途之间的分配。资源配置优化以"经济增长"为核心目标，其判断标准是资源配置是否有利于经济增长，当资源配置有利于经济增长时为优化，反之则是非优化。亚当·斯密（Adam Smith）最早提出了较为系统全面的资源配置思想，他将市场价格机制的调节作用形象地比喻为一只"看不见的手"，市场通过这只手来调节社会的资源配置。马克思基于稀有性与交换价值的关系，指出资源配置是一种基于资源稀缺性的调节手段，其用社会劳动的概念来解释资源配置。萨缪尔森（Samuelson）在前人研究的基础上，形成了一种调和国家干预和市场调节的资源配置二元论，其主要包括四点内容：第一，强调市场作为资源配置工具的主要力量；第二，市场经济和"看不见的手"有一定的适用范围和现实局限性；第三，针对资源配置的市场失灵，提出了政府的经济职能和作用范围；第四，指出存在政府失灵及其表现形式。

虽然不同的学者对资源配置的定义、特征界定不完全一致，但较为统一的认知是：资源配置的实质是使稀缺性资源能够保持最佳的比例关系和价值取向，提高资源的利用效率，满足人们不断增长的物质文化需要。随着资源配置理论的不断丰富和可持续发展思想的兴起，资源优化配置逐渐成为国土空间可持续发展的重要途径和手段。系统性地研究资源优化配置问题，可为合理规划和利用国土空间、规范国土资源开发利用秩序、促使国土空间结构良性发展提供重要支撑[1]。

土地作为国土空间中一切生活和生产活动的载体，对土地资源的优化利用是实现区域可持续发展和国土空间合理规划的重要途径和手段。对土地资源的优化配置就是在全面认识区域土地资源变化机理的基础上，为了达到一定的社会、经济和生态目标的最优化，通过科学技术手段，对指定区域的土地资源进行利用方式、数量结构、空间布局和综合效益等的优化，保持人地系统的协调运行和可持续发展，不断提高土地生态经济系统功能[2]，即解决国土空间优化中"what""how much"和"where"的问题[3]。其主要内容为：①进行区域土地利用现状分析，重点把握其空间结构、动态变化的驱动机制与规律，提出土地利用空间优化配置的目标；②预测区域土地利用需求状况，重点分析区域内产业布局的用地需求；③开展区域土地适宜性评价，对比分析土地利用现状与土地利用适宜性因素的空间匹配关系，寻找土地

---

1. 傅建春. 河南省国土空间格局演变及布局优化研究——基于"三生"功能分区视角 [D]. 徐州：中国矿业大学，2021.
2. 严金明. 土地利用结构的系统分析与优化设计——以南京市为例 [J]. 南京农业大学学报，1996，19（2）：88-95.
3. 刘耀林，全照民，刘岁，等. 土地利用优化配置建模研究进展与展望 [J]. 武汉大学学报（信息科学版），2022，47（10）：1598-1614.

利用空间转化对象，研究各土地利用类型在地域空间上用地平衡方案；④对用地平衡方案逐层落实，指导具体地块的定性、定量和定位[1]。因此，应充分发挥土地利用潜力、提高土地聚集效应、保持土地生态系统平衡，实现土地的可持续利用，促进区域经济快速发展和环境逐步和谐，进一步实现国土空间优化。

2.1.4 "区域—要素"统筹理论

作为人类生产生活和自然资源要素的载体，国土空间有着"区域"型国土空间和"要素"型国土空间的认识差别[2]。"区域"型国土空间是对一定空间范围内人类活动与自然资源环境综合性认知的结果，在国土空间规划中主要包括两类具有明确治理责任主体的"责任区"：覆盖全域的行政区划、主体功能区划和局域性的自然保护区、开发区等。"要素"型国土空间则是从人类使用的客体角度考察国土空间，将其视为各类人类活动与自然资源环境的载体，同一类"要素"具有相近的用途或管制目标等属性，其治理往往会直接与具体宗地（或宗海）的权益人对接。根据不同划分目的，"要素"可分为管制类要素空间和用途类要素空间：前者如生态保护红线、城镇开发边界、永久基本农田保护红线等，主要表现为和具体地域、地类使用管制挂钩的国土空间；后者如耕地、林地、草地等，主要是可明确界址、用途和权属的国土空间。

在国土空间规划中，要将"国土空间"看作一个具有不同维度的有机整体来重新理解，相应制度也将融合主体功能区规划的分区管理与土地利用规划的土地用途管制、城乡规划的空间管制等内容，实现"区域"和"要素"的统筹。具体而言，国土空间规划体系中的国家、省级规划应以协调"区域"为重点，并对下级"区域"中的重点"要素"提出要求；市、县级规划应"区域""要素"并重，将"区域"目标转化为"要素"的管控，从而实现由"区域"向"要素"的国土空间开发保护要求传导。在此基础上，应对管制类要素空间制定明确的技术标准和管制要求，对用途类要素空间进行界定清晰、刚柔结合的划分，从而在"要素"层面实行有效的空间管控与用途管制，构建"区域"有序、"要素"可控的国土空间开发保护格局。

结合国土空间规划的编制与实施，如何实现"区域—要素"统筹？[3]关键在于

1.罗鼎,许月卿,邵晓梅,等.土地利用空间优化配置研究进展与展望[J].地理科学进展,2009,28（5）:791-797.

2.林坚,刘松雪,刘诗毅.区域—要素统筹:构建国土空间开发保护制度的关键[J].中国土地科学,2018,32（6）:1-7.

3.林坚,等.新时代国土空间规划与用途管制:"区域—要素"统筹[M].北京:中国大地出版社,2021.

以下四种机制的建立：①以"要素"评价"区域"。规划编制前，通过多要素的国土空间利用现状、条件的评估，为区域功能定位的确定及动态调整提供基础，通过建立"双评价"与资源环境承载能力监测预警工作，和"三线"划定之间的协同联动机制，完善和深化依"区域—要素"统筹评价、动态统筹优化国土空间开发保护格局的工作逻辑；规划实施后，通过基于"要素"的领导干部自然资源资产离任审计、差异化绩效考核等制度，对区域的国土空间治理成效进行评估，为区域政策的调整优化提供依据。②以"区域"统筹"区域"。即自上而下进行区域功能分工，通过完善和深化现有主体功能区制度，实现上下级区域功能传导与同级区域功能协调。③以"要素"统筹"区域"。通过核心要素管控，实现对下位区域的统筹，即基于关键的要素型国土空间（如"三线"）管理在区域之间合理分配土地发展权、建立区域差异化的绩效考核机制等，实现区域间有序分工和协调发展。④以"区域"统筹"要素"。在特定事权区域（如某一行政区全域）内对各类要素的结构布局、开发利用或保护修复进行统筹安排，其中城镇开发边界内需对接控制性详细规划进行建设用地分类管控，城镇开发边界外通过郊野单元规划等政策工具，实现对郊野乡村地区的精细化空间治理。

2.2　资源产权与租价理论

　　"为谁所有、归谁使用"是资源产权所要回答的核心问题，也是国土空间规划围绕自然资源产权制度进行改革所要讨论的关键议题；从新古典主义经济学一直到现代西方经济学，租价理论不断得到讨论。本节所述的两个重要理论为国土空间治理过程中各项政策制度的发展奠定了理论基础：一方面，在制度和法律上明确自然资源相关的各项权利，为国土空间治理提供理论依据；另一方面，对资源租价的理解有助于在遵循市场规律的基础上实现自然资源的合理有效利用，避免由于浪费和过度开采导致的资源短缺问题。

2.2.1　产权理论

　　产权，即财产权利，是个人支配其自身劳动、物品与劳务的一系列权利，它将经济系统与政治结构、法律制度联系起来，一般包括占有权、使用权、收益权、转让权以及处置权等多项权能。从学者对于产权的定义来看，关于产权的概念内涵不断具体和深化。德姆塞茨认为，产权是让自己或他人受益或受损的权利，突出了产权的交换价值[1]；菲吕博腾则认为，产权不是指人与物的关系而是人与人之间的关系，这一定义揭示并强调了产权的社会关系本质属性[2]。

产权具有激励、约束、资源配置、协调等功能，其对社会经济发展的重要性不言而喻。良好的产权制度能够提供稳定的产权保护，激励个体和企业进行投资和创新，促进资源的有效配置和经济增长，确保资源流向最具生产力的用途，提供社会稳定和法治环境，减少社会冲突和不确定性。相反，不完善的产权制度会导致资源的浪费和低效率的分配，阻碍经济发展。因此当代学者普遍认为通过清晰界定产权归属、降低交易费用等制度安排可以激励产权主体优化管理和利用财产，从而实现资源配置效率的优化，避免出现公地悲剧[3]，产权制度因此成为世界上各个国家和地区治理体系中的核心内容。

现代产权理论认为外部性的产生是由于私人成本与社会成本的不相等，即社会成本大于私人成本，从而导致了社会福利的损失或低效，并基于此提出明晰产权、降低交易成本、提升市场配置资源效率的主张。产权理论的代表性成果是科斯定理，该理论是由诺贝尔经济学奖得主罗纳德·科斯（Ronald Coase）提出的一项重要理论，主要探讨了在没有完全竞争的市场中，资源配置的效率取决于产权的划分和交易成本。科斯指出，不同的产权制度和法律制度安排具有不同的激励作用，进而导致不同的资源配置效率，产权制度是决定经济效率的内生变量；产权流转和市场机制作用的发挥存在成本和代价，即交易费用。如何降低交易费用应该成为产权制度设计的核心内容，让人们更容易发现谁希望进行交易、交易的愿望和方式、如何讨价还价缔结契约、督促契约条款的严格履行等。该定理首次在科斯于 1937 年发表的论文《公司的性质》（"The Nature of the Firm"）中提出，后来又在他于 1960 年发表的著名论文《社会成本问题》（"The Problem of Social Cost"）中进一步发展和阐述。

科斯定理的核心思想是在存在外部性（externalities）和交易成本（transaction costs）的情况下，资源的最优配置不仅取决于产权的归属，还取决于产权方之间的协商和交易成本。具体而言，科斯定理提出了以下两个重要结论。一是资源配置不

---

1. DEMSETZ H. Toward a theory of property rights [M] //Classic papers in natural resource economics. London: Palgrave Macmillan UK, 1974: 163–177.
2. FURUBOTN E G, PEJOVICH S. Property rights and economic theory: a survey of recent literature [J]. Journal of economic literature, 1972, 10（4）: 1137–1162.
3. 原指在无偿放牧的公共牧场上，每个牧民尽可能放养更多的牛羊，导致牛羊数量无节制地增加，公共牧场最终超载而成为不毛之地，牧民的牛羊因此全部饿死。后被用于指代和解释公共产品因产权不清而被过度使用，以致低效、无效的现象。

受产权划分的影响，科斯认为，在完全竞争的市场中，资源的最优配置并不取决于资源的初始分配，无论初始资源分配如何，只要交易成本足够低，资源就会通过交易重新分配到更高效的主体手中。二是交易成本的重要性，科斯指出，在现实世界中，资源的有效配置往往受到交易成本的限制。交易成本包括寻找交易伙伴、协商交易条款、签订合同以及监督和执行合同等成本。因此，即使资源的归属权被划分得当，如果交易成本较高，资源也可能无法流向最高效的使用方，从而导致资源配置的低效率。产权理论的分析视角突破了新古典产权外生或交易费用为零的理想化假定，具有突破性的意义，但其也存在一定局限，主要体现为自然资源等代际共有产权无法私有化的产权问题。

2.2.2　现代地籍理论

地籍是国家依据法律规范，对每宗地的土地权属、位置、界址、数量、质量以及利用状况进行调查和测绘，并将所获状况记载在案的信息集及其载体，其核心意义在于反映土地权利之归属。地籍具有悠久的历史，是"中国历代登记土地作为征收田赋根据的册簿"，作为课税的参照基础，地籍工作于夏禹时期已可窥见雏形。根据不同的划分标准，地籍可以划分为不同的种类。按照发展阶段划分，地籍可以分为税收地籍、产权地籍和多用途地籍。随着社会经济的发展，地籍逐渐从税收地籍拓展到产权领域，并逐渐应用到包括土地利用规划、城市管理等诸多领域，为全面、科学地管理土地与提高土地利用效率提供信息服务，这种"多功能地籍"也被称为现代地籍。按照建立时序划分，地籍可以分为较为全面和系统的初始地籍，以及小范围更新的经常地籍。按照管理层级划分，地籍可以分为国家地籍和基层地籍。按照空间地域划分，地籍可以分为精度较高的城镇地籍和精度较低的农村地籍。

地籍在我国具有悠久而丰富的发展历史，在漫长的封建社会发展过程中，地籍的主要功能是服务于国家税收体系，从而深刻影响着封建王朝的财政收入，甚至关系着社会统治根基，因此地籍制度的设计历来受到管理者的重视，并涌现出一系列颇具创新价值的制度安排，一定程度上解决了当时社会经济和土地利用所面临的主要问题。从大禹治水时期对九州农地开展分等定级，到井田制时期的劳役地租，到自秦以来的土地私有制与均田尝试，到唐朝两税法作为地籍制度的分水岭，再到明清时代的鱼鳞图册、一条鞭法，这些制度探索给今天的地籍管理留下了宝贵的思想光辉。尽管不同程度地存在一定时代局限性，但是其所揭示出的地籍管理与社会经济问题的关联，以及解决问题的逻辑，给现代的地籍管理研究和制度设计都奠定了坚实的基础。

在现代地籍理论中，地块是地籍信息的载体和基础，权属（产权理论）是地籍制度的核心，土地的调查、测绘、统计与分析技术是地籍制度的重要保障。地籍理论是保障土地产权稳定性的重要制度工具，对于促进经济社会可续性发展具有至关重要的作用，国际测量师协会、世界银行等国际组织的研究结果表明，运行良好的地籍系统不仅有助于促进私人资本和金融资本对土地的投资，而且有助于改良地方政府土地财税管理并提高对公众意愿的回应效率，实现土地治理的改善。

地籍管理的核心内容是地籍调查和不动产登记。地籍调查是依照有关的法律程序，通过权属调查和地籍测量，查清每一宗土地的权属、界线、位置、面积、用途等情况，形成地籍调查的数据、图件等调查资料，在此基础上进行土地登记和土地统计。不动产登记则是指经权利人或利害关系人申请，由国家不动产登记机构依法将不动产权利归属、变动和其他法定事项记载于不动产登记簿的行为。除了以土地、房屋、森林树木为主要客体的不动产登记之外，我国逐步构建起主要覆盖自然资源的自然资源不动产统一登记制度。2013 年 11 月，《中共中央关于全面深化改革若干重大问题的决定》提出，对水流、森林、山岭、草原、荒地、滩涂等自然生态空间进行统一确权登记，形成归属清晰、权责明确、监管有效的自然资源资产产权制度，旨在划清全民所有和集体所有之间的边界，划清全民所有、不同层级政府行使所有权的边界，划清不同集体所有者之间的边界，划清不同类型自然资源的边界。至此，我国初步建立了覆盖全部国土空间的不动产确权登记制度，有力完善了地籍管理制度体系。

2.2.3　土地发展权理论

土地发展权是指在土地上进行开发和利用的权利，它允许土地所有者或使用者在法律和规划的框架内，改变土地用途或提高土地利用强度[1,2]。土地发展权的产生基于如下理念：保护自然资源与生态环境、强化土地使用管制、调节因土地使用而产生的暴利与暴损、运用市场机制补偿受限制地区的权利主体。这一概念的提出，反映了传统的农业社会向城市化、工业化社会的转变，土地的价值不再仅仅取决于其自然资源禀赋和所有者的投入，而是更多地体现在其潜在的开发价值和立体开发潜力上（图2-1）。

---

1. 胡兰玲.土地发展权论［J］.河北法学，2002（2）：143-146.
2. 田莉，夏菁.土地发展权与国土空间规划：治理逻辑、政策工具与实践应用［J］.城市规划学刊，2021（6）：12-19.

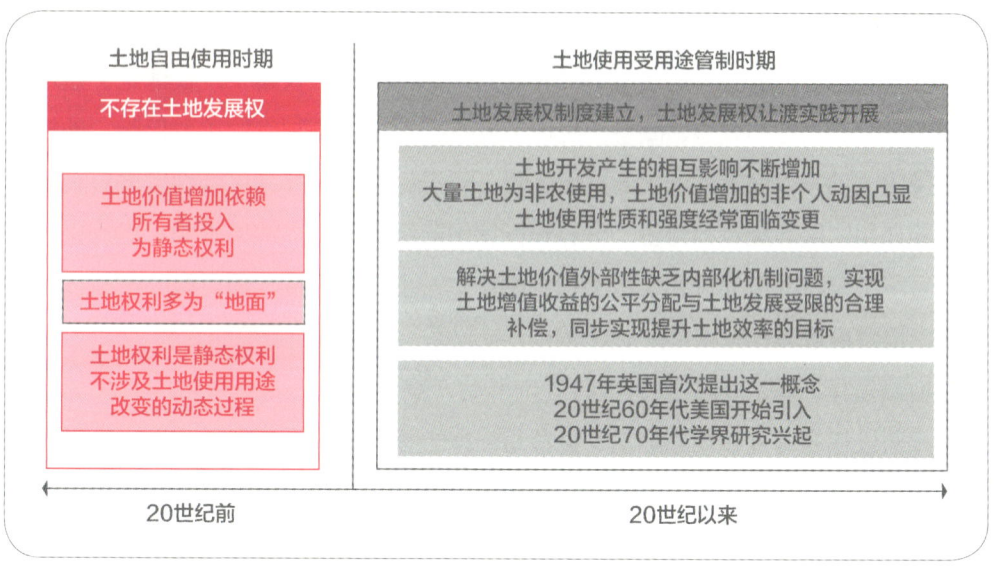

图 2-1　土地发展权的缘起
资料来源：PLATT R H. Land use and society ［M］. New York：Island Press，2014.

　　土地发展权概念始于 1947 年的英国《城乡规划法》，其中规定一切私有土地将来的发展权归国家所有；美国创立可转移的发展权制度，土地发展权归属土地所有者。对于中国土地发展权的来源，主要有两种观点：一种认为土地发展权来源于土地所有权，即土地所有者自然拥有对其土地进行开发的权利[1]；另一种则认为土地发展权来源于国家的管制权，即国家通过法律和规划对土地开发进行控制和指导[2]。尽管中国的相关法律体系中并未明确提出土地发展权，但在中国土地国有的制度背景下，土地发展权的界定和行使需要结合国家的法律法规和政策导向来进行解读。

　　新制度经济学的产权理论是土地发展权重要的理论支撑。产权的发展就是为了将外部性内部化，清晰的产权界定是资源有效配置的基础。庇古[3]认为外部效应内部化的最有效方法是通过税收。科斯[4]认为外部性问题是双向性的，应建立一份双方认可的契约（contract），使相关各方共同承担"外部效应内部化"的责任。社会学领域的产权理论则从另一个视角为土地发展权提供了理论支撑：产权并非由契约界定，而是在个体行为者与其所处的社会环境不断互动的过程中逐渐确定的[5]；产权是

---

1. 程雪阳. 土地发展权与土地增值收益的分配［J］. 法学研究，2014（5）：76-97.
2. 陈柏峰. 土地发展权的理论基础与制度前景［J］. 法学研究，2012（4）：99-114.
3. PIGOU A C. The economics of welfare ［M］. 3rd ed. London：Macmillan Publishers Limited，1920.
4. COASE R H. The problem of social cost ［G］// The firm，the market，and the law. Chicago：The University of Chicago Press，1960.
5. 申静，王汉生. 集体产权在中国乡村生活中的实践逻辑——社会学视角下的产权建构过程［J］. 社会学研究，2005（1）：113-148.

一束关系，反映了一个组织与其环境之间稳定的交往关联[1]，这也被称为产权的社会建构逻辑[2]。在中国的土地发展权实践中，体制场域与社会场域共同形塑了土地产权[3]。

土地发展权的配置涉及对土地价值的初始分配，这不仅包括当前的利用价值，还包括未来的潜在价值。在国外，市场主导的土地发展权让渡（TDR）和发展权征购（PDR）是常见的配置手段[4]。而在中国，土地发展权配置呈现出政府主导的特点，规划对土地的控制功能与土地发展权的制度性安排紧密相关。

国土空间规划是土地发展权配置的重要载体，塑造了独特的两级土地发展权体系[5]。规划之间的冲突往往围绕土地发展权的空间配置展开，这反映了不同利益主体对土地发展权的争夺。在体制场域视角下，一级土地发展权隐含在上级政府对下级区域的建设许可中，主要聚焦于央地之间的委托代理关系，关注公权力干预与空间管制下央地之间的土地发展权配置；在社会场域视角下，二级土地发展权隐含在政府对建设项目、用地的规划许可中，主要聚焦于政府—社会关系，重点关注公权力干预与空间管制下政府、市场、社会之间的土地发展权配置（图2-2）。

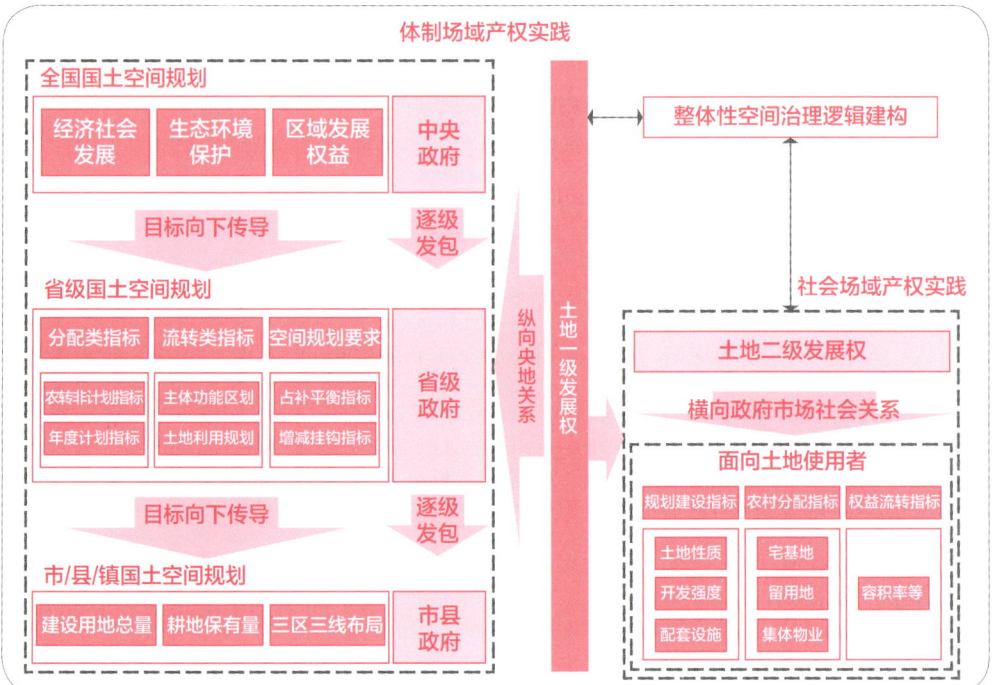

图2-2 体制场域与社会场域的土地发展权配置
资料来源：自绘

1. 周雪光. "关系产权"：产权制度的一个社会学解释［J］.社会学研究，2005（2）：1-31.
2. 曹正汉. 产权的社会建构逻辑——从博弈论的观点评中国社会学家的产权研究［J］.社会学研究，2008（1）：200-216.
3. 陈颀. 产权实践的场域分化——土地发展权研究的社会学视角拓展与启示［J］.社会学研究，2021（1）：203-225.
4. 张能，陈烨. 面向城乡土地发展权公平配置的规划策略［J］.规划师，2019（8）：38-43.
5. 林坚，许超诣. 土地发展权、空间管制与规划协同［J］.城市规划，2014，38（1）：26-34.

土地发展权转移则是在土地发展权刚性配置的背景下，将一块土地进行非农开发的权利通过市场机制转移到另一块土地，其目的是通过市场机制解决土地资源配置中的外部性问题，实现资源的帕累托最优分配。通过这种方式，可以在保护某些区域的耕地或生态资源的同时，为其他区域的经济发展提供必要的权利，从而实现经济、社会和环境的协调发展。增减挂钩、占补平衡等指标的流转与交易是土地发展权转移的具体政策实践[1,2]。

土地发展权与土地增值收益分配之间的关系是土地发展权理论的重点和难点。土地发展权的行使往往会导致土地价值的提升，土地增值收益分配则是指土地价值增加后，如何公平地分配这些增值收益[3]。土地增值收益的分配原则存在"涨价归公"[4]"涨价归私+税收调剂"[5]与"公私兼顾"[6,7]三种争论。因此，如何制定合理的政策和法律框架，以确保土地增值收益能够在国家、地方政府和土地所有者之间公平合理地分配，是国土空间规划的一个重要议题。

2.2.4 资源租价理论

资源租价理论是租金理论的一种形式，通过对资源租价的合理设置使得自然资源得到合理有效的利用，避免由于浪费和过度开采导致的资源短缺问题，以矿产、渔业、土地等资源的有偿使用为典型模式。

现代西方经济学的土地租价理论主要包括土地收益理论以及土地供求理论：土地收益理论认为土地价格是土地收益的资本化，即土地租金；土地供求理论认为土地的供给与需求的关系主导了土地价格。西方土地价格理论可分为以下几大流派：以亚当·斯密、李嘉图和屠能为代表的古典学派主要研究土地价格的概念、来源、本质和特征；以米尔顿、阿隆索、马歇尔、伊利等为代表的新古典主义学派通过引入影子价格、地位和边缘化平衡、城市地价模型等概念和方法，解决了城市租金和地价计算的理论和方法问题，城市结构模型等还将土地作为生产要素，并认为经济增长与土地价格密切相关。土地经济学派特别强调运输成本和土地价格之间的互补

1.汪晖，陶然.论土地发展权转移与交易的"浙江模式"——制度起源、操作模式及其重要含义[J].管理世界，2009（8）：39-52.

2.谭明智.严控与激励并存：土地增减挂钩的政策脉络及地方实施[J].中国社会科学，2014（7）：125-142.

3.彭錞.土地发展权与土地增值收益分配——中国问题与英国经验[J].中外法学，2016（6）：1536-1553.

4.贺雪峰.就地权逻辑答周其仁教授[J].华中农业大学学报（社会科学版），2013（3）：1-9.

5.陶然，王瑞民.农村土地改革的制度创新与路径：以国有制推动土地发展权交易与使用权流转[J].比较，2018（4）：74-109.

6.周诚.关于我国农地转非自然增值分配理论的新思考[J].农业经济问题，2006（12）：4-7.

7.田莉.有偿使用制度下土地增值与城市发展——土地产权的视角分析[M].北京：中国建筑工业出版社，2008.

性，其代表人物有拉特克利夫。土地利用学派主要确立了土地利用所产生的城市供给和需求功能，认为城市供给和需求功能是基于不同类型城市土地使用者相互提供产品和服务的结果，其代表包括胡佛、文戈、阿隆索等。而马克思认为地租是土地使用者由于使用土地而缴给土地所有者的超过平均利润的那部分剩余价值。马克思按照地租产生的原因和条件的不同，将地租分为三类：级差地租、绝对地租和垄断地租。前两类地租是资本主义地租的普遍形式，后一类地租（垄断地租）仅是个别条件下产生的资本主义地租的特殊形式。

本段重点介绍马克思的地租理论。第一类绝对地租是指由土地所有权存在所决定的，不论租种什么样的土地都必须缴纳的地租，绝对地租的来源是农产品价值高于社会生产价格所产生的那部分超额利润，即土地所有者凭借土地私有权的垄断所取得的费用，绝对地租产生的条件是土地所有权与使用权的分离，绝对地租产生的原因则是土地私有权的垄断。第二类垄断地租是由产品垄断价格带来的超额利润转成的地租，垄断地租来自高额垄断价格与生产成本之差，而垄断价格往往与产品或服务的价值无关，只取决于消费者的购买欲望和相应的支付能力，垄断地租产生的原因是对某些特殊优越土地的经营权垄断，是一种特殊的级差地租。第三类是级差地租，指的是个别生产价格与社会生产价格之间的差额产生的超额利润，具体又分为级差地租Ⅰ和级差地租Ⅱ。级差地租Ⅰ是指由于土地肥力和位置的差别产生的超额利润转化成地租，级差地租Ⅱ则是由于对同一土地作追加投资所产生的超额利润转化为地租。

总体而言，租金理论在古典经济学领域占有非常重要的地位，贯穿于学科的发展演进当中。尽管不同学者关于租金的理解和解释存在差异，但是这些争论也有助于我们看清地租的本质。一方面是地租的内涵，斯密将地租界定为"为使用土地而支付的价格"，并且认为这是一种垄断价格，它与自然的力量密切相关，但却是土地所有权的纯粹结果。因此，土地上生产的产品可以以高于费用的价格卖出，地租自然而然成为了土地所有者的收入。另一方面是地租的数量，主要级差地租的各种形式，揭示了地租与农业经济关系的历史发展，阐释了地租的数量及其决定因素。

2.3　现代公共治理理论

在国土空间治理的理论框架中，现代公共治理理论在空间治理理论和产权相关理论的基础上进一步深化了"以人为本"的治理路径。其中，现代政府管制理论通过探讨政府与市场的关系，厘清政府在资源配置中的角色与责任，为国土空间治理提供了制度与政策依据，确保社会经济目标的有效实现。公众参与理论强调社会多元主体的广泛参与，通过制度化的公众参与机制，促进决策的透明度和公正性，增强国土空间规划的民主性和合法性。理性选择理论则从个体行为的角度出发，分析多元主体在国土空间使用中的决策逻辑，为平衡个体与集体利益提供了理论指导。全生命周期管理理论则通过系统化的管理视角，将国土空间的开发利用贯穿于整个生命周期，强调资源的高效配置与可持续发展。上述理论已成为国土空间治理理论的重要组成部分，为推动国土空间资源的优化配置与合理利用、实现经济社会和环境效益的协调发展提供基础性的理论支撑。

2.3.1　现代政府管制理论

现代政府管制理论涉及政府管制、有效市场、有为政府、央地关系和博弈论等。

（1）政府管制。政府角色、政府与市场、政府与社会的关系一直以来是公共管理学科发展各个阶段的核心命题。政府管制是各级政府部门为了实现社会经济目标，依据相关法律法规直接规范、约束和限制微观主体及其活动，优化资源配置，促进社会经济效率和社会福利最大化的活动，旨在弥补市场经济运行和社会秩序的先天缺陷，其本质上是一种直接行政性手段，以合法性权威为支撑，以法定允许、法定禁止、政府限价、政府补贴等工具手段达成管制目标。现代政府管理必须同时追求合法性、效率性、责任性和公平性，是多元价值和多元主体利益的平衡过程，从理论演进来看政府主体在上述目标之间做选择和取舍，威尔逊—韦伯范式在封闭系统中追求"效率至上"，公共行政范式则以"社会公平"为目标，新公共管理范式又转向"效率优先"，公共价值范式试图通过公共价值创造来整合上述目标，总体而言政府保持动态调和、相互冲突的目标和职能。

（2）有效市场。有效市场强调市场配置资源的作用和效率，最早源自亚当·斯密"有限政府"学说中关于"看不见的手"的论述，20世纪70年代盛行的新自由主义则进一步强调减少政府干预，充分发挥市场作用。总的来说，有效市场理论强调价值规律的作用和价值，主张资源分配中通过市场经济的竞争机制、激励机制、合作机制、制衡机制、淘汰机制等发挥作用，在微观层面能够激励创新、优胜劣汰，在宏观层面能够分配社会劳动、调节资源配置。

（3）有为政府。针对市场机制通过价值规律发挥作用过程中所存在的巨大缺陷，如市场信息不完善、市场竞争可能导致垄断，还可能导致在经济结构调整、生态环境保护、公共服务、社会公正等方面的"市场失灵"等，政府通过行政手段直接或者间接对资源进行配置、提供公共服务、维护市场规则，组织协调相关微观主体的经济活动。有为政府在宏观规划性、总体平衡性、发展可持续性、分配公正性等方面，能够有效地弥补"市场失灵"。

（4）央地关系。央地关系是指存在于政府组织内部的一种天然的纵向关联，从管理学的角度来看，央地关系不是两个独立主体之间的外部关系，而是同一个政府中不同部分之间的内部关系，或者说上下层级关系。这种上下层级关系本质上是一种分工和协作的关系，属于组织结构范畴，服从政府组织功能总体要求的中央与地方关系可被视为"委托—代理"关系。地方运用中央授予的权威来实现中央规定的任务，中央则回报给地方以部分利益，既表现为地方官员的报酬、地位、名声等有形无形的直接利益，又表现为地方官员的价值实现等间接利益，后者在一定程度上等同于地方的经济社会发展和民众生活水平等。

（5）博弈论。博弈论考虑个体在博弈游戏中的预测和实际行为，并研究其优化策略。现代博弈论研究始于泽梅洛、博雷尔和冯·诺依曼。博弈论主要遵循以下假设：决策者是理性的，利益最大化；完全理性是常识；每个参与者都被雇佣来形成对环境和其他参与者行为的正确信念和期望。

2.3.2 公众参与理论

公众参与（public participation）指民众通过提案、投票、沟通、听证、质询、公示等方式参与地方事务决策与公共政策制定，旨在采用非暴力形式解决"精英代议"与"全民公投"之间的价值差异与利益冲突问题，是公众通过直接与政府或其他公共机构互动的方式决定公共事务和参与公共治理的过程。概念最初起源于美国的城市规划领域，在20世纪60年代开始受到广泛关注，并逐渐实现了从"非实质性参与"向"实质性参与"的演变，我国于20世纪80年代中期引入了公众参与理念，现已延伸到国土空间规划领域。

公众参与的重要理论是1969年雪莉·阿恩斯坦（Sherry Arnstein）提出的"阶梯理论"（图2-3）。阿恩斯坦将公众参与由低到高的层次比喻为由低到高的"阶梯"，依次为操纵（manipulation）、治疗（therapy）、告知（informing）、咨询（consultation）、安抚（placation）、合作（partnership）、授权（delegated power）、公民控制（citizen control），并将这八个"阶梯"归为非实质性参与、象征性参与、实质性参与三个类别。

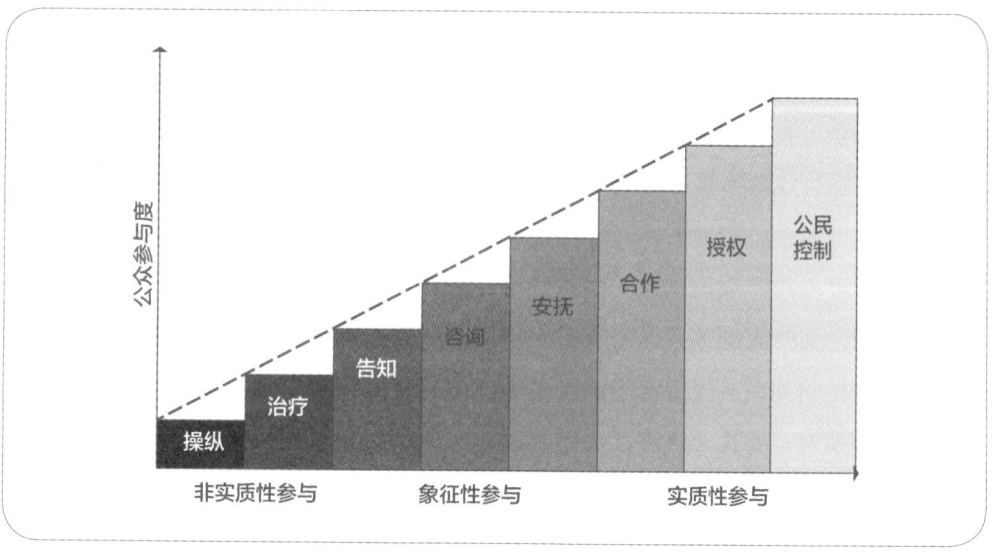

图 2-3　公众参与的阶梯理论
资料来源：国土资源部土地整治中心．土地整治蓝皮书：中国土地整治发展研究报告 No.2 [M]．北京：社会科学文献出版社，2015．

（1）非实质性参与。非实质性参与属于操纵与治疗两个梯级，是参与程度最低的类别。在这种情况下，公众被操纵或者筛选，缺乏实权，其参与的外在表现也不能真实反映个人立场。项目组织者为了达到既定的参与目的，对公众的参与过程进行了人为干涉，限制了参与的范围、方式和内容。结果导致公众无法真实表达意愿和观点，只能"走过场"或者"被教育"地"假装参与"，使得公众参与成为一种形式化的过程。

（2）象征性参与。象征性参与类别包括告知、咨询和安抚三个梯级。这种参与表现为政府机关向公众咨询意见，参与者可以表达自己的观点或意见，但并不占据主导地位。一般情况下，主办单位都会自愿将有关的资料、资料公开，接受社会各界的反馈。在我国，比较普遍的做法是张贴公告、进行问卷调查、召开村民大会和听证会等。在这个阶段，公众拥有知情权，能够有效地理解和把握某些资讯，并且能够对自己所拥有的资讯作出恰当的回应。然而，社会大众的反馈意见却很容易被忽视，也就是说，即使有民众提出了自己的看法，也不能确保这些意见能够得到组织者的关注和采纳。在缺乏相应保障的情况下，这样的参与只会停留在肤浅的层面上，不能确保人们的观点得到充分的重视，也不能得到有效的保护。

（3）实质性参与。实质性参与类别包括合作、授权和公民控制三个梯级，是参与程度最高的阶层。在这一类别中，政府与参与者共同分享决策权，并授予参与者一定的权限。双方本着平等协商的原则，以协作的形式进行工作，使组织方和社会大众能够在平等的基础上就合作事宜进行磋商，决策者也通过与组织方的博弈，实现了决策权的再分配。在这一过程中，组织方与公众达成了共识，共同承担一切信息，共同承担收益与风险。只有这样，公众参与才能更好地运作，才能产生最大的效益。

在国土空间规划中，公众参与是至关重要的环节之一。公众参与是指公民通过各种方式参与国土空间规划的过程中，对规划决策提出意见和建议，共同推动国土空间治理的进程。公众参与的过程是一个动态的互动过程。公众参与不仅是一种制度安排，更是一种社会文化，能促进良好的社会氛围和治理环境营造，形成政府、市民、企业之间密切合作、互利共赢的共识和共同行动，共同推动国土空间治理事业向着科学、民主、法治和和谐的方向发展。

2.3.3 理性选择理论

理性选择理论源于对个体经济行为的研究，是一种典型的行为决策理论。一方面，作为"理性人"，个体具有选择最优策略的行为偏好，其行为决策遵循成本最小化、效用最大化原则。另一方面，个体选择构成社会选择的基础，个体行为会对整个社会系统产生影响，而这种影响具有不确定性。理性选择理论旨在通过社会规范的重构，对个体行为进行调控，从而实现社会系统的最优。理性选择理论的代表性学者包括詹姆斯·科尔曼（James Coleman）、詹姆斯·马奎尔（James March）、赫伯特·西蒙（Herbert Simon）等。科尔曼是理性选择理论的重要代表人物之一，他在社会学领域的研究为理性选择理论的发展作出了重要贡献。他提出的"集体行动理论"强调了个体在面对集体行动时的理性计算和选择，以及社会结构对于个体行为的影响。马奎尔是组织学领域的著名学者，他与赫伯特·西蒙合作提出了"有限理性"理论。该理论认为，在面对复杂环境和信息不完全的情况下，个体的决策是有限理性的，即个体会寻求满足局部目标而非全局最优解。

理性选择理论包括以下理论要点。一是理性假设：理性选择理论假设个体在做出决策时是理性的，即他们会根据自己的利益和目标做出最优的选择。这种理性行为基于对信息的获取、分析和利用，以及对可能结果的评估。二是目标导向：理性选择理论认为，个体的行为是目标导向的，他们会追求自己的利益最大化。这些目标可以是经济利益、社会地位、个人幸福感等各种因素。三是限制性条件：理性选择理论同时考虑到了个体在做出选择时所面临的限制性条件，包括资源约束、信息不完全、风险和不确定性等因素。个体的选择受到这些条件的制约和影响。四是预期效用最大化：理性选择理论认为，个体的行为是基于对不同选择可能带来的效用或利益进行比较和权衡的结果。他们会选择那些能够带来最大预期效用的行动。五是社会交换：在理性选择理论中，个体的行为被视为一种社会交换过程，即个体通过参与社会活动来获取利益，并在此过程中权衡成本和收益。

国土空间开发和利用过程中涉及多元主体，不同主体具有多样化的空间诉求。个体角度的理性选择可能带来集体的非理性状态，造成国土空间开发秩序的混乱和国土空间的低效利用。在国土空间治理过程中，要充分考虑个体空间使用的特征、规律和行为逻辑，采取相应的政策和措施进行预防和调控，实现国土空间的可持续利用及空间治理的低成本与高效率。作为国土空间治理的重要依据，国土空间规划本质上是一种决策行为。不同于个体的空间使用行为，规划编制过程应以集体理性为出发点，兼顾经济、社会和生态效益，以最小的社会风险和环境代价，实现国土空间资源在时间和空间上的优化和合理配置。

2.3.4 全生命周期管理理论

全生命周期管理（Total Life Cycle Management，TLCM），原本是落实现代企业运营中的管理理念，后逐步发展成为一种综合性的管理理论和方法并广泛应用于多个领域，成为组织实现可持续发展的重要管理工具。全生命周期管理理论将管理对象视为一个动态、生长的生命体，力图确保整个体系在前期介入、中期应对、后期总结的过程中形成有机闭环，真正实现环环相扣、协同配合、高效运转、有机成长。作为一个高度复杂的综合系统，城市或区域的国土空间与自然生命体一样，经历出生、发育、发展、衰落等生命现象，有着类似的周期性发展规律。国土空间规划不仅仅是一个节点或一段时期的事情，需要把握城市或区域发展的客观规律，统筹开展规划编制、实施、监督等全流程各项工作。国土空间规划的全周期管理与整个社会经济、多部门协作、自然资源综合管理政策协同等紧密相关。

全生命周期管理理论的主要内容和特征包括以下几个方面。第一是管理的生命周期视角，强调对产品、服务或项目从诞生到终结的全过程管理，而不是仅仅关注某一个阶段。这种生命周期观念有助于综合考虑各个阶段的影响和相互关系，实现资源的最优配置和效率提升。第二是管理的综合性，要求各个管理活动在整个生命周期中进行协调和整合，包括前期的准备、谋划、策划、设计，到中期的生产、销售，再到后期的使用、维护、报废等各个环节。第三是成本角度的全过程，强调对产品、服务或项目的全过程成本进行评估，除了直接成本外，还需要考虑到间接成本、外部成本以及环境和社会成本等方面。通过全过程成本的分析，可以找到降低成本和提高效率的潜在机会。第四是风险角度的管理，强调管理过程中可能会面临各种不确定性和风险，包括技术风险、市场风险、环境风险等。第五是动态持续的完善，强调了持续改进和动态调整的重要性。通过对产品、服务或项目的整个生命周期进行监控和评估，及时发现问题和改进机会，并采取措施加以改进，从而实现持续提升的目标。

全生命周期管理理论正逐步应用于国土空间规划，产品管理全生命周期的各个环节与国土空间规划各个环节的对应关系及其启示详见表2-2。全生命周期管理理论应用于国土空间规划的意义和价值主要体现在以下三个方面。第一是实现土地和空间资源利用效率的提升：通过全生命周期的管理和谋划，将国土空间利用的各个环节纳入管理，最大程度地集约利用资源，降低由于规模、空间错配带来的资源浪费和能源消耗。第二是社会经济效益和公共服务的提升：全生命周期管理理论强调土地利用对社会经济和公共服务的影响，可以帮助规划者在规划和设计阶段考虑到土地利用对社区和居民的影响，合理配置土地资源，提高社会经济效益和公共服务水平。第三是风险管理和适应性提升：全生命周期管理理论注重对土地利用过程中的风险管理，可以帮助规划者识别、评估和应对土地利用过程中可能面临的不确定性风险，并相应采取措施提高规划实施的适应性，保障土地利用的安全和韧性。

表2-2　全生命周期管理理论应用于国土空间规划的对应性及启示

阶段	产品管理环节	国土空间规划环节	启示
前期准备阶段	谋划、策划、设计	调查、研究、前期评价	多途径需求、资源本底、成本的系统考虑
中期实施阶段	生产、销售	编制、协调、修改、审批	空间均衡、利益平衡、长期短期目标权衡
后期反馈阶段	使用、维护、报废	实施措施、后期评估、规划修改、意见反馈	问题发现和反馈、规划优化和完善

资料来源：作者整理

■ 思考题 ■

1. 简述区域空间均衡理论及其作用。

2．简述土地资源优化配置的主要内容。

3．什么是资源环境承载能力？

4．简述"区域—要素"统筹理论。

5．简述科斯产权理论。

6．简述地籍的概念和主要类型。

7．什么是土地发展权？如何理解两级土地发展权？

8．简述土地发展权转移。

9．简述马克思的地租理论。

10．简述阿恩斯坦提出的关于公众参与的"阶梯理论"。

11．简述理性选择理论。

第 3 章

国土空间组织理论

■ 本章要点

深入理解地理要素的空间组织形式是进行空间规划实践的重要理论基础。国土空间作为复杂的地域自然综合体，涵盖了城乡、产业、自然资源禀赋、自然环境条件等诸多环境要素，其内部组成、外部结构、相互作用关系等都属于国土空间组织理论所探讨的范畴，理论体系覆盖广泛。本章具体介绍了各类服务于国土空间规划空间组织理论：前三节所涵盖的区域空间结构形成理论、区域分工与布局理论和城镇村体系组织理论是指导国土空间规划具体实践的重要理论基础，也是传统城乡规划领域的经典理论，是本章内容的重点和难点；后三节主要关注了城乡空间单元的结构、形态和景观设计，建议结合本章提供的实践案例了解各类空间组织理论的关键内涵和时代背景，深入思考国土空间规划工作对经典理论的发展与取舍过程。

3.1 区域空间结构形成理论

区域空间结构形成理论不仅在地理学及区域经济学中具有重要的理论价值，还为国土空间规划的实施提供了坚实的理论基础。其核心在于揭示区域内各类人类活动、经济活动及资源配置在空间维度上的规律性，并通过对这些规律的深入研究，为科学合理的空间规划和资源利用提供依据。本节内容围绕区位论、空间相互作用理论，以及增长极理论、核心—边缘理论、极化—涓滴效应、点—轴系统理论与网络式结构理论展开，深入探讨了人类活动的空间选择及其对区域发展的影响。区位论通过分析农业、工业和城市空间布局，揭示了地理因素对空间资源配置的影响；

空间相互作用理论强调区域间的经济、社会联系及其正负效应；而增长极、核心—边缘和极化—涓滴效应理论则通过对区域发展不平衡现象的分析，提出了有效的空间发展策略。结合点—轴系统理论与网络式结构理论，本节进一步探讨了如何在国土空间规划中实现区域间的协调发展，以促进经济资源的合理分布与可持续增长。

3.1.1　区位论

区位是指人类各种行为活动的空间，区位论是研究人类活动的空间选择，以及在空间中人类活动的特征和组合，并探究人类活动的一般空间规律和法则。区位理论的研究包含两个层面的内容：一是人类活动的空间选择，二是特定空间人类活动的最佳组合方式及其空间形态。经典的区位论涉及农业区位论、工业区位论、中心地理论[1]。

1. 农业区位论

农业区位论主要是研究农业生产活动的区位空间布局与农产品在特定区位空间的优化布局的理论。影响农业区位的因素，主要有气候、地形、土壤、市场、交通运输、政策、科技、劳动力价格等。杜能认为，在自然、交通、技术条件相同的情况下，围绕中心城市（市场），不同地方由于离中心城市距离的远近不同，带来运输产品的运费差异，进而导致不同地方农产品纯收益（地租）的差异，纯收益（地租）市场距离的函数，以市场为中心，由内向外呈同心圆状的农业生产地带，自由式农业→林业→轮作式农业→谷草式农业→三圃式农业→畜牧业等同心圆式结构，即杜能环（图3-1）。

农业区位论揭示了在自然条件相同的背景下，市场和生产区位间的距离是农业生产空间分异的关键因素，在距离的作用下农业生产方式呈现圈层结构。

2. 工业区位论

工业区位论主要是研究工业活动区位选择和空间优化配置的理论。韦伯认为，运费、劳动费、集聚和分散等因子是决定工业企业区位选择的主要因素，他认为生产成本最小或费用节约最大的区位就是最佳区位。霍特林认为企业在选择区位时，会尽量占有更大的市场空间，市场空间的位置和大小受取决于竞争者之间的相互依存性关系。勒施认为，最小费用区位论和相互依存关系区位论忽视了需求因子对区

---

1. 张文忠. 经济区位论［M］. 北京：商务印书馆，2022.

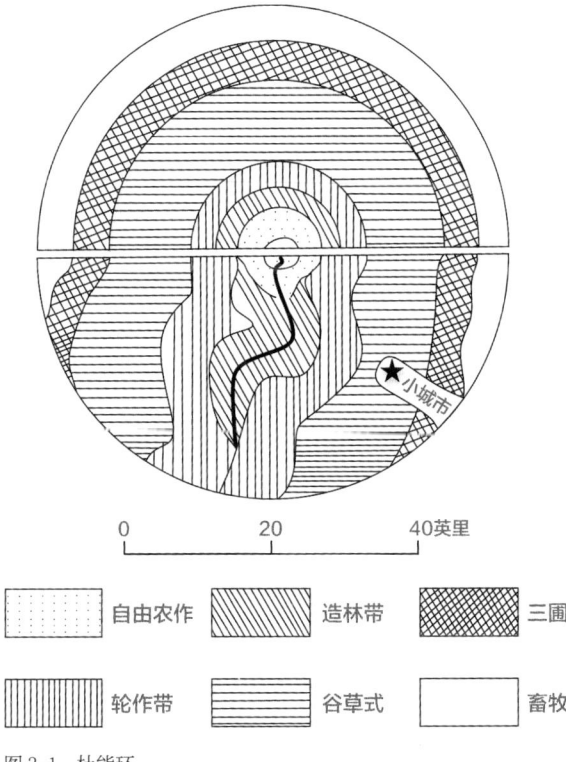

0　　　　20　　　　40英里

| 自由农作 | 造林带 | 三圃式 |
| 轮作带 | 谷草式 | 畜牧带 |

图 3-1　杜能环
资料来源: 张文忠. 经济区位论 [M]. 北京: 商务印书馆, 2022.

位决策的影响, 工业区位选择的动机是追求利润最大化, 即利润最大化区位就是最佳区位。地理学家史密斯 (D.M.Smith, 1971) 把空间费用曲线和空间收入曲线相结合, 提出了收益空间边界理论, 通过收入的空间边界分析可找到"最佳区位""接近最佳区位"或者"次最佳区位"(图 3-2)。行为地理学者普雷德把满意人的概念引入区位理论中, 认为企业区位决策与其说是追求利润最大化, 还不如说是寻找心理满足最大化, 即最满意的区位就是最佳的区位选择。

3. 中心地理论

中心地理论主要是研究城市分布规律及不同规模等级的城市之间的空间秩序和结构的理论。中心地指的就是区域的中心, 它能够向周边区域提供各种商品和服务, 这也是中心地的中心职能。每个中心地提供的职能都存在一定的服务范围, 维持中心职能的存在需要在一定区域服务范围最少人口或购买力, 也就是门槛值。中心地等级越高, 数量会越少, 但服务范围会越大, 提供的中心职能数量也越多。不同等级的中心地按照市场原则、交通原则和行政原则形成一定的空间秩序和结构 (图 3-3)。

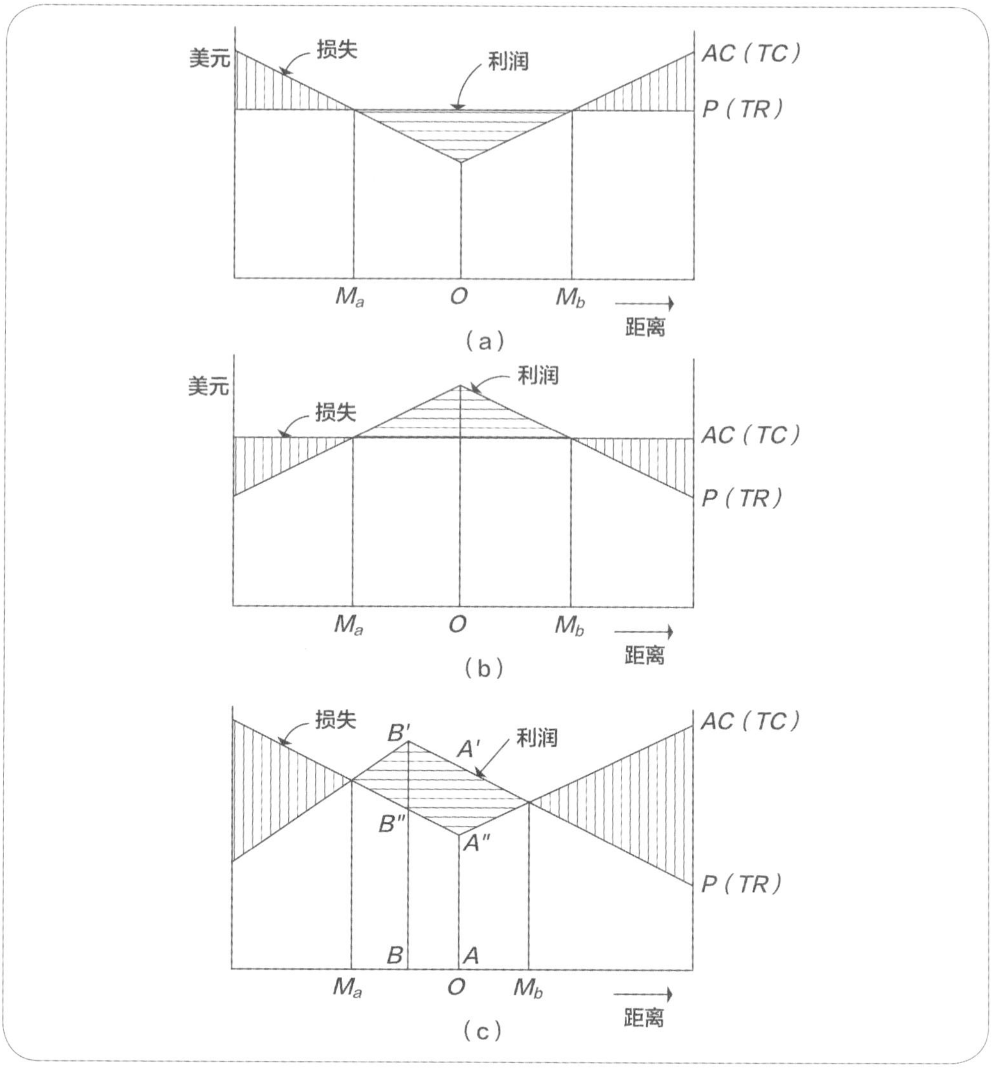

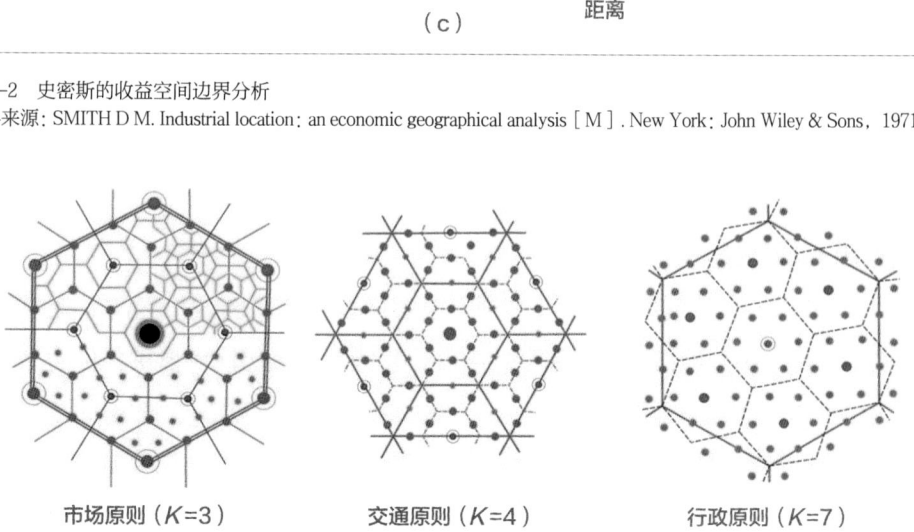

图 3-2　史密斯的收益空间边界分析
资料来源：SMITH D M. Industrial location: an economic geographical analysis ［M］. New York: John Wiley & Sons，1971.

市场原则（K=3）　　交通原则（K=4）　　行政原则（K=7）

图 3-3　克里斯泰勒中心地系统
资料来源：张文忠 . 经济区位论 ［M］. 北京：商务印书馆，2022.

3.1.2 空间相互作用理论

空间相互作用是指区域之间的相互联系、影响关系，包括区域之间人口流、商品流、资金流、信息流和技术合作等的相互传输过程和强度。空间相互作用理论可以测度区域间经济、社会和信息等关联水平，分析区域之间的联系、合作和影响等关系。

空间相互作用理论产生的前提条件：①区域之间的互补性，只有互补性存在才会有区域之间建立经济联系的必要，互补性越强空间相互作用也越强；②区域之间的可达性，可达性也就意味着区域之间要素传输的可能性，空间距离、客体的可传输性、区域间的障碍、区际交通联系都会对可达性产生影响；③干扰机会，指两区域之间的相互作用可能受到其他区域的干扰，干扰机会的存在会影响区域间的联系，减弱区域间的相互作用。

空间相互作用对区域间经济、社会联系具有正向和负向两个方面的影响：一方面，可以促使区域间强化联系，拓展合作空间，彼此获得更多的发展机会；另一方面，空间相互作用又会引起区域间对资源、要素、发展机会等的竞争，并可能对一些区域造成一定损害，但通常正向作用大于负向作用。

3.1.3 增长极理论、核心—边缘理论、极化—涓滴效应理论

1. 增长极理论

佩鲁认为，经济增长首先出现在具有创新能力的行业，而不是同时出现在所有的部门。这些具有创新能力的行业常常集聚于经济空间的某些点上，进而形成了增长极，增长极通常是具有集聚效应的工业集聚区或中心城镇等。增长极通过支配效应、乘数效应、极化与扩散效应对区域经济活动发挥作用。支配效应就发挥技术、人才和经济等优势，在与周围地区进行要素和商品交流过程中，对周围地区的经济活动产生支配作用。乘数效应就是受循环积累因果机制的作用，增长极对周围地区经济发展的示范、组织和带动作用会不断地强化和放大，影响范围和程度随之增大。极化效应是吸引和拉动周围地区的要素和经济活动向增长极集聚，促进增长极自身的成长；而扩散效应是增长极向周围地区进行要素和经济输出，从而刺激和推动周围地区的经济发展[1]。

1.李小建，李国平，等.经济地理学［M］.北京：高等教育出版社，2018.

2. 核心—边缘理论

"核心—边缘理论"也称为"中心—外围理论"。在若干区域间，因多种原因有个别地区率先发展成为"中心"，其他地区因发展缓慢而成为"外围"。中心居于统治地位，外围则在发展上依赖于中心。中心对外围产生统治作用是源于中心与外围之间的贸易不平等、经济权力、技术进步和高效的生产活动，以及生产的创新等都集中在中心。从空间结构形成来看，在工业化前期，存在若干个地方中心，由于生产力水平低下，经济不发达，它们之间没有等级结构分异；在工业化的初期，某个地方经过长期积累，经济快速增长，并成为区域经济的中心，区域空间结构由单个相对强大的经济中心与落后的外围地区组成；在工业化阶段，随着经济活动范围的扩展，在其他地方形成了新的经济中心，这些新的经济中心与原来的经济中心在空间上相互联系，构成了区域的经济中心体系，且每个经济中心都有与其规模相应的一个的外围地区，这样，区域中就出现了若干规模不等的中心—外围结构。在后工业化阶段，经济发展达到了较高的水平，不同层次和规模的经济中心与其外围地区的联系也越来越紧密，区域间经济发展差异缩小，形成区域一体化的空间结构体系（图3-4）。

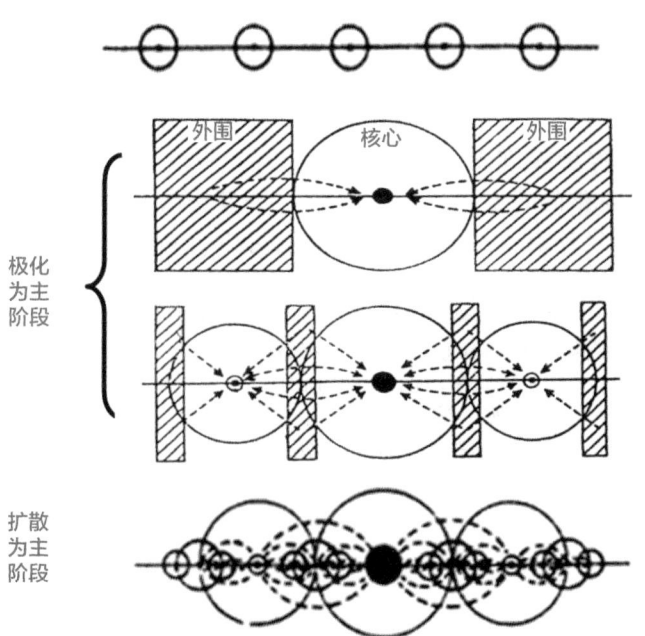

图3-4 弗里德曼的区域空间结构演化阶段

资料来源：FRIEDMANN J. Poor regions and poor nations：perspectives on the problem of Appalachia［J］. Southern Economic Journal，1966：465-473.

3. 极化—涓滴效应理论

极化—涓滴效应理论主要用于解释经济发达的区域与经济不发达区域之间的经济相互作用和影响过程。极化效应是指劳动力、资金和资源等生产要素由外围向中心集中的过程，涓滴效应是生产要素，以及技术、管理和新观念等由中心向外围转移或扩散的过程，也称为溢出效应。涓滴效应大于极化效应就会促进地区协调发展，否则会进一步扩大地区差异。极化—涓滴效应理论认为，在区域经济发展中涓滴效应最终会大于极化效应并占据优势，从而带动经济欠发达地区发展。

3.1.4　点—轴系统理论、网络式结构理论

1. 点—轴系统理论

陆大道在1984年首次提出"点—轴"系统的渐进式扩散模式（图3-5），点—轴系统理论中的"点"指各级居民点和中心城市，"轴"指由交通、通信干线和能源、水运航道等通道连接起来的"基础设施束"，"轴"对附近区域有很强的经济吸引力和凝聚力。在国家和区域发展过程中，大部分经济社会要素在"点"上集聚，由线状基础设施联系在一起而形成"轴"，并在"轴"上形成产业聚集带。由于不同国家和区域的地理基础及经济社会发展特点的差异，点—轴空间结构形成过程具有不同的内在动力及不同的等级和规模。随着区域社会经济的进一步发展，点—轴

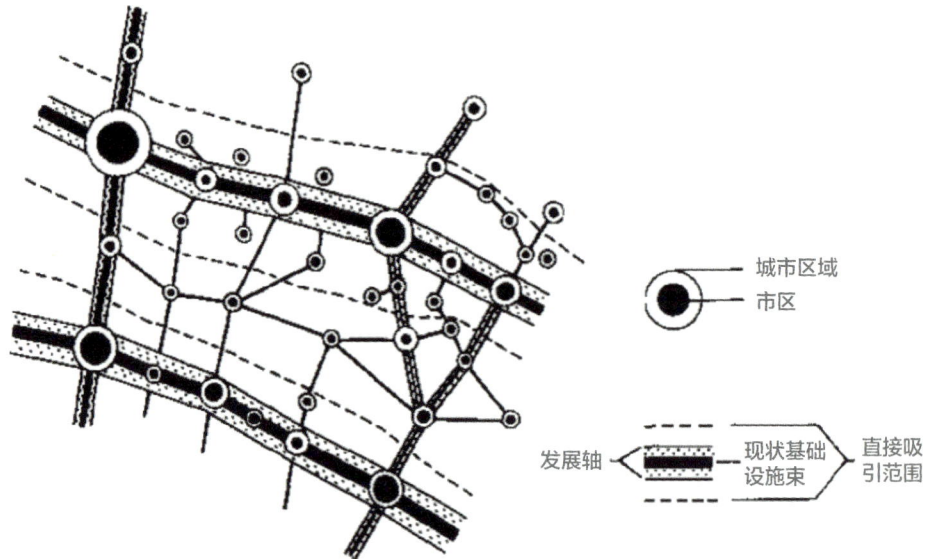

图3-5　区域点—轴空间结构的要素构成
资料来源：陆大道. 区域发展及其空间结构［M］. 北京：科学出版社，1995.

会发展到点—轴—集聚区。这里的"集聚区"也是"点",是规模和对外作用力更大的"点"。发展轴具有不同的结构与类型,经济社会要素将由高等级的"点"和"轴"向较低级别的"点"和"轴"渐进式扩散,实现从区域间不平衡向较为平衡的发展[1]。

2. 网络式结构理论

点—轴系统进一步发展就构成了网络式结构。在点—轴系统的发展过程中,不同的点或增长极之间的联系会不断得到加强,因此一个点会与周边多个点之间发生联系,以获取足够的资源和要素,并开拓市场,这种联系就需要建设更多的路径通道,从而区域就形成了纵横交错的基础设施网络,这些网络将区域中的各个点有机地联系起来,构成区域增长的中心体系。依托这种网络式的空间结构,区域中的各种分散的资源要素就能被有序地组织起来,成为一个具有不同层次、功能各异、协调的区域经济系统。

3.2 区域分工与布局理论

作为区域经济学的重要理论,区域分工与布局相关理论也被国土空间规划充分借鉴,以实现对区域间资源禀赋差异和生产要素的优化配置进行系统分析,充分支持国土空间的合理布局和资源的高效利用。本节从四个关键的理论视角展开,对区域经济与空间结构的内在联系进行讨论。劳动地域分工与比较优势理论揭示了区域间的资源禀赋差异如何推动分工合作与区域经济的协调发展,而地域生产综合体理论则提供了在特定区域内通过合理的生产要素组合和空间布局实现经济效益最大化的模式。与此同时,产业集群理论进一步拓展了产业空间组织的深度,强调了企业集聚对区域创新能力和竞争力的提升作用。在更高的空间尺度上,综合区划理论则为国土空间的整体规划提供了科学方法,通过对区域自然、经济和社会要素的综合考量,形成了协调各类专项区划的基础框架。这些理论共同构成了区域空间结构形成的系统理论,为国土空间规划实践提供了全面的理论支撑。

1.陆大道.区域发展及其空间结构[M].北京:科学出版社,1995.

3.2.1 劳动地域分工、比较优势理论

1. 劳动地域分工

劳动地域分工指一国（或地区）按某一优势的社会物质生产部门实行专业化生产，是社会劳动分工在空间上的表现形式，是区域经济发展在资源禀赋、区位条件、人力资源等生产要素空间分布不均衡的基础上进行资源优化配置和合理高效利用的必然选择，其核心是因地制宜、扬长避短、发挥优势。劳动地域分工的思想最早由英国古典经济学家亚当·斯密提出，他认为每一个地区都交换自己有绝对优势的产品，即可实现资源的有效利用[1]。劳动地域分工强调出于地域间资源禀赋、发展基础等方面的差异，而产生相互分工并交换的行为，使得各地区充分发挥自身优势。区域间生产要素禀赋差异是地域分工形成与发展的基础，由于区域之间存在着生产要素禀赋、经济发展条件和基础等方面的差异，为了提高区域间的生产效率和满足居民的生活需求，区域之间需要按照比较优势的原则选择自己的优势产业，从而产生了地域分工。劳动地域分工与社会生产力的发展有密切的关系，社会生产力的发展和科技进步对劳动地域分工具有巨大的推动作用；传统的农业社会生产力低下，自然经济占主导地位，劳动地域分工并不发达；工业革命和信息技术的发展推动了劳动地域分工的不断发展和深化。另外，政治、军事、文化等因素对劳动地域分工的形成和发展也具有重要影响。合理的劳动地域分工，有利于地区间的相互支援和协作，充分利用各地的自然条件和劳动力资源，从而提高劳动生产率。劳动地域分工是现代化生产发展的必要条件，分工不仅决定了地区生产专门化的发育程度，同时也可以通过地域之间的分工与合作实现区域协调发展。

2. 比较优势理论

比较优势理论是在绝对优势理论基础上发展而来。亚当·斯密认为分工的基础是有利的自然禀赋或后天的有利生产条件，每一个国家都有其绝对有利的、适宜于某些特定产品的生产条件（较低的成本），如果每个国家都按此进行分工和专业化生产，然后彼此进行交换，将使各国的资源、劳动力和资本得到最有效利用，使一国在生产上和对外贸易方面处于比其他国家绝对有利的地位，称为绝对优势。也就是说，如果某国在生产一种产品上的成本绝对小于另一个国家，则这个国家在生产该产品中相对于另一个国家具有绝对优势。英国古典经济学家大卫·李嘉图在继承

---

1. 洪晗，肖金成. 从劳动地域分工理论到区域协调发展的理论综述［J］. 中国经济导刊，2019（12）：148-149.

和发展斯密理论的基础上，在其创作的《政治经济学及赋税原理》中提出了比较优势理论。李嘉图认为，在两国间，劳动生产率的差距并不是在任何商品上都相等，也并不是在任何商品上都具有绝对优势，有些只具有一定的相对优势。对于处于相对优势的国家，应集中力量生产优势较大的商品，处于相对劣势的国家，应集中力量生产劣势较小的商品，然后通过国际贸易，互相交换，彼此都节省了劳动，都得到了益处。比较优势理论的核心内容是"两优取重，两劣取轻"。在国际分工中，各国根据"两优取重，两劣取轻"的原则，从事自身具有比较优势的商品生产，并以此交换自身不具有优势的商品[1]。比较优势理论使得古典自由主义关于分工与贸易的理论得以完备，并为进行地区间分工和贸易提供了理论依据。

3.2.2　地域生产综合体理论

地域生产综合体（Territorial Production Complex，TPC）是由苏联经济地理学家尼古拉·科洛索夫斯基（Nikolay Kolosovsky）提出的一种按照一定地域范围组织生产的理论。地域生产综合体以国家一定区域内劳动力资源和自然资源为基础，根据自然、经济、基础设施、地理区位等方面的条件，将能达到专业化经济集群效果的企业整合在一个工业点或在整个区域内进行空间协调组合，从而在较短时间内形成强大的生产力，达到较大的经济效益[2]。地域生产综合体从广义上讲是国民经济各种不同的部门及其分支部门的生产总和，其经济效益主要是取决于能否在较小地域内把有效益的国民经济项目加以相互联系配置。作为地域生产综合体的一部分的生产企业，由于其综合性，必须具有经济和技术的相互制约性、地域的统一性，并形成附加效益。地域生产综合体的形成，是长期经济发展过程和国家重大的经济活动的结果，前者被称为古典式或传统的地域生产综合体，后者被称为有纲领或有目标的地域生产综合体。地域生产综合体是特定条件下的生产组织形式，它不仅强调生产，也重视居民体系、生活条件等因素，是一个综合性的经济单元。

地域生产综合体有不同的划分方法。按照范围可以被分为大经济区、省区、工业地区、城市工业区或工矿区。其中范围大的可被称为区域性工业地域综合体，范围较小的属于基层性工业地域综合体。按联合化和协作化影响大小，可将基层性工业地域综合体分为：联合企业占优势的综合体，如上海金山石油化工区；专业化企业占优势的综合体，如湖北十堰汽车工业区和联合企业和专业化企业结合的综合

---

1. 龚云鸽.李嘉图的比较优势理论及其评析［J］.改革与开放，2018（14）：29-32.
2. 弗拉基米罗夫.苏联区域规划设计手册［M］.王进益，韩振华，等译.北京：科学出版社，1991.

体，如山东淄博工业区。随着时代的发展，在地域生产综合体的基础上产生了一批有一定相似性的概念，如城市综合体、城市建筑综合体、商业综合体、地下城市综合体、TOD 综合体、田园综合体、农业综合体、农村综合体等。

地域生产综合体是指导中华人民共和国成立后区域规划和产业发展的主要理论之一，被应用于东北工业基地建设和西部援助性开发建设项目中（表 3-1）。地域生产综合体能够充分发挥地区资源和经济优势，减少生产过程中由于原料和产品的中转而造成的浪费和其他方面的损耗，合理布局生产力并科学的组织生产流程，有利于尽快形成综合生产能力，减少投资，节约用地，提高社会劳动生产率[1,2]。但也存在过于强调政府的主导作用，对市场作用和规律有所忽视，缺乏一定的灵活性，容易导致资源浪费和产业结构不合理的问题[3]。

表 3-1　我国东北地区地域生产综合体应用实践案例

空间尺度	实践案例
宏观尺度	辽宁省中部地区以沈阳的机械加工业为中心，形成了与本溪（钢铁）、抚顺（钢铁、化工、电力）、鞍山（钢铁）之间的供需关联
中观尺度	以自然资源的开采、加工为主建立了众多资源型城市，包括阜新（煤炭）、大庆（石油）、伊春（森林）等
微观尺度	哈尔滨动力机械工业区（锅炉、电机、汽轮机）和吉林市化学工业区（石油炼化、乙烯、合成材料、造纸、碳素）

资料来源：作者根据相关资料整理［胡瑶瑛，方淑芬，张米良. 基于地域生产综合体层面的东北老工业基地问题症结分析［J］. 科技与管理，2008（5）：49-51+59.］

3.2.3　产业集群理论

产业集群理论在 20 世纪 80 年代由迈克尔·波特（Michael Porter）提出。产业集群是一种产业空间经济组织形态，在一定地理空间内集聚着一群相互邻近且具有产业联系和相互影响的企业和机构。产业集群可以看作地方生产系统或创新系统，强调企业之间的互动，是具有共同的产业文化和价值的企业在一定地域空间内的集聚[4]。

产业集群的概念与理论在实践与应用过程中被不断修正与完善，古典经济学、

---

1. 费洪平. 地域生产综合体理论研究综述［J］. 地理学与国土研究，1992（1）：40-44.
2. 周民良. 地域生产综合体理论：概念、原理及评价［J］. 大自然探索，1994（3）：93-98.
3. 许可双，杨犇，何丹. 地域生产综合体和新区域主义的比较研究：基于区域规划实践视角［J］. 上海城市规划，2013（6）：94-97.
4. 波特. 国家竞争优势［M］. 李明轩，邱如美，译. 北京：中信出版社，2007.

新古典经济学、新贸易经济学、"新产业区"学派等诸多理论学派的论述中都可见对其阐述和深化的内容[1]，在国内亦有诸多学者从不同地区、不同行业集群发展的不同阶段出发，对产业集群理论进行了进一步阐释[2]，并以此为基础对国内的产业发展、产业空间和新产业空间进行研究[3]。关于产业集群的形成与演化有多种解释的理论视角，比较经典的有集聚经济原理、交易费用理论、创新理论和产业组织理论。产业集群是一个复杂的有机整体，一般与某一特定的产业领域相关，产业集群内不仅包括产业链环节上直接从事生产的企业，可能也包括产业上下游与之关联的企业，而且还包括相关的银行、中介、协会等相关机构。产业集群内部的各个企业与相关机构并不孤立存在，其彼此之间具有各类联系，构成产业集群联系网络中的一个个节点。

马库森（Ann Markusen）将产业集群划分成马歇尔式产业集群、轮轴式产业集群、卫星平台式产业集群和国家力量依赖型产业集群四种类型。其中马歇尔式产业集群主要由小企业构成，彼此之间联系紧密并与当地社区联系密切。轮轴式产业集群存在中心企业，企业间的联系纽带多呈现为中心企业和依附于其的小企业之间的联系。卫星平台式产业集群主要由大型或跨国公司的分支工厂组成，企业之间的合作较少，与企业所在地区的联系也相对较弱。国家力量依赖型产业集群由国家机构主导，与当地企业、经济的联系较低但与外部组织和企业有着密切联系。联合国贸易和发展会议（United Nations Conference on Trade and Development，UNCTAD）将产业集群分为非正式产业集群、有组织的产业集群、创新型产业集群、科技产业园区和创业园区以及出口加工区五种类型（表3-2），其中前三种被称为"自发型"产业集群，后两种被称为"开发型"产业集群。

表 3-2　联合国贸易与发展组织对产业集群的分类及典型案例

产业集群分类	典型案例
非正式产业集群	加纳库马西
有组织的产业集群	巴基斯坦锡亚尔科特
创新型产业集群	印度班加罗尔
科技产业园区和创业园区	中国国际创业园
出口加工区	墨西哥保税加工区

资料来源：作者根据相关资料整理（UNCTAD Secretariat. Promoting and sustaining SMEs clusters and networks for development. 1998. https: //unctad.org/system/files/official-document/c3em5d2.pdf. ）

1. 王步芳. 世界各大主流经济学派产业集群理论综述 [J]. 外国经济与管理，2004（1）：12-16.
2. 安虎森，朱妍. 产业集群理论及其进展 [J]. 南开经济研究，2003（3）：31-36.
3. 王兴平. 中国城市新产业空间：发展机制与空间组织 [M]. 北京：科学出版社，2005.

3.2.4 综合区划理论

综合区划理论根据自然生态要素和资源的地域分异规律、人文经济要素的区域异质性，以及各要素的空间类型、组合关系及动态演化特征等，揭示不同空间尺度下，区域自然经济社会要素等的相似性和一致性，以及区际间的分异性和差异性，并根据不同地区发展特征和条件，以及发展未来发展情景，将地表自然地理环境和经济社会发展状态划分为不同空间层级、相对独立的地理空间单元。因此，综合区划需要评价和认识自然地理环境特征、经济社会发展过程和规律，掌握自然地理环境和人类活动的时间、空间和功能异质性，以及不同要素、类型的空间结构和变化规划，并预测未来发展情景。

这一理念最早由黄秉维先生提出，其目的是叠加自然与经济划分区域，为区域制定可持续发展战略[1]。综合区划包括主体功能区区划、农业区划、经济区划、生态功能区划、自然资源综合区划以及城市功能分区等类型。不同类型的综合区划有不同的要求和原则，但一般的区划原则为：①区内相似性和区间差异性原则；②综合原则，强调自然与人文要素对地表空间的影响及交互作用，综合考察地理空间分异背后的原因与机制；③动态原则，注重地表要素空间的历史发展过程，并考虑其现状和远景发展；④与行政区划或行政范围相结合的原则，确保区划具备统计便利性和实际可操作性。

国土空间综合区划在更高层次上统筹协调各类专项区划，是国土空间规划特别是总体规划的关键支撑，是国土空间优化配置的核心内容，为制定差别化国土资源管理政策提供了主要依据。其理念在于，将地域内资源条件、生产要素、发展前景类似的区域单元看作一个综合体，考虑人类活动对国土空间的主观及客观影响，统筹生态环境保护和经济社会可持续发展的关系，综合考量资源环境、社会人文、城乡发展等各类要素的影响，对国土空间进行综合划分。

在国土空间综合区划的实践操作过程中，通常结合常规统计分析、趋势分析、回归分析、空间自相关分析等空间分析法，德尔菲法、聚类分析法、加权叠置法、层次分析法等定量计算法，专家经验法、判别分析法、古地理法等定性分析法开展综合区划划分[2]，一般包括标准化处理数据、构建综合区划指标体系、确定综合评价等次、形成综合区划框架等步骤。

---

1. 方创琳，刘海猛，罗奎，等．中国人文地理综合区划［J］．地理学报，2017，72（2）：179-196.
2. 王向东，王康龙，单娜娜，等．国土空间规划背景下的新疆国土空间综合发展区划［J］．经济地理，2020，40（11）：176-185.

3.3　城镇村体系组织理论

进入21世纪以来，我国进入快速城镇化阶段，城市规划相关的研究与实践实际上主要以城镇体系规划为主，以城镇为重点进行区域规划。随着乡村振兴战略的提出以及中国重要城市集群区域的快速崛起，镇村体系、全球城市体系以及城市群、都市圈等概念已成为影响国土空间规划体系建设的重要理论，共同为促进城乡统筹发展、优化现代城市与乡村的空间组织形式提供理论支撑。

3.3.1　城镇体系与镇村体系

传统城镇村体系是城乡二元分割背景下的一种发展模式，其特点在于城乡按照不同的发展逻辑各自演进，城市发展往往被置于优先地位，而乡村则更多地承担了发展的成本。党的十七大以来，在促进大中小城市和小城镇协调发展理念的带动下，城乡统筹发展成为构建新型城镇村体系的重要思路。该思路强调基本服务的均等化，在促进生产要素跨区域合理流动的基础上，缩小城乡差距，实现城乡共同发展，进一步形成由大中小城市，县城、中心镇、中心村所构成的新城乡发展体系。在该体系中，县城作为城乡之间的关键节点和重要载体，将弥补城镇体系中的不足，成为推进城镇化建设的主要环节，最终实现城乡融合发展。

1. 城镇体系

城镇体系是指在国家或特定区域内，以中心城市为核心，由多个不同等级、职能各异且相互关联的城镇所构成的有机统一体。而城镇体系规划旨在合理布局区域生产力，依据城镇职能分工，确定不同人口规模和职能定位的城镇分布与发展策略，以推动整个区域的协调发展。

我国自20世纪80年代开始系统性地探索城镇体系理论与实证，依托中心地理论、增长极理论等基石，逐步构建了"三结构一网络"的城镇体系框架，包括职能结构、规模结构、空间结构以及基础设施网络[1]。这一体系特别强调了"中心地—腹地"间的规模等级序列关系。近年来，交通技术和信息技术的进步推动了要素的跨尺度流动，城镇体系的层级结构有所弱化，逐渐向多核心、多功能、扁平化的网络

---

1. 张京祥，胡嘉佩. 中国城镇体系规划的发展演进［M］. 南京：东南大学出版社，2016.

结构转变，中小城市与重点城镇的功能进一步突出。

城镇体系规划的类型繁多，按照行政等级和管辖范围的不同，可以划分为全国、省域（或自治区域）、市域（包括直辖市以及其他市级行政单元）等多个层级的规划（图3-6）。此外，还有跨行政区域的城镇体系规划，这类规划通常由共同的上级人民政府组织编制。同时，还存在一些衍生型的规划类型，如都市圈规划、城镇群规划、城乡统筹规划等。

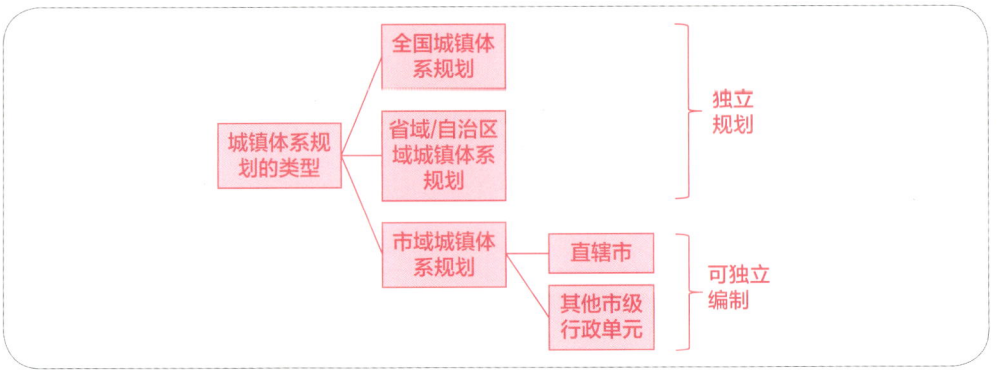

图3-6　按行政等级和管辖范围划分的传统城镇体系规划类型
资料来源：自绘

2. 镇村体系

镇村体系是县域以下一定地域内在相互联系、协调发展基础上形成的聚居系统，即在一个特定区域内，不同层级的村庄之间、村庄与集镇之间彼此影响、相互作用、相互联系，共同构成了一个完整且相互关联的系统。镇村体系通常展现出多层次、多等级、动态性和整体性等特性。要构建这样一个体系，须满足以下条件：首先，各镇村在地域上应相互毗邻，并确保便捷的交通联系；其次，各镇村应具备独特的功能特征和形态特征；最后，镇村之间形成从大到小、从主到次、从中心镇到一般集镇、从中心村到自然村的等级序列，这一序列作为更大系统的一个组成部分，共同构建完整的镇村体系[1]。

传统的镇村体系规划与城镇体系规划内容相似，主要关注规模等级结构、空间结构、职能结构等方面，一般自上而下可分为县城、中心镇、一般镇、中心村等层级，空间布局可分为集团式、卫星式和自由式等形式，层级结构清晰、空间布局均衡性较强[2]。

---

1. 张国兴，崔英伟．村镇规划［M］．北京：中国建材工业出版社，2008.
2. 金兆森，陆伟刚，李晓琴，等．村镇规划［M］．南京：东南大学出版，2019.

镇村体系规划需要考虑地理条件、交通条件、建设条件，并慎重对待迁村并点问题，基本要求包括因地制宜、分布均衡、有利于工农业生产、配置生活服务设施、满足物质文化需要等。在编制镇村体系时，需要广泛搜集并整合基础数据，深入分析村庄的发展现状，客观评估上一轮规划的实施效果。此外，需要遵循乡村发展的自然规律，充分了解并尊重地方的意愿和需求，广泛征求民众的意见和建议，确保规划过程"上下畅通、互动反馈"，形成科学合理的规划方案。

3.3.2 全球化城市体系与全球城市

20 世纪 90 年代以来，世界经济进入全球化时代，全球化创造了战略地理位置的等级制度，对全球金融、贸易和文化产生了不同程度的影响。全球化的本质是全球范围内资源和生产要素的优化配置[1]。以跨国公司为代表的全球贸易资本及其生产布局的改变深刻影响了世界经济格局，经济一体化和地域化趋势日益明显。由于资本的全球化流动，技术和知识的全球化扩散，大量制造业基地迁移到发展中国家，引发城市的资源配置和产业发展方向在全球范围内重新分配，形成新的国际分工格局。

1. 全球化城市体系

全球化城市体系是在高度全球化发展背景下，一系列相互关联、功能互补且具有全球影响力的城市，超越国界的地域限制，在全球范围内形成的网络状城市体系。这个体系反映了全球经济、社会、文化、科技和环境要素在空间上的高度整合与互动，以及城市间基于特定功能分工、资源流动、信息交流和创新协作而建立起来的紧密联系[2]。全球化背景下，市场分工在全球范围内不断细化，国际合作成为推进经济发展和科技创新的主导力量，促使空间格局向全球网络化演变，城市功能已逐渐融入全球发展体系中。随着产业在全球范围内的转移，以及资本与权力在全球范围内广泛流动，城市已经成为国家参与世界市场的重要空间载体，赋予城市在全球范围内空间关系与格局的建构。全球化城市体系有多层级结构、网络化连接、功能专业化与服务全球化、新国际分工与产业集聚、信息技术驱动等特征，深刻塑造着当代世界的经济格局、社会形态和治理关系等。

---

1. 基欧汉，奈，陈昌升. 全球化：来龙去脉［J］. 国外社会科学文摘，2000（10）：25-27.
2. DICKEN P. Global shift: reshaping the global economic map in the 21st century［M］.［S.L.］: Sage, 2003.

2. 全球城市

全球城市这一概念由萨斯基亚·萨森（Saskia Sassen）在其 1991 年的著作《全球城市：纽约、伦敦、东京》中予以系统阐述与推广[1]。此类城市不仅在经济维度上具有世界级影响力，还在社会、文化乃至政治领域深度参与并塑造全球事务，展现出显著的竞争优势。它们作为全球经济网络的中枢节点，肩负着调控与影响全球政治经济文化格局的双重核心职能。其调控力具体体现在对关键战略性资源、产业布局以及国际通道的掌控、运用、收益获取及其在全球范围内的重新配置。全球城市的界定标准随时代变迁与研究视角的不同而有所调整，但通常包含如下共性特征：高度的城市化进程、庞大的人口规模、大量跨国公司总部驻扎、拥有高度国际化的金融板块、先进且紧密联结全球的交通运输体系、在本国或本地区经济中占据主导地位、坐拥顶级教育资源与科研机构，以及持续输出具有全球辐射力的创新思想、学术成果和文化产品[2,3]。在各类全球城市排名榜单如全球城市指数与全球权力城市指数中，纽约、伦敦、东京及巴黎始终稳居前四位，堪称全球城市典范，其综合实力与全球影响力得到广泛认同。

全球化城市体系与全球城市发展机制如图 3-7 所示。

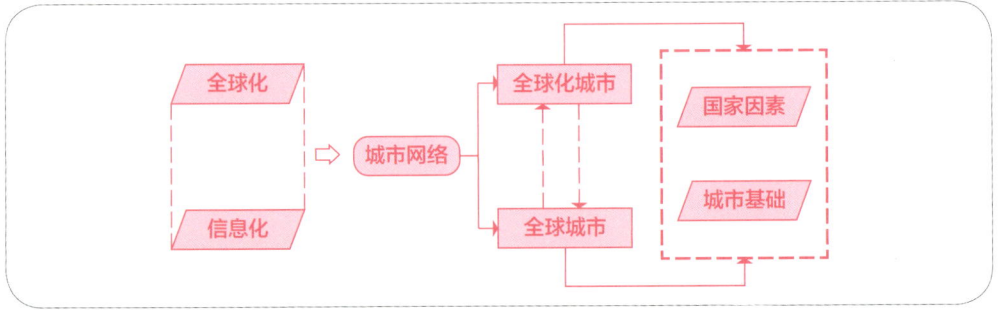

图 3-7　全球化城市体系与全球城市发展机制
资料来源：根据相关资料整理（周振华 . 全球城市：演化原理与上海 2050［M］. 上海：格致出版社，2017.）

3.3.3　城市群、大都市连绵区、都市圈、城镇圈

法国地理学家戈德曼（Jean Gottmann）于 1961 年通过对美国东北部带状城镇集聚区结构的研究，提出了大都市连绵区（megalopolis）的概念，开启了城市群体布局的研究。美国东海岸所形成的绵延约 1 000 公里、宽达 200 公里的庞大连绵区，

---

1. SASSEN S. The global city: New York, London, Tokyo［M］. Princeton: Princeton University Press, 2001.
2. CURTIS S. Global cities and global order［M］. Oxford: Oxford University Press, 2016.
3. KING A. Global cities［M］. Abingdon: Routledge, 2015.

汇聚了大约全国总人口的五分之一，并产生了七成左右的全国制造业产值。这一区域内部呈现出显著的相互联系与分工协作特性。其中，纽约是区域乃至全球的经济枢纽角色；作为国家首都的华盛顿是全国政治决策的核心；费城、巴尔的摩等周边城市则构成了制造业的主体承载功能地区，它们共同构建起这一高度一体化且功能多元的大都市连绵区。通常认为，大都市连绵区一般是呈带状分布、规模很大的城镇集聚区，是以若干个数十万以至百万人口以上的大城市为中心，大小城镇连续分布，形成的城市化最发达的地区[1]（表3-3）。过去几十年以来，交通和通信技术的巨大进步帮助消除空间障碍，全球化进程加速，使世界各地更加密切地联系。在此过程中，许多经济活动（包括制造业和服务业）聚集形成区域集群的倾向也在加剧，大都市区在全球化进程中进一步扩展演化，城市密集地区的规模和重要性都在不断增加。21世纪以来，国际学术界又进一步提出了城市区域（City region）、多中心巨型城市区域（Mega-city region）等新概念，均是大都市连绵区演化的结果[2,3]。

表3-3　世界典型大都市连绵区

国家	大都市连绵区
美国	东北海岸大都市连绵区、波士顿—华盛顿、芝加哥—匹兹堡等大都市连绵区
英国	伦敦—利物浦大都市连绵区
德国	莱因—鲁尔大都市连绵区
日本	东京—大阪大都市连绵区

资料来源：史育龙，周一星. 关于大都市带（都市连绵区）研究的论争及近今进展述评［J］. 国际城市规划，2009，24（S1）：160-166.

城镇圈—都市圈—城市群是一个由小到大，不同发展阶段层层嵌套的体系，同时也具有发展的阶段性衔接特征。具体而言，城市群的构建基础在于高度发达的交通通信基础设施网络，由此促成紧凑的空间结构布局、紧密交织的经济活动，并最终达成同城化效应与一体化程度。在城镇化进程中，城市群通常围绕一个或多个特大城市为核心节点，通过整合三个及以上大城市作为基本组成单元，这些城市在特定地理区域内，以区域网络化组织为联结纽带，形成一个由多个不同级别城市及其

---

1. 史育龙，周一星. 关于大都市带（都市连绵区）研究的论争及近今进展述评［J］. 国际城市规划，2009，24（S1）：160-166.
2. RODRÍGUEZ-POSE A. The rise of the "city-region" concept and its development policy implications［J］. European planning studies，2008，16（8）：1025-1046.
3. PAIN K. Spatial transformations of cities: global city-region? Mega-city region?［M］//DERUDDER B，HOYLER M，TAYLOR P J，et al. International handbook of globalization and world cities. Cheltenham: Edward Elgar Publishing Ltd，2011.

周边地域通过空间相互作用紧密耦合而成的城市—区域复合系统[1]（表3-4）。相比之下，都市圈作为一种更聚焦的空间范畴，以某一大型中心城市为引领，凭借高效的交通联络通道，与其周边城镇在日常通勤往来与功能协同上建立深度一体化关系，典型表现为一小时的通勤半径范围，是区域产业、生态环境及设施空间一体化布局的关键载体[2]（表3-5）。都市圈在地理覆盖上小于城市群，但却是城市群内部的核心组成部分。城镇圈则是以数个关键城镇为核心，这些城镇间空间功能互补、经济活动紧密协作，共同塑造出具有较强整体竞争力的小城镇集群[3]。城镇圈通常界定为半小时通勤距离，作为空间组织优化与资源配置的基本单元，它体现了城乡融合发展的理念以及跨区域公共服务的均衡发展。

表3-4　世界五大城市群

城市群	构成
美国东北部大西洋沿岸城市群	包含波士顿、纽约、费城、巴尔的摩、华盛顿等城市，是美国最大的生产基地、商业贸易中心和世界最大的国际金融中心
北美五大湖城市群	分布于北美美国和加拿大五大湖沿岸，包含芝加哥、底特律、克利夫兰、多伦多、渥太华、蒙特利尔、魁北克等城市
日本太平洋沿岸城市群	包含东京、大阪、名古屋、横滨、静冈、京都、神户等城市，是日本经济最发达的地带
英伦城市群	包含伦敦、利物浦、曼彻斯特、利兹、伯明翰、谢菲尔德等城市，是产业革命后英国主要的生产基地
欧洲西北部城市群	由法国巴黎城市群、比利时—荷兰城市群、德国莱茵—鲁尔城市群等构成

资料来源：作者整理

表3-5　世界典型都市圈

都市圈	构成
纽约都市圈	包括纽约、波士顿、费城、巴尔的摩和华盛顿等城市
伦敦都市圈	包括伦敦、伯明翰、谢菲尔德、曼彻斯特、利物浦等数个大城市和众多中小城镇
巴黎都市圈	包括法国巴黎，荷兰阿姆斯特丹、鹿特丹，比利时安特卫普、布鲁塞尔，德国的科隆
东京都市圈	包括东京，神奈川、千叶和埼玉等东京周边地区城市
首尔都市圈	包括首尔、仁川、京畿道和忠清南道等省份
上海大都市圈	包括上海及其周边的江苏省、浙江省和安徽省的部分城市

资料来源：作者根据相关资料整理［肖金成，马燕坤.世界典型都市圈的城市分工格局［J］.中国投资（中英文），2019（23）：65-66.］

1.陈彦光，姜世国.城市集聚体、城市群和城镇体系［J］.城市发展研究，2017，24（12）：8-15.
2.张从果，杨永春.都市圈概念辨析［J］.城市规划，2007，31（4）：31-36+47.
3.陈琳，黄珏，陈星，等.上海市城镇圈空间组织模式及规划实施模拟研究［J］.上海城市规划，2017，4：57-64.

3.4 城市结构组织理论

本节主要讨论了城市的两种空间结构以及理解城市结构的三种空间规划视角。对城市社会空间结构的讨论已经接近百年历史，经典的三大城市社会空间模型仍为当前我国的城市空间规划提供了重要参考；树形结构和半网络结构理论则从数学的抽象结构概括城市的结构组织形式，并将城市的社会空间结构、功能结构等全部包含进去。邻里单位、分区管控和生活圈则为三类较为前沿的城市结构规划视角，其各自具体的实践活动值得国土空间规划体系下我国的城市结构规划充分借鉴。

3.4.1 城市社会空间结构模式

城市社会空间结构指各类社会要素和特征及由此形成的社会结构在地理空间的分布和相互作用关系。20世纪20—40年代，芝加哥学派（Chicago School）引导构建了城市社会空间结构三大经典模式，包括：由芝加哥学派代表人物帕克（R.E.Park）、伯吉斯（E.W.Burgess）等人提出的同心圆模式（Concentric Zone Model），由土地经济学家霍伊特（H.Hoyt）提出的扇形模式（Sector Model），由社会学家哈里斯（C.D.Harris）和乌尔曼（E.L.Ullman）提出的多核心模式（Multiple Nuclei Model）。

1. 同心圆模式

伯吉斯在1923年对芝加哥的城市土地利用结构进行了长期调查，提出了同心圆模式理论。该理论认为受地租因素的影响，不同的功能区依据自身活动的特点与需求对土地进行竞争与利用，从而使城市形成五圈层的同心圆结构，而不同圈层的社会群体也有差异。由内而外分别为①中心商务区：该区域地租最高，高度集中了商店、办公楼、银行等机构，人流集中、交通便捷。②过渡地带：该带环绕着城市中心，由低级住宅、小工厂、仓库等混合形成，往往居住着经济最困难的居民、新来的移民。③工人居住带：空间布局紧凑但居住条件不佳，分布着以低收入为主的、原来较大工厂的工人住宅。④中等收入居住带：环境条件较好，分布着中等收入者的公寓住宅。⑤通勤带：空间宽敞、环境良好、配套设施齐全的郊区地带，往往居住着高收入者（图3-8）。

2. 扇形模式

霍伊特（H.Hoyt）对美国64个中心城市的租金进行研究后，于1938年提出了扇形模式理论。该理论认为受放射状交通干线的影响，居住区由市中心沿着交通线向外作扇形辐射，从而使得城市内部空间呈扇形结构。高收入者居住区主要分布在环境良好、交通便捷的高地、湖岸、河岸等地区，与之相配套的商务区、办公区等也随之发展；低收入者居住区则分布在交通和环境条件较差的扇面，一般背离中高收入者居住区发展（图3-9）。

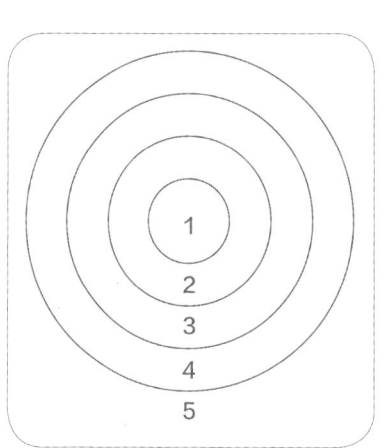

1.中心商务区；2.过渡地带；3.工人居住带；
4.中等收入居住带；5.通勤带
图3-8 同心圆模式
资料来源：许学强，周一星，宁越敏.城市地理学（第三版）[M]，北京：高等教育出版社，2022.

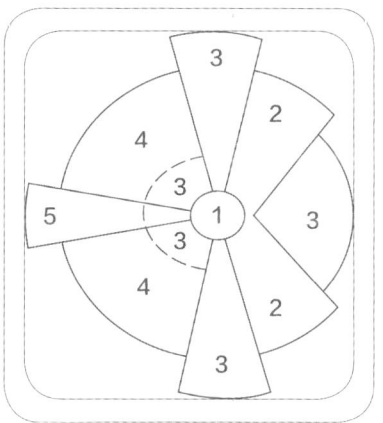

1.中央商务区；2.批发和轻工业区；
3.低收入者居住区；4.中产阶级居住区；
5.高收入者居住区
图3-9 霍伊特的扇形模式
资料来源：许学强，周一星，宁越敏.城市地理学（第三版）[M]，北京：高等教育出版社，2022.

3. 多核心模式

哈里斯和乌尔曼在1945年提出了多核心模式。该理论认为城市是由一系列具有专业化特征的功能区和多个发展核心共同构成的，城市的发展并非依托着单一的核心，而是围绕着多个核心，在地租因素的影响下由内而外形成中心商务区、批发商业和轻工业区、重工业区、住宅区、近郊区及卫星城市（图3-10）。低收入者居住区往往围绕批发和轻工业区；中等收入者居住区围绕着中央商务区、低收入者居住区发展，位于城市近郊区；而高收入者居住区在更远的郊区，在中等收入者居住区外围、或围绕外围的商务区布局。

三大经典模式及其后的衍生研究代表了工业社会的城市空间结构，而随着信息技术发展，城市空间趋于"网络多中心化"。信息接入的不平等直接意味着经济收入和社会地位的不平等，网络拥有者与未拥有者之间的差异增加了不平等来源和社会排斥，正如曼纽尔·卡斯特（Manuel Castells）提出在社会和空间上形成两极分化的双重城市（Dual Cities）。城市高收入者变得更为强势，对传统物质空间的控制愈加强烈；低收入社区很难优先吸引到新的、大规模通信基础设施投资；而贫民窟则是最后获取接入信息社会机会的空间单元。因此，能否接入互联网、占有信息的多少以及使用信息产品质量的高低将产生新的城市空间结构和社会阶层差异。

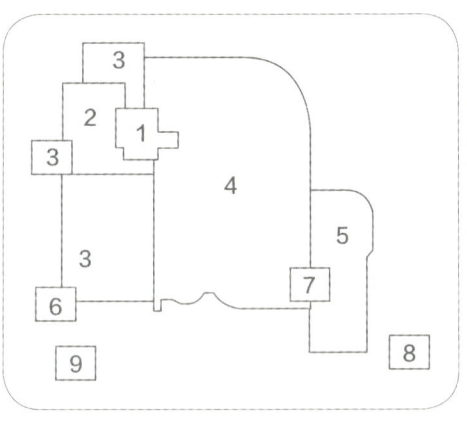

1. 中央商务区；2. 批发和轻工业区；3. 低收入者居住区；4. 中等收入居住区；
5. 高收入者居住区；6. 重工业区；7. 外围商务区；8. 郊区居住区；9. 郊区工业区
图 3-10　哈里斯、乌尔曼的多核心模式
资料来源：许学强，周一星，宁越敏. 城市地理学（第三版）[M]. 北京：高等教育出版社，2022.

3.4.2　树形结构和半网格结构理论

树形结构（The Tree Axiom）和半网格结构（The Semilattice Axiom）概念皆起源于数学的思维方法，用于研究一系列小系统的合集如何组合并逐渐形成一个复杂的大系统。1965 年，美国建筑理论家克里斯托弗·亚历山大（C.Alexander）在其论文《城市并非树形》（"A City Is Not a Tree"）中首次将这两种抽象结构引入城市研究并加以比较，较早地强调了城市的复杂性，同时提出城市空间结构理论，形成了"城市并非树形，一个有活力的城市应该是半网格结构"的著名论断，为研究与解决复杂城市问题提供了新的设计思想和方法（图 3-11）。

树形结构是指能够形成树状的一系列集合。同属一个合集的任何两个集合，当且仅当要么一个完全包含另一个，要么二者彼此完全没有交集时，这些集合的合集形成树形，这种结构限制了要素之间的跨集合流动与相互交叠。半网格结构指的是能够形成半网格状的一系列集合。当且仅当两个互相交叠的集合属于一个合集，且二者的交集也属于此合集时，这些集合的合集形成半网格，不同要素以多样的方式组合并形成复杂的结构[1]。基于树形结构与半网格结构形成的城市空间结构理论中，城市系统能够被分解为若干个"子集"，也即城市的基本物质单元。通过分析这些物质单元的交叠、累加关系能够解释城市系统的整体性质。

---

1. ALEXANDER C. A city is not a tree [J]. Ekistics, 1967, 23（139）：344-348.

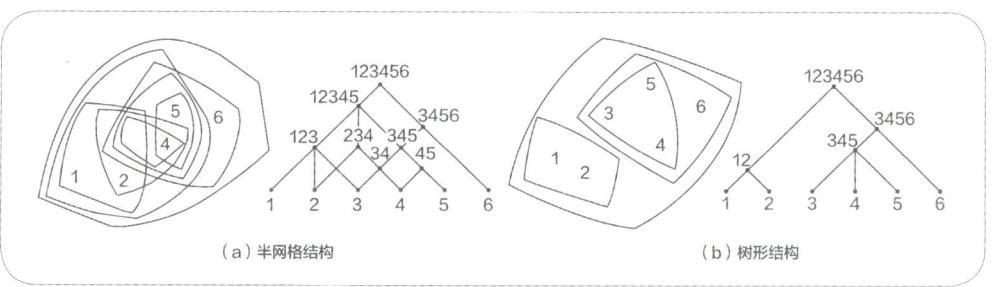

图 3-11 半网格结构与树形结构示意

资料来源：ALEXANDER C.A city is not a tree［J］.Ekistics，1967，23（139）：344-348.

克里斯托弗·亚历山大将城市分为"人造城市"（Artificial City）和"自然城市"（Natural City）。按照前者思想建设的城市空间（如昌迪加尔、不列颠新镇）多采用"树形结构"布局，几乎完全在规划设计下建成，严格遵循功能分区且各功能之间彼此独立，形成明显的等级化空间组织结构。由于此类城市每一个子集（物质单元）之间的连接路径是唯一的，缺少必要的连接，因此容易引起城市功能的割裂，缺乏一个自然城市所具有的多样性与复杂性。按照后者思想建设的城市空间（如利物浦、曼哈顿）大多在漫长岁月中"自然生长"形成，其功能要素多按"半网格结构"组织，城市功能空间相互交叠、无明确从属关系。同树形结构相比，同等规模的城市在半网络形结构中存在更多且更丰富的路径连接，更接近于城市复杂系统的实际组织方式[1]。克里斯托弗·亚历山大对树形结构所反映的传统规划思维进行了反思，认为其简化事物复杂关系、以牺牲城市活力为代价；同时倡导新的规划思维，以更准确地理解城市系统中各功能要素构成的复杂网络结构。这一理念与同时代的其他复杂性科学理论为城市复杂性研究范式的发展奠定了重要基础（表 3-6）。

表 3-6　树形和半网格结构城市的规划示意[2]

类型	案例	规划简介	结构示意
树形结构	巴西利亚	巴西建筑师 L·科斯塔（Lucio Costa）于 1957 年提出的巴西利亚规划方案是经典的树形城市结构。整体规划以模拟"人体（Analogy）躯干"为构想，并以此作为主轴，在这一主轴上布置政府机构建筑群，其中心则是著名的"三权广场"；另一轴线上主要布置了城市居住区，呈弧形两翼，两条轴线交叉点是作为心脏的 4 层大平台，这里是全城重要交通枢纽和公共中心[2]	巴西利亚中轴线　主干道　主干道　辅助干道

1. ALEXANDER C. A city is not a tree［J］. Ekistics，1967，23（139）：344-348.
2. COSTA L O. Relato rio do Plano Piloto de Brasília, Modulo 8［R/OL］.（2012-08-12）［2023-12-01］. http：//doc. brazilia.jor.br/plano-piloto-Brasilia/plano-Lucio-Costa.shtml.

续表

类型	案例	规划简介	结构示意
树形结构	公有社区方案	珀西瓦尔·古德曼和保罗·古德曼（Percival and Paul Goodman）提出的公有社区（Communitas）方案被分成四个主要的同心圆环区：最里面是商业中心，其次是大学，第三环是居住区和医疗区，第四环为旷野乡村。每一部分又被进一步分为：商业中心由巨大的圆柱摩天楼代表，并且在底部有铁路、公共汽车和机械装置。大学被划分自然历史、动物园和水族馆等在内的为八个扇形区。第三个同心环被分为若干含有 4000 人的街区，每个街区都不包括独立式住宅建筑，仅包括公寓楼群，每一公寓楼又进一步包括独户式居住单元。最后，旷野乡村被分为森林保护区、农业区和度假胜地三个部分。整个方案呈现明显的树形结构分布	
半网格结构	英国剑桥市	英国剑桥市（Cambridge）是经典的半网格城市结构。城市建筑与大学建筑交织，以至于任何一方建筑的改建都必然要牵涉到另一方。大学和城市的活动系统彼此交融：喝咖啡，看电影，散步。在一些情况下，学院的院系会加入并影响到城市居民的日常生活。在剑桥市这个大学和城市一起逐步成长起来的自然城市中，作为城市和大学系统的物质遗留物的酒吧、咖啡馆、学生宿舍等物质单元在此互相交叠	
半网格结构	上海市漕溪片区	上海市漕溪片区是以半网格结构为依托的社区生活圈体系规划。在规划中，三个层级的生活圈共同形成了以凯旋南路为主脉络，向两旁居住区域辐射延展分支脉络的空间格局，同时也形成了可以吸纳服务性功能的节点载体，为后续空间改造提供了结构指引。即形成了从大尺度到小尺度，由不同能级公共服务所支撑的社区生活圈，经由街道、通道与小径紧密编织于一体的分形连通网络[1]	

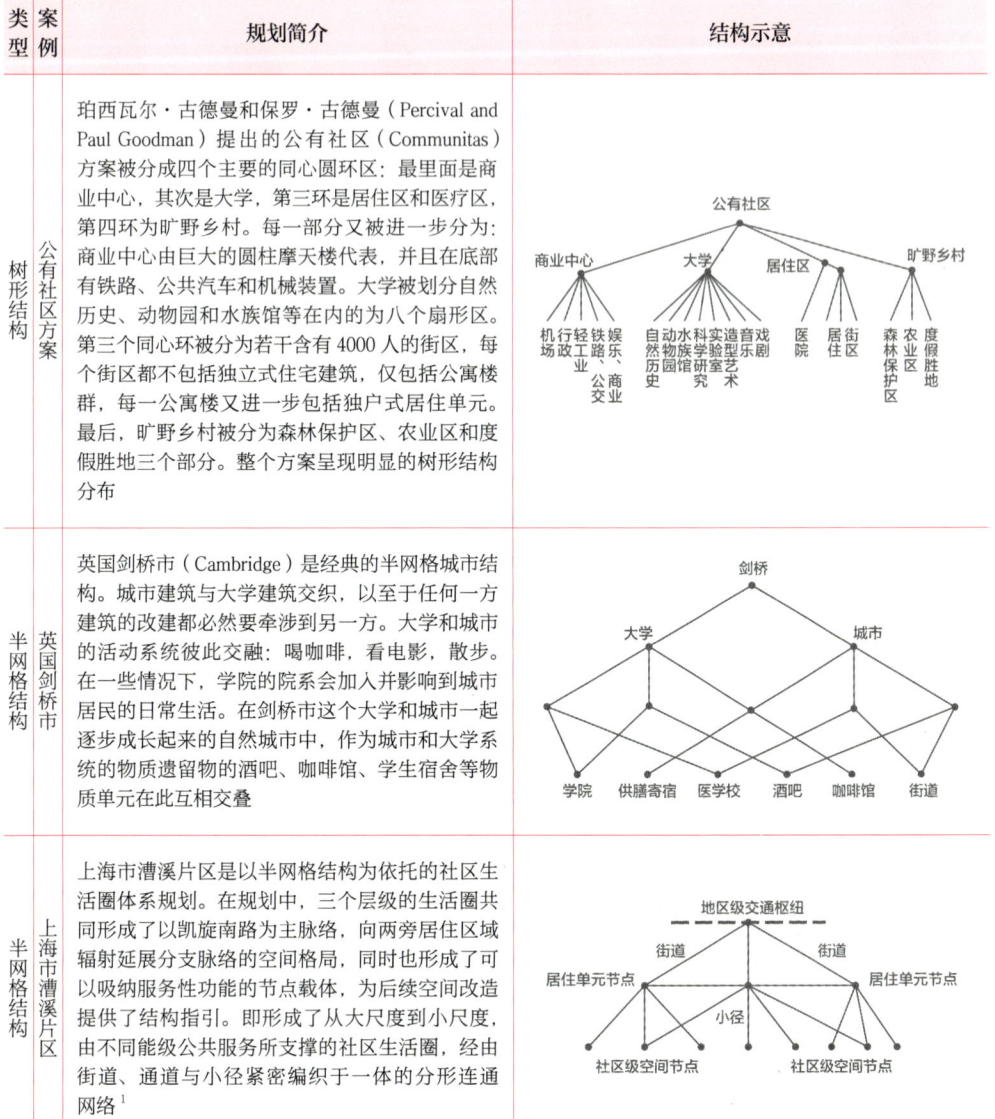

资料来源：ALEXANDER C.A city is not a tree[J]. Ekistics，1967，23（139）：344–348;SALINGAROS N A. Connecting the fractal city[J]. 5th Biennial of towns and town planners in Europe，Barcelona，2003；童明，白雪燕.连接城市生活脉络社区生活圈的营造策略与方法[J].时代建筑，2022（2）：22–29.

3.4.3 邻里单位理论

邻里单位（neighborhood unit），由美国学者克拉伦斯·佩里（Clarence Arthur Perry）提出的一种新的居住区规划模式。佩里深受芝加哥学派的影响，加上早年

1.童明，白雪燕.连接城市生活脉络社区生活圈的营造策略与方法[J].时代建筑，2022（2）：22–29.

对社区内小学配置状况的研究，他致力于推动邻里中心建设的"邻里中心运动"（Community Center Movement）。他认为，家庭作为建立社区的导向，邻里单位是以小学的服务范围来组织居住区的基本单元；邻里中心不仅有利于儿童社会化，形成良好的社会公德和公民意识，而且也有助于凝聚居民之间的联系，使人获得归属感。因此，为适应现代城市因机动交通发展而带来的规划结构的变化，需要改变过去住宅区结构从属于道路划分为方格状。

邻里单位包括以下六条原则。①规模：一个居住单位的开发应当提供满足一所小学的服务人口所需要的住房，它的实际的面积则由它的人口密度所决定；②边界：邻里单位应当以城市的主要交通干道为边界，这些道路应当足够宽以满足交通通行的需要，避免汽车从居住单位内穿越；③开放空间：应当提供小公园和娱乐空间的系统，它们被计划用来满足特定邻里的需要；④机构用地：学校和其他机构的服务范围应当对应于邻里单位的界限，它们应该适当地围绕着一个中心或公地进行成组布置；⑤地方商业：与服务人口相适应的一个或更多的商业区应当布置在邻里单位的周边，最好是处于交通的交叉处或相邻的邻里单位的商业设施共同组成商业区；⑥内部道路系统：邻里单位应当提供特别的街道系统，第一条道路都要与它可能承载的交通量相适应，整个街道网要设计得便于单位内的运行同时又能阻止过境交通的使用。

3.4.4 分区管控理论

分区是国土空间规划的基础性工作，也是传统城乡规划和土地利用规划的主要管控工具，是根据特定的空间发展需要进行土地区域划分的过程及其结果。分区管控是指为了控制、引导土地的使用和开发，根据空间发展需要而对土地进行的划分，并在此基础上制定和实施各个分区的土地利用管控政策和规则。

分区管控是国际上进行土地开发和利用控制最主要的方式。在微观层面上，以美国的区划方法最为成熟和典型，它以用地功能为基础，以地方胜法规的形式管控土地使用和开发。我国的控制性详细规划是参考美国的区划方法发展起来的，即以规划控制单元和地块作为基本空间单位，对土地使用性质、开发强度、公共服务设施、城市基础设施以及空间环境等进行管控。

在宏观层面上，传统城乡规划作为公共管理的核心手段的空间管控，包括对社会、经济、生态等层面的系统控制与管理[1]。一般而言，其空间管控主要通过对城

1.杨玲.基于空间管控视角的市域绿地系统规划研究［D］.北京：北京林业大学，2014.

乡空间利用实施战略性的分区，如城市总体规划中划定的禁建区、限建区、适建区和已建区，并进行规划控制与发展引导，实现城乡土地空间资源的有效配置，协调和解决城镇和基础设施建设与生态环境保护的矛盾，以促进城乡区域的健康可持续发展。而传统土地利用总体规划作为一种从供给和需求的角度统筹各类各业用地的综合空间规划，通过土地用途分区和空间管控分区来体现土地利用的空间管控要求。1998 年修订的《土地管理法》明确规定"国家实行土地用途管制制度"，通过编制土地利用总体规划规定土地用途，明确土地使用条件，土地所有者、使用者必须严格按照规划确定的用途和条件使用土地[1]。具体的做法是：以"功能分区 + 管制规则 + 控制指标"实施土地用途控制，其在划定城乡建设用地规模边界、城乡建设用地扩展边界和禁止建设用地边界的基础上，划分四类区域，分别为允许建设区、有条件建设区、限制建设区和禁止建设区，简称"三界四区"。

随着我国国土空间规划体系的建立，国土空间规划吸收、融合和发展了城乡规划、土地利用总体规划等分区方法，形成了主体功能区分区、城镇空间、生态空间、农业空间等功能分区、市县国土空间总体规划分区等类型。此外，分区管控也应用在国土空间规划的各类专项规划中，例如城市建设强度分区管控、自然保护地的分区管控、生态空间分区管控、生态环境分区管控、耕地分区管控、国家公园分区管控、风景名胜区分区管控以及城市更新规划划定相对成片、可以进行设施和利益统筹的城市更新单元等。

3.4.5　生活圈域理论

生活圈域概念源于日本。1965 年，日本政府审议通过"新全国综合开发计划"，计划中设定了"广域生活圈"的概念，其主要目的在于为居民创造更丰富的生活场景。国内学者将生活圈定义为居民满足生存、发展与交往需要，开展各类生产和生活活动所涉及的空间范围，其构成基础是个体居民与空间设施在时间、空间上互动形成的活动模式。一般意义的生活圈即为日常生活圈，是城乡居民各种日常活动的空间范围。由于居民有多样化的日常需求，因此活动需求、活动发生的周期以及持续时间、活动发生地离家距离 3 个要素构成了日常生活体系。与此对应，生活圈体系也可以从职能、时间和空间三个维度来划分。社区生活圈是生活圈一个鲜明的空间层级，是居住生活活动在地理空间上的投影，是相互关联的

---

1. 邓红蒂，袁弘，祁帆. 基于自然生态空间用途管制实践的国土空间用途管制思考 [J]. 城市规划学刊，2020（1）：23-30.

生活功能空间的集合，一般包括5分钟生活圈、10分钟生活圈和15分钟生活圈等层次。

专栏 3-1 日本关于生活圈的研究和实践

日本生活圈概念最初是对于居住点空间区位的讨论，学者石川荣耀借鉴中心地理论，提出了"生活圈构成论"的基本观点。

（1）宏观尺度：广域生活圈的提出

石川荣耀提出，以半径45 km、人口20万的圈域的中心位置为"月末生活中心"，即以月为时长单位，购买商品和服务的供应点；在月末生活中心所覆盖区域内，围绕月末生活中心，均等布置6个15 km为半径、拥有5万～10万人口的周末中心；每个周末生活中心区域内，围绕每个核心，布置6个以5 km为半径、覆盖2万人口的日常生活中心[1]。石川荣耀的生活圈构成论（图3-12），是日本对于生活圈最早的探索之一，并在第二次世界大战之后深刻地影响了此后日本的历次全国综合开发规划，其概念演变为"广域生活圈"。1965年，日本政府审议通过"新全国综合开发计划"，计划中设定了"广域生活圈"的概念，其主要目的在于为居民创造更丰富的生活场景。

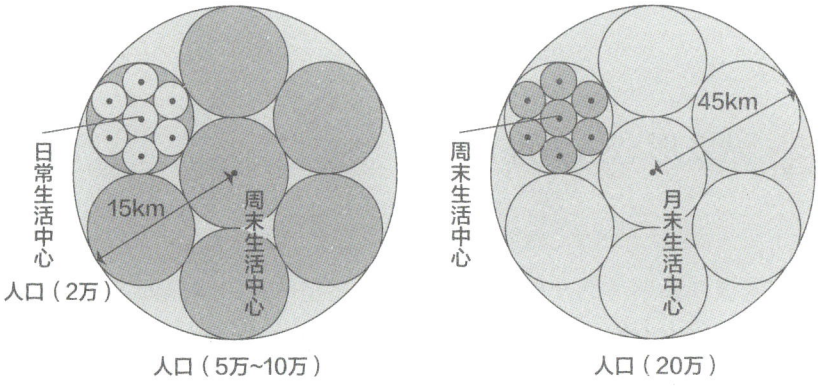

图 3-12 石川荣耀的生活圈构成论
资料来源：孙道胜，柴彦威.日本的生活圈研究回顾与启示［J］.城市建筑，2018（12）：13-16.

（2）中观尺度：城市生活圈的理论与应用

中观尺度主要是从日常生活空间的角度探讨生活圈的形成原理和空间模式。

1.孙道胜，柴彦威.日本的生活圈研究回顾与启示［J］.城市建筑，2018（12）：13-16.

将关注城市与区域尺度的"广域生活圈"转为关注日常生活的"城市生活圈"。

在居民的生活空间中，根据居民的个人属性、出行交通方式、出行范围、出行目的等因素，将当地居民的生活空间总结为三圈层的生活圈结构，即：近邻地区作为第一生活地区，满足更高级的购物需求；需要更远出行距离的第二生活地区；市中心作为第三生活地区，实质上也是对城市生活圈的划分。在规划应用方面，进一步根据居民生活相关设施的距离、时间利用的实际情况，以及对设施利用的评价，提出要以居住者的生活圈的不同圈层对应各类生活相关设施的配置，将生活圈研究和设施配置的规划应用进行了结合[1]。

（3）微观尺度：社区生活圈

在城市社区层面，主要是探讨设施的吸引范围和居民对设施的利用范围方面的生活设施利用圈，并指导住宅小区内设施规划的方案设计；"近邻住区系统"在日本的公园和公共园区规划中的运营，一定程度上体现了运用设施利用圈而进行近邻设施规划的思想。

在考察住宅区空间构成问题的时候，规划师要将生活的全貌作为一个整体，并且要进行生活行为的活动模式与住宅空间形态的对应研究，生活设施应该根据居民行为的整体形态，在社区空间中进行布局。

3.5 城乡形态组织理论

城市本身被视为聚落的一种特殊形式，最初是由人口集聚而产生的。在城市规划者、城市社会经济发展状况和城市所处自然条件的共同控制下，城市所呈现的物理空间形态（形状）呈现出复杂的形式，而物理空间的形态又与社会空间等城市结构息息相关。而在城市空间形态之外，随着城乡融合发展理念和乡村振兴战略持续受到重视，国土空间规划体系建设中同样需要考虑乡村聚落形态相关理论，这在本节最后的内容中也有讨论。

---

1. 孙道胜，柴彦威. 日本的生活圈研究回顾与启示 [J]. 城市建筑，2018（12）：13-16.

3.5.1　城市集中式组织理论

城市集中式组织，即集中式城市，是指城市各项主要用地集中成片布置，包括线形城市、格网城市、环形放射城市、柯布西耶的光辉城市、指状城市等代表性理论。

1. 线形城市

线形城市是1882年由西班牙工程师索里亚·马塔（Arturo Soriay Mata）在马德里的城市改建方案中提出的。它是按照交通运输费用最少、通勤耗费时间最短原则，根据当时新兴的交通运输模式而建构的理论。索里亚·马塔设想未来的城市沿铁路线两侧进行建设，是沿交通运输线布置的长条形的建筑地带。城市的单侧街坊500米宽，不断向前延伸，甚至可以贯穿整个地球。这种空间组织平面景观和交通流向性较强，但发展规模有一定限制。代表城市有深圳、兰州等。

2. 格网城市

格网城市也称为希波丹姆模式（Hippodamian Plan），起源于罗马军营，其空间主次分明，适宜军事聚集与调遣。希波丹姆设计的米列都城是第一个格网城市，该模式遵循古希腊哲理，探求几何与数的和谐，强调以棋盘式的路网为城市骨架，并构筑明确规整的城市公共中心，以求得城市整体的秩序和美。格网城市的优点是能够适应城市向各个方向上扩展。通过棋盘式的路网划分的街坊形状整齐，方便城市建筑的布置；同时，平行方向有多条道路，交通分散，灵活性大，更适合汽车交通的发展。与希波丹姆模式相同的是这种城市不易于形成显著集中的中心区，易导致布局的单调，不适于地形复杂地区。同时，格网城市的对角线方向的交通联系不便，非直线系数大。其代表城市有洛杉矶、米尔顿、凯恩斯等。

3. 环形放射城市

环形放射城市常见于严格遵守几何规则的理想城市，最早出现在维特鲁威的《建筑十书》中的城镇规划。环形是线形首尾相连的结果，由环形和放射形的道路网组成，交通的通达性较好，有很强的向心紧凑发展趋势，但有可能造成城市拥挤和过度集聚。代表城市是北京、巴黎等。

4. 光辉城市

针对大城市盲目发展引起的"城市病"，柯布西耶提出"光辉城市"设想。其核心是：城市应当是高度集聚的，只有集聚的城市才有生命力。他提出通过建设高层建筑、高效率的现代交通网和大片垂直绿地，为人类创造充满阳光的现代生活环境。昌迪加尔和巴西利亚均是在柯布西耶思想指导下的城市实践。

5. 指状城市

指状城市指由城市的核心地区出发，沿多条交通走廊定向向外扩张的空间组织方式，是一种特殊的城市发展模式。最具代表性的是丹麦城市哥本哈根。哥本哈根的城市形态布局是沿着铁路系统及放射形道路网络呈指状发展，各手指之间由楔形的绿色开敞空间分开。这种城市形态组织方便市民进入自然休憩区，提高了市中心通向其他地区的可达性。其规划原则包括：一是建设新型郊区，停止老城区无休止的蔓延；二是依托铁路干线建设完备的城镇体系，通过从哥本哈根核心城市区（称为手掌区，Plam）向外放射的铁路为轴线，建设发展为完备的城市地区，形成哥本哈根的边缘城市区（称为手指区，Finger），通过发达的铁路交通将边缘城市区与核心城市区相连；三是尽量少占或不占农田，营建"宜居环境"；四是保留现有绿色开敞空间，规划建议在各个"手指"之间保留和营造楔形绿色开放区域（称为绿楔），并尽可能地将绿楔延伸至中心城区内。绿楔不仅包括自然的林地、农田、河流，也包括人工改造的公园、绿地等。这些地区不允许转变为城市用地，也不得建设城市性的娱乐设施，以避免郊区城镇发展的横向延伸。

3.5.2 城市分散式组织理论

城市分散式组织，即分散式城市，是指城市空间呈现非集聚的分布，避免高度集聚带来的城市问题。包括霍华德的田园城市理论、赖特的广亩城市、沙里宁的有机疏散理论等代表性理论。

1. 田园城市

1898 年英国社会学家霍华德在《明日——一条引向真正改革的和平道路》（1902 年再版时改名为《明日的田园城市》）中首次提出田园城市理论。田园城市理论描绘了一个理想城市的蓝图，这个城市融合了城市的便利与乡村的宁静，旨在通过乡村般的田园生活来重新规划城市格局。其核心在于构建一个田园牧歌式的理想空间，以此作为解决高密度城市空间的钥匙。

霍华德以一个田园城市的规划图解方案对理论进行了更具体的阐述，该方案规划城市人口为 30 000 人，占地 404.7 公顷。城市外围有 2 023.4 公顷土地为永久性绿地。城市部分由一系列同心圆组成。并由 6 条从圆心放射出去大道承担主要交通功能。当城市人口规模继续扩大时，多个田园城市围绕一个 1.2 万英亩、总人口 5.8 万人的中心城市，形成总面积为 6.6 万英亩、总人口为 25 万人的"社会城市"。

在提出田园城市设想后，霍华德又组织了"田园城市有限公司"，在他的引领下，"莱奇沃斯"和"韦林"两座田园城市相继于 1903 年和 1920 年在伦敦的周边地区建成。然而由于过度追求"田园"的特质，这两座城市的实际建设成效并未如预期般成功。

田园城市理论作为一种比较完整的城市规划理念，对现代城市规划思想产生了深远的启迪影响，这种影响渗透到了诸如有机疏散、卫星城理论以及邻里单位等后续城市规划理论中。20 世纪 40 年代后，不少规划方案的实施更是直接体现了田园城市理论思想。该理论的历史贡献巨大：首先，它彻底改变了传统城市规划的单一视角，从单纯展示统治者权威或满足规划师个人审美，转向真正关心民众福祉，这是城市规划思想的重大转变；其次，它跳出了就城市论城市的局限，从城乡融合的角度出发，为解决工业社会中的城市社会与环境问题提供了全新的思路；再者，它开创了"调查—研究—规划"这一前瞻性的模式，为现代城市规划提供了完整的理论框架和实践路径；最后，它率先将社会研究引入城市规划，以社会改良为导向，将物质规划与社会规划紧密结合，为城市规划注入了新的活力。

2. 广亩城市

1932 年英国建筑师赖特提出广亩城市，将城市分散发展的思想发挥到了极点。广亩城市作为一种城市功能布局思想，解体了传统集聚发展的城市形态，倡导高度分散的布局模式，通过低密度与分散布局实现人工环境与自然环境亲密、有机融合，体现城市与自然彻底融为一体的理念，目的是返璞前工业化社会的生活形态。

赖特反对大城市的集聚与专制，追求土地和资本的平民化，并坚信不必将所有活动集中于城市，分散将成为未来城市的规划原则。他致力于发展一种完全分散的、低密度的城市形态。他规划设想每户家庭周围有一英亩土地，足够自给自足地生产粮食、蔬菜，这些居住区之间将通过超级公路相连，以提供高效的汽车交通。同时，公共设施、加油站沿着道路布置，并分布在服务于整个地区服务的商业中心内，以实现便捷与服务的完美结合。

然而赖特所憧憬的那种理想社会是无法成为现实的，他的规划设想也是不切实际的，美国在 20 世纪 60 年代后普遍出现的郊迁化现象，在很大程度上确实体现了赖特所倡导的广亩城市思想。这一社会变迁证明了赖特对未来城市规划的某些预见性和影响力。

3. 有机疏散

为了应对城市过度集中带来的种种问题，芬兰建筑师沙里宁在 1918 年提出了有机疏散理论。他视城市为一个有机整体，主张将城市人口和工作机会疏散到适宜发展的郊区，从而打破原有城市的拥挤格局，形成由绿色保护带分隔的多个集中单元。

大赫尔辛基规划的核心原则就是有机疏散理论，该规划主张在赫尔辛基附近建立一些半独立的城镇，以定向疏导城市人口与功能分布，从而有效遏制城市的无序扩张。除此之外，有机疏散理论在战后全球范围内的城市规划实践中得到了广泛应用，具有深远的世界性影响力。

3.5.3　城市混合式组织理论

集中与分散构成了城市空间演化机制中最基本的表现环节，它贯穿了城市空间运动的始终并体现于不同尺度的空间结构与组织中。作为城市空间形态演化中矛盾对立统一的两面，绝对的集中或分散只是极端的可能性，分散中有集中、集中中有分散的城市混合式组织才是更现实的表征，由此出现了卫星城、新城、绿心城市等规划思想。

1. 卫星城

1922 年，恩温出版了《卫星城市的建设》，正式提出了"卫星城"概念。1924 年，在阿姆斯特丹召开的国际会议上，指出建设卫星城是防止大城市规模过大和不断蔓延的一个重要方法。卫星城是与中心城市具有依赖关系，并在经济、社会上具有现代城市性质的独立城市，其主要功能是疏解中心城市，因此往往被作为中心城市某一功能疏解的接受地，出现了工业卫星城、科技卫星城甚至卧城等类型。

卫星城的初始形式是"卧城"。卧城在一定程度上缓解城市中心区域的居住拥挤状况，提高了居住生活质量。但卧城不能够提供就业机会和文化娱乐等精神上的需求。卫星城同"母城"关系的密切程度也在不断变化，独立发展、依附发展或融入母城是卫星城发展的三种主要结果。随着卫星城发展，建立新的"磁力中心"，将形成新的产业和人口聚集中心，有利于优化郊区和农村的产业结构，带动农民就业，实现收入增长，促进农村城镇化进程。

2. 新城

针对卫星城理论和建设中的问题，强调其与中心城市脱离依赖关系而作为地区中心城市进行建设，甚至是作为避免人口过度向中心城市集聚的"反磁力体系"的人口吸引中心而提出的。1912年，恩温和帕克在曼彻斯特南部的威森肖（Wythenshawe）进行了以城郊居住为主要功能的新城建设实践。瑞典、苏联、芬兰、法国、美国、日本等一些国家大城市先后开始了更大规模的新城建设。在后来的发展中，将按照规划新建的相对独立的城市统称为新城。

二战后，在英国政府的计划和指导下兴建了一批全新的城市，包括米尔顿凯恩斯、史蒂文奇等。这些新城的特点是整体规划、现代设计和可持续发展。它们被设计为拥有自给自足的社区，包括住宅、商业区、教育设施、医疗设施、娱乐设施和公共交通等基础设施，保证居民的便利生活。同时，新城也致力于打造积极、多元和融入社区活动的社交环境，以提高人们的生活质量。

3. 绿心城市

绿心城市是指城市围绕大面积绿心发展的模式，城镇之间以绿色缓冲带相间隔。通过在中心区开辟"绿心"和利用楔形绿带插入中心区的方式分散过度集中的功能，形成联系紧密、职能分工明确的城镇群，这种多中心的城市结构可以有效减轻和避免环境及交通问题等大城市弊端。荷兰兰斯塔德地区是典型的城市群体围绕绿心发展的模式。

兰斯塔德（Randstad）位于荷兰西部，是荷兰城市化水平最高，经济最发达的核心区。绿心一直是荷兰规划政策的核心，荷兰政府历来注重在兰斯塔德地区因地制宜地推行多中心规划。兰斯塔德是由多个功能上互补的专业化中心构成的互补型城市，通过保持"绿心"的开放性防止城市蔓延，并获得较高的空间质量严格保护区域中心的农业用地，通过"绿色缓冲地区"形成空间分割防止城市连成一片，推进城市向都市区域的外围发展。

3.5.4　小城镇与乡村聚落形态组织理论

小城镇与乡村不同于城市，城市的各类空间要素往往被有序地安排在特定位置，形成相对稳定的空间形态组织模式，而小城镇和乡村则是当地居民长期适应人地关系、自发进行适应性建造的结果，空间体现出明显的自组织形态和在地性、多样性特征。

1. 小城镇布局形态组织理论

与城市相比，小城镇布局形态更灵活自由，主要受道路、河流、自然地形、规划建设等影响，包括带状单体、紧凑单体、分片布局等不同类型。

（1）带状单体小城镇。小城镇主要沿道路或河流布局。且纵向较长，横向较窄，大多由一条或两条道路承担生活性与交通性的功能。沿路布局主要考虑交通便利，商业店铺多沿过境道路分布；依托河流布局主要就近使用水源和航道，利用较平坦充裕的土地进行建设。

（2）紧凑单体小城镇。受村庄或规划干预影响，呈块状紧凑分布。其形成主要受以下三方面影响：平原地区地势平坦开阔，具备形成紧凑型城镇的地形条件；受下辖村庄分布或规划干预影响，城镇易形成紧凑单体；规划建设总是倾向于紧凑单体式布局，经过规划建设的新建部分使镇区变为具有方格路网的紧凑单体形态。

（3）分片布局小城镇。主要受地形或规模限制呈现分片群体布局形式，在山地、丘陵地区居多，且由多个村庄和公共服务中心组成镇区，难以形成较大规模的集镇。

2. 乡村聚落形态组织理论

乡村聚落形态组织受区域自然因素影响较大，在平原、山地和水乡地区均有不同的形态特点，包括条带状、团块状和散列状等不同类型。

（1）条带状。因受地形的限制，沿水陆运输线延伸，或以河道和主街作为村落延展的依据和边界。此外，现代的一些村庄效仿社区规划，也出现行列式布局。

（2）团块状。团块状乡村聚落由带形结构发展而来，是大型乡村聚落的典型格局。村落平面形态近似圆形或不规则的多边形，以纵横的街巷为基本骨架，建筑围绕村落中心区域向外环状拓展。此类乡村聚落多分布于平原或盆地的耕作地区的中心。其形成主要受以下因素影响：受思想信仰、宗族文化影响，形成建筑围绕中心区域发展的形态；田园综合体引导村庄形成团块状的聚落形态；人口和户数的增加导致用地结构变化，从而带来乡村聚落向团块状形态发展。

（3）散列状。散列状乡村聚落在丘陵地区和山区分布较多，平原地区少量分布，且平原地区散点分布较均匀，山地散点分布凌乱。聚落规模小，建筑数量少、密度低；大多围绕农田或山丘的数个分散组团构成一个村落，用地范围不规则，街巷和道路系统不明显，中心不明确，多数由多姓混居发展而成的居民点或少数民族的村寨构成。

3.6 城乡景观与城市设计理论

如果说城乡的空间结构、形态以及城乡体系等空间组织概念是城市规划发展过程中的内在的筋骨，那么城乡景观设计则塑造了城市的外在之美，是人们对于城市进行直接感官接触的部分。本节所涉及的景观设计理论更偏向于景观设计的研究视角，为国土空间规划中涉及城市建成环境建设的部分提供了重要理论依据。

3.6.1 城市意象理论

凯文·林奇（K.Lynch）以"城市认知地图"的方法来研究城市，总结了构成城市意象的五要素，即路径（path）、边界（edge）、区域（district）、节点（node）、标志（mark）。通过这五项要素相互作用，人们能够建构起对城市空间形态整体的认知，即"城市认知地图"。认知地图是观察者在头脑中形成的城市意象的一种图面表现，并随人们对城市的认识的扩展、深化而扩大。

城市意象作为研究城市的理论方法，它从城市形态和环境意象两个方面对城市形体环境内涵进行了说明，聚焦城市实体环境，强调城市空间的可识别性和可意象性，并将其作为城市建设的目标和评价标准。它倡导一种以人为本的城市设计方法，通过建构事物与事物、事物与人之间的空间或形态关联，将城市的可识别性转换为可意象性，从而使城市环境和文化特征能够形成记忆并得到延续。

城市意象空间分析的最大特点是重视研究城市内居民个人或群体对城市环境的感应。城市空间不再仅仅是容纳人类活动的容器，而是一种与人的行为联系在一起的场所，空间以人的认知为前提而发生作用。城市意象理论引导规划者和决策者更多地关注城市中人的实际感受，打破"自上而下"的设计思路，提高城市的品质。

3.6.2 景观安全格局理论

景观安全格局也称生态安全格局，是依据景观生态学原理，针对复杂的区域生态环境问题，通过对区域生态空间格局的规划设计，对一些关键性的点、线、面或空间进行组合，达到保护和恢复生物多样性，控制和改善区域生态环境及生态系统结构完整性的目的[1]。景观安全格局理论的目的是将生态安全的理念落实于空间格局优化中，从格局与过程相互作用的角度来寻求解决生态问题的对策，其理论基础涉及景观生态学、干扰生态学、保护生物学、恢复生态学、生态经济学、生态伦理学、和复合生态系统理论等多个学科的内容[2]。

景观安全格局的理论假设认为，不论景观是均相的还是异相的，景观中的各点对某种生态系统安全的重要性是不同的，其中有一些局部的点和空间关系对控制景观水平生态过程起着关键性的作用。景观安全格局的概念是多维的，是对这些关键局部、点和空间进行整合后所形成的能够保障生态系统健康与健全功能的景观格局；是通过确定自然生态过程的一系列阈限和安全层次进而能够维护与控制生态过程的关键性时空量序格局；也是能保护和恢复生物多样性、维持生态系统结构和过程的完整性、实现对区域生态环境问题有效控制和持续改善的区域性空间格局。景观安全格局研究以平衡协调人与自然的关系为中心，是维护生态及其过程的重要防线，旨在为规划和决策过程提供依据，为环境保护和区域发展提供可操作的空间战略参考。

景观安全格局的构建方式包括基于节点、斑块、廊道乃至整体网络的空间识别，以及针对生境的恢复与重建措施。当前对于景观安全格局的构建已经形成了较为完整的理论框架与评价体系，其中"生态源地—阻力面—生态廊道—关键点"是构建生态安全格局的主流范式（图3-13）[1]。①生态源地：指对区域生态安全有重要意义或具有辐射功能的生境斑块，是构建生态安全格局的基础[3]，其界定主要通过生态服务重要性测算和生态环境敏感性分析，提取具有重要生态价值的生境斑块与易受干扰或受干扰后不易恢复的脆弱区域作为生态源地。②阻力面：是生态安全格局构建中的另一项核心要素，一般体现在生产与生活空间现状分布及未来扩张区域中对生态过程造成阻碍的因素。③生态廊道：指生态网络体系中对物质、能量与信息流动具有重要连通作用，尤其是为动物迁徙提供重要通道的带状区域[4]。对生态廊

---

1. 俞孔坚.生物保护的景观生态安全格局［J］.生态学报，1999，19（1）：10-17.
2. 马克明，傅伯杰，黎晓亚，等.区域生态安全格局：概念与理论基础［J］.生态学报，2004，24（4）：761-768.
3. 吴健生，张理卿，彭建，等.深圳市景观生态安全格局源地综合识别［J］.生态学报，2013，33（13）：4125-4133.
4. 彭建，赵会娟，刘焱序，等.区域生态安全格局构建研究进展与展望［J］.地理研究，2017，36（3）：407-419.

道的识别通常采用最小阻力模型法。④关键点：指在生态网络结构中构成影响、控制区域生态安全的重要战略节点，具体可以包括保障景观连通性的生态节点，妨碍生态斑块间物质能量流动的区域的生态障碍点，以及生态廊道被空间要素直接切割所形成的生态断裂点等。

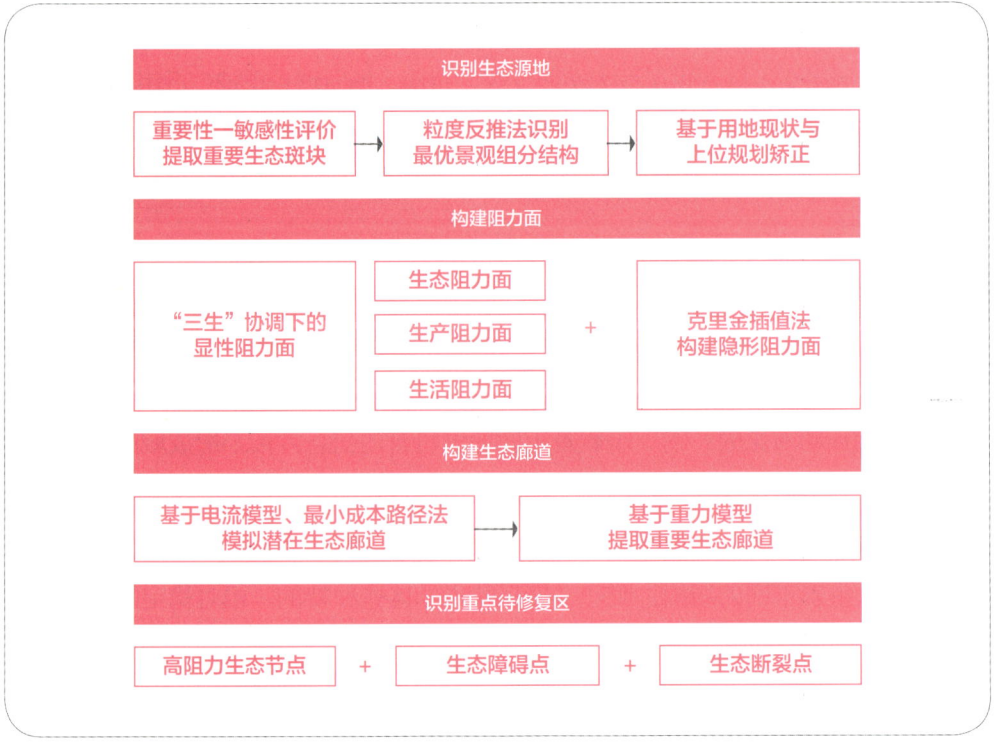

图 3-13　构建生态安全格局的一般技术方法
资料来源：自绘

3.6.3　文脉主义与场所理论

文脉主义（Contextualism）最早源于语言学中的"上下文"（context）一词，表示构成事件或陈述的背景环境使其便于理解，随"后现代主义"理念的兴起被引入建筑设计、城市规划等领域。文脉主义作为一种设计理念，从广义上讲，指通过设计以响应其特定城和自然环境的过程，使现代建筑形式与传统城市相协调；从狭义上讲，指通过参考建筑物的周围背景环境（包括物理自然背景、社会文化背景、政治经济背景等）赋予其部分意义，对这些因素进行分析、调整、转译和采用，与建筑物本身共同纳入设计中以将建筑融入其环境中。

20 世纪 60 年代，场所理论（Place Theory）进入建筑领域中。"现代主义"理念影响下的建筑设计忽视与原有城市结构之间的联系，使人们对新建城市空间缺乏认同感，随之场所理论在"后现代主义"时期发展起来。场所，即"活动的处所"，它是由场所空间本身、人在场所中的活动和场所与人之间发生的关系三个要素构成。当空间中一定的社会、文化、历史与人的活动及所在地域特定条件发生联系时，即获得了某种意义，空间即成为了"场所"。场所理论高度关注区域、城市和街道的历史与现状的表达和意义，与文脉主义有一定的相似性，因此场所理论也作为文脉主义的具体实施，为文脉主义发展提供了巨大实践支撑。目前，场所理论已被广泛用于研究人类行为与建筑环境之间的关系，以及为增强地方依恋的设计策略提供支撑。

3.6.4　空间基因理论

"基因"的概念源于生物学，生物基因储存着生命的全信息并可稳定遗传，是生物演化过程中自然选择的结果。与之类似，空间基因是城市空间、自然环境与历史文化长期互动演化的产物，承载着不同地域特有的信息片段，形成城市特色的标识，同时起着维护与保持三者和谐关系的作用。具体而言，在城市空间发展理论的视角下，城市空间的某些构成要素，如轴线、滨水空间、街道、院落等，在不同的地域文化区有着不同的结构、肌理、序列特点。这些独特的、相对稳定的空间组合模式即可视为"空间基因"。

空间基因是城市复杂系统在自组织过程中涌现出的一种相对稳定的空间组合模式，它依赖于城市系统的开放性所产生空间信息的变异和选择过程。由于城市、聚落、街坊、街道、院落等各个空间在尺度上存在层级，因此空间基因天然具有层级性。通过对空间基因的相关理论和技术研究，可以实现规划设计的"在地性"，以避免不同城市的规划出现"千城一面"的结果。遵循空间基因进行城市发展与建设，是城市建设、自然保护、文化传承的共赢。

2015年12月中央城市工作会议中提出，要"延续城市历史文脉，保护好前人留下的文化遗产，留住城市特有的地域环境、文化特色、建筑风格等'基因'"。空间基因的生成机制在于建成形式与自然环境、社会人文互动过程的逐渐变异以及城市系统的选择过程。空间基因在传承机制上主要包括"编码—复制—表达"三个主要过程：编码指的是空间要素按照一定的规则编码而成，承载某种稳定空间组合模式的信息，如比例关系、序列结构、拓扑构形等；复制指的是基于空间基因信息模板建造活动的延续和扩散，包括共时性复制和历时性复制两个维度；表达指通过直接途径控制空间要素组合的结构，由此控制城市的形态（性状）。

思考题

1. 解释杜能的农业区位论，并分析其在现代农业生产布局中的应用与局限性。

2. 空间相互作用理论如何测度区域间的经济和社会联系？

3. 核心—边缘理论如何解释区域经济不平衡现象？

4. 点—轴系统理论中的"点"和"轴"分别指什么？如何通过点—轴系统实现区域的协调发展？

5. 比较优势理论如何影响国家或地区的国际贸易策略？请结合实际案例进行分析。

6. 产业集群理论中的集聚经济如何促进区域创新？

7. 什么是综合区划理论？讨论综合区划在国土空间规划中的作用及其主要挑战。

8. 什么是大都市连绵区？分析其在全球经济中的重要性。

9. 分析同心圆模式、扇形模式和多核心模式三种城市社会空间结构的特点。

10. 解释邻里单位的概念，并讨论其在现代居住区规划中的应用。

11. 解释生活圈域理论的基本概念，并讨论其在国土空间规划中的实际应用。

12. 选择并分析一种城市集中式组织理论（如线形城市、格网城市、环形放射城市）。

第 **4** 章

国土空间规划方法论

■ 本章要点

国土空间规划是一项兼顾科学性和实践性的综合应用体系，其方法论是在各项基本理念的指导下对传统规划方法的进一步发展，既体现在"多规合一"的综合性上，又展现在多学科研究方法的交叉过程中，在规划方法外还融合了地理学、社会学、经济学等自然科学和人文社科的研究思维和方法。本章介绍了国土空间规划应用实践过程中的方法论：规划设计思维和规划方法模式作为前两节内容，主要介绍了规划设计领域所特有的指导思想和应用理念，是本章具体规划方法的理论指引，需要重点了解多类规划模式的核心内容和时代背景；4.3 节至 4.5 节是国土空间规划实践过程中的具体方法，是本章重点内容，应充分掌握规划调查、分析评价和预测过程中的常用方法类别，深入理解各方法在国土空间规划工作中的具体应用场景；4.6 节规划设计方法侧重实际应用，以体悟案例为主要学习目标。

4.1 规划设计思维

不管是以往的城乡规划还是当前的国土空间规划，规划本身落地于实践，但其理论体系和实证探索均遵循严谨的科学研究范式。本节所介绍的规划设计思维中，对于国土空间规划体系建设，科学研究方法论提供了科学哲学意义上的逻辑思维，系统规划方法论提供了完善的视角和完整的实施框架，协同规划方法论则提供了具体的、高效的实施路径。

4.1.1　科学研究方法论

科学研究方法论是关于开展科学研究方法的科学哲学意义上的理论。当代科学哲学中第一个比较完备的形态或学派为逻辑实证主义。逻辑实证主义认为，科学的两大支柱是观察和逻辑。建立科学的理论描述万物间的逻辑，并通过观察进行证实是其方法论的核心。逻辑实证主义方法论源自物理学，其目的是：建立普遍性法则来概括各学科所关注的经验事件和客体行为，从而使有关孤立事物的知识联系起来，并对未知事物做出预测。逻辑实证主义通常被认为是基于还原论的哲学思想。按照还原论的思路，如果理解一个事物各个组分的性质以及相互之间的作用，那么就可以理解这个事物的基本性质。

专栏 4-1　逻辑实证主义

（1）逻辑实证主义的含义

逻辑实证主义（Logical Positivism），形成于 20 世纪 20 年代，主要以摩里兹·石里克（Moritz Schlick）、鲁道夫·卡尔纳普（Rudolf Carnap）等人组成的维也纳学派为代表，对当时和后来的经济学、社会学、法学等学科发展产生了深远影响。逻辑实证主义将数理逻辑方法与实证主义、经验主义相结合，认为任何科学命题应能够经受实验和事实的考验，若不符合可证实性原则即是形而上学[1]。逻辑实证主义的基本观点可概括为以下 4 点：①把哲学的任务归结为对知识进行逻辑分析，特别是对科学语言进行分析；②坚持分析命题和综合命题的区分，强调以对语言的逻辑分析消灭形而上学；③强调一切综合命题都以经验为基础，提出可证实性或可检验性和可确认性原则；④主张物理语言是科学的普遍语言，试图把一切经验科学还原为物理科学，实现科学的统一。

（2）逻辑实证主义方法论

逻辑实证主义的方法论立场是拒斥形而上学，通过建立普遍性法则来概括各学科所关注的经验事件和客体行为，从而使孤立事物间的知识联系起来，并对未知事物做出预测。其原则包括以下 5 点：①证实原则：一个陈述只有在能够被经验证实或证伪的情况下才有意义；②意义标准：一个陈述要么是分析性的，要么是经验性的；③逻辑分析：使用逻辑分析来理解科学理论和语言的结

1.杨建飞.逻辑实证主义与新古典经济学的思想方法论关联［J］.自然辩证法研究，2001（7）：29-33.

构；④归纳和演绎：既包括通过观察和实验得到的归纳知识，又包括通过逻辑推理得到的演绎知识；⑤统一科学：追求一种统一科学的方法。

复杂性科学（Complexity Science）带来了一场方法论或者思维方式的变革。复杂性科学兴起于20世纪80年代，是系统科学发展的新阶段，也是当代科学发展的前沿领域之一。复杂性科学以复杂性系统为研究对象，以超越还原论为方法论特征，以揭示和解释复杂系统运行规律为主要任务，以提高人们认识世界、探究世界和改造世界的能力为主要目的，是一种"学科互涉"（inter-disciplinary）的新兴科学研究形态。

专栏4-2 复杂性科学

（1）复杂性科学的含义

复杂性科学是以描述和解释复杂系统运行规律为主要目的，提升人们认知、探索和改造世界的能力的一种多学科融合的科学。相较于普遍认知的简单系统，复杂系统存在非线性、不确定性、自组织性和涌现性的特征[1]（表4-1）。

表4-1 简单系统与复杂系统的比较

内容	简单系统	复杂系统
系统特征	线性、确定性、他组织、还原性	非线性、不确定性、自组织性、涌现性
思维框架	还原论	超脱还原论
系统状态	静态结构	动态演化
系统发展	平衡、对称	非平衡、不对称、混沌

资料来源：陈彦光.城市规划系统工程学［M］.北京：中国建筑工业出版社，2019.

①非线性。简单系统的要素关系是线性关系，具有可叠加性，系统整体可以分解为局部，然后将局部分析结果通过叠加还原整体的特征。复杂系统则与之相反，既无法通过简单的比例关系定量地表示其结构特征，又不能通过局部分析结果加和的方式解析整体信息。

②不确定性。即确定性的反义，是对现象发生的可能性完全不可知的情形。在复杂性科学视角下，事物的发展规律是不对称的、混沌的，并打破了传统科

1.陈彦光.城市规划系统工程学［M］.北京：中国建筑工业出版社，2019.

学中"确定性"与"不确定性"的相互对立关系，认为事物的发生是由于确定性和不确定性的相互联系和相互转化形成的。

③自组织性。是指系统无需外界特定指令就能自行组织、自行创生、自行演化，能够自主地从无序走向有序，形成有结构的系统；相反，不能自行组织、创生、演化，只能依靠外界的特定指令来推动组织向有序演化，从而被动地从无序走向有序的系统则为他组织性。

④涌现性。是指系统整体具有而部分或者部分之和所不具有的属性、特征、行为、功能等特性。即将系统整体拆解为各个构成要素时，整体所具有的某些属性、行为和功能等将无法体现在某一要素，或部分要素之和上。涌现的本质是"由小生大，由简入繁"，即"复杂来自简单"，复杂性是随着事物的演化从简单性中涌现出来的。

(2) 复杂性科学方法论

复杂性科学方法论是指研究和处理复杂系统时所采用的一系列原则、技术和工具。复杂性科学方法论是对简单系统科学下还原方法论的突破，在还原论视角下，系统整体等于其构成要素之和，即"1+1=2"。但复杂系统往往会体现出整体大于部分之和的现象，即"1+1>2"。如"蚁群""大脑""城市"等复杂系统，每个单个构成要素相对简单，但多种要素聚集在一起并相互作用后，会产生复杂的群体行为，并通过不断动态演化产生适应性，形成由混沌到有序的发展方向。由此，复杂性科学打破了从牛顿力学以来一直主宰的线性认知思维框架，建立了以超脱还原论为基本思维框架的方法论体系。如果说一般系统论强调从结构的角度理解系统，复杂性科学则强调从动力学的角度认识系统；一般系统论基于整体性原则处理系统的不可还原问题，复杂性科学则基于突现性质探索不可还原问题（表4-2）。

表4-2　一般系统方法论与复杂性科学方法论比较

内容	一般系统方法论	复杂性科学方法论
研究重点	结构	动力学
研究方法	数学描述	计算机模拟
理论关键	整体性原理	突现机制
系统状态	平衡态	非平衡态
研究类型	平稳序列、趋势变动	周期倍增、混沌、突变

资料来源：陈彦光.城市规划系统工程学［M］.北京：中国建筑工业出版社，2019.

从根本上，逻辑实证主义和复杂性科学范式均认为现实世界的逻辑具有唯一的解释。然而，这一观点通常不被人文学科所接受，后者往往采取一种"诠释"，而非"解释"的态度。特别地，在地理学和城市研究中，植根于"解释"范式的计量革命运动在20世纪70年代受到强烈质疑。西方人文地理界也相继受到了心理学、结构主义及人文主义的影响。人文主义地理认为世间的事物，并不是早就客观地存在着、在等待着学者们来发掘其规律与形态的，因一切事物的存在与否及其存在状况，皆会因当事人的文化、背景、经历及主观意愿而异。20世纪80年代初以来，又产生了后现代主义地理学。后现代化主义对用理性、逻辑及依靠所谓的客观事实及证据来说话的科学思维方式提出质疑，怀疑仅以科学的思维来论断事物，是否能让社会从历史传统及宗教的捆绑中解脱出来而取得较多的自由、博得较大的自主性，从而使社会变得较能令人满意。

专栏4-3　后现代主义地理学

（1）后现代主义地理学的含义

20世纪80年代后，大多数人文地理研究者不再笃信实证主义，而开始强调人本主义与后现代主义，形成后现代主义地理学。后现代主义地理学挑战了传统地理学对于空间、地方、知识和权力的基本假设，对地理学的研究方法和研究对象进行了广泛的扩展。地理学开始从关注自然地理现象，逐渐向社会、文化和政治如何影响我们对空间的感知和利用方向延伸。后现代主义地理学的观点和方法在人文地理学中尤为突出，对城市地理学、文化地理学、政治地理学等领域产生了深远的影响。后现代主义地理学的关键特征包括以下内容。

①社会构建主义：认为知识和真理是社会构建的，而非客观存在，地理知识和对空间的解释受到特定文化、历史和社会背景影响。

②批判现代性：批判现代性中关于进步、理性、客观性和普遍性等一些核心概念，强调多样性和差异性，反对单一解释框架。

③权力与知识：关注权力如何塑造知识和空间，以及不同群体如何通过空间实践来表达和争夺权力。

④文本与语境：将地理知识视为文本，强调解读和理解这些文本的语境，认为地理现象应在其特定的历史和社会语境中被理解。

⑤多重叙事：倡导多元的声音和叙事，反对单一的、普遍的宏大叙事，认为不同的群体和个人有不同的经验和故事，这些都值得被倾听和尊重。

⑥地方与身份：关注地方如何塑造个人的身份认同，以及如何成为文化意义和社会关系的载体。

（2）后现代主义地理学方法论

后现代主义地理学方法论是指在后现代主义哲学思潮影响下，地理学家研究和解释地理现象时所采用的一系列方法和原则。后现代主义地理学方法论通常包括以下特点。

①批判性方法论：强调对现有知识和权力的批判性分析，要求研究者质疑现有的社会结构、知识体系和权力关系，特别是那些被认为是自然或不可避免的。

②解构主义：更倾向于解构传统的地理概念和理论，揭示其背后的假设和意识形态，打破如自然与文化、主体与客体间的二元对立关系。

③定性研究：倾向于使用定性研究方法，如访谈、民族志、案例研究和参与观察，以捕捉和解释人类对空间的复杂体验和社会关系的构建。

④语境敏感性：强调在特定的历史和社会语境中理解地理现象，认为空间和地方的意义与实践是在特定的时空背景下形成的。

⑤跨学科研究：强调跨越传统学科边界，借鉴其他学科的理论和方法，以丰富对地理现象的理解。

4.1.2　系统规划方法论

系统规划方法论的核心是把规划的主要对象——城镇、区域乃至整个地域环境作为一个大系统，通过系统方法来对其进行分析和处理，强调整体性、相关性、结构性、动态性和目的性。城市是复杂系统，需要规划人员更清晰地了解城市是如何运行的。系统规划理论把城市看成不同区域位置的功能活动相互联系和相互作用的系统，那么一个局部所发生的变化将会引起其他局部的相应变化。系统理论将重点放在功能活动、城市活力和变化上，提出需要有更强适应性的、灵活的规划。系统规划方法论坦然面对城市变化，将城镇规划看作一个在不断变化的情形下持续地监视、分析和干预的过程，而不是为一个城市或城镇理想的未来形态制定"一劳永逸"的蓝图。系统规划把城市看作一个互相关联的功能活动系统，需要从社会、经济、物质空间、美学等方面全面考察。20世纪60年代地理学的"计量革命"推动了系统理论在城乡规划中的应用；生态系统理论加深了对系统的认识；建模、数学、计算机技术的发展促进了系统理论在城乡规划中的发展；系统论、信息论和控制论是其方法体系的深化。

专栏 4-4　系统论、系统方法与系统规划方法论

（1）系统思想与系统论

系统思想起源于 20 世纪 30 年代，作为一种跨学科的思维方式，逐渐形成研究系统的性质、结构和行为的一般理论，即系统论（System Theory）。系统论认为，任何一种存在都是由彼此相关的各种要素所组成的系统，系统中的每一个要素都具有一定的联系性而组织在一起，形成一个有机统一体。系统论强调整体大于部分之和的概念，即系统的性质不仅仅是其组成部分的简单叠加，而是各组成部分相互作用所涌现出的特性。系统中的每一个要素都执行着各自独立的功能，而这些不同的功能之间又相互联系，以此完成整个系统对应外界的功能。因此，每一个系统及其子系统都有基于其所运作层次的整体性、相关性、结构性、层次性和动态性等特征。

系统论的三个基本原则：第一，系统的观点，也就是有机整体性的原则；第二，动态的观点，认为生命是有组织的开放系统，也就是自组织的原则；第三，组织等级观点，认为事物之间存在着不同的组织等级和层次，各自的组织能力不同[1]。系统论的关键概念包括以下内容。①整体性：系统被视为一个整体，其性质和行为不能仅通过分析其单个组成部分来完全理解；②反馈：系统中包含由正反馈和负反馈组成的反馈循环；③开放系统和封闭系统：开放系统能够与外部环境进行能量、物质和信息交换，封闭系统则不与外部环境交换能量、物质或信息；④层次结构：系统可以包含子系统，同时也可以是更大系统的子系统，形成嵌套的层次结构；⑤稳态：系统在动态变化中保持相对稳定状态的能力；⑥涌现：在复杂系统中，高层次的结构和性质从低层次组成部分的相互作用中自发产生，这些性质和结构在单个组成部分中并不存在；⑦适应性：系统对外部变化做出反应并调整自身结构和行为的能力；⑧自组织：系统在没有外部指导或控制的情况下形成有序结构和行为的能力。

（2）系统方法论

在系统思想下，系统方法既是一种解释性方法，又是一种规定性方法。系统方法论内容主要包括：系统分析（Systems Analysis）、系统设计（Systems Design）、系统工程（Systems Engineering）、系统动力学（System Dynamics）、复杂适应系统理论（Complex Adaptive Systems Theory，CAST）和软系统方法论（Soft

---

1. 张京祥. 西方城市规划思想史纲［M］. 南京：东南大学出版社，2005.

Systems Methodology，SSM）等。

系统方法的一般操作步骤包括（图 4-1）：

①目标定位：基于对象和环境分析提出初步目标或目标体系；

②现状分析：明确系统发展的优势条件和约束条件；

③明确问题：明确系统现状（目前状态）与目标（期望状态）的差距，在约束条件限定下尽可能缩小或消除现状与目标的差距；

④确定标准：根据系统目标、现状分析结果以及存在的问题确定方案的评价标准；

⑤提出方案：基于可行性分析，针对问题提出解决方案；

⑥建立模型：借助数学模型模拟分析，对复杂方案进行评估；

⑦决策：将可行性方案排序，遴选出最佳方案，若无则返回至第五步，重新制定方案，必要时返回第一步，重新调整目标定位；

⑧实施：执行决策的结果，可根据实施情况对方案进行调整。

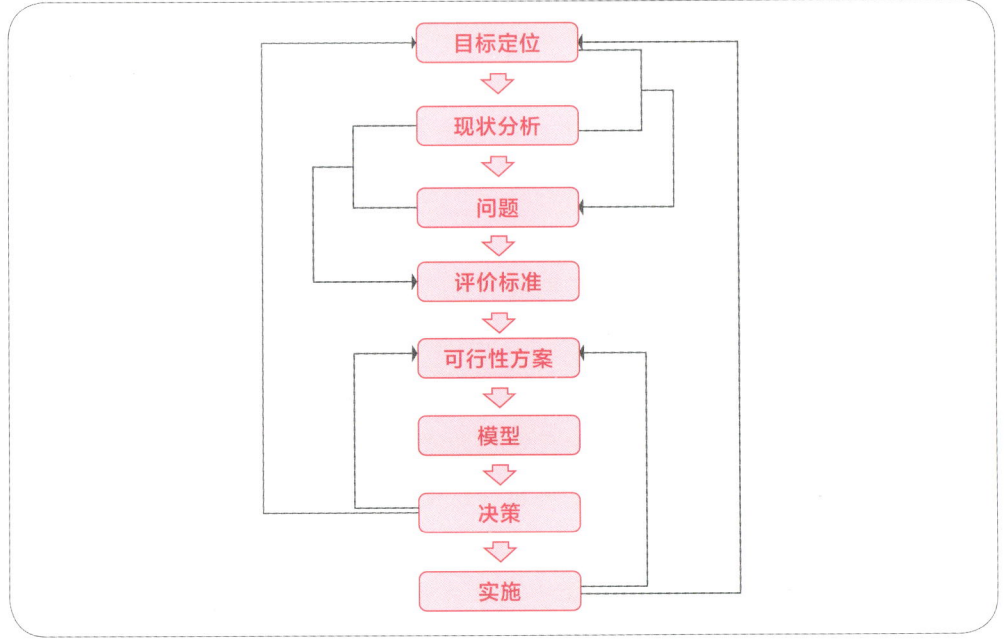

图 4-1 系统方法的一般操作步骤
资料来源：陈彦光.城市规划系统工程学［M］.北京：中国建筑工业出版社，2019.

（3）系统规划方法论

20 世纪 60 年代，系统方法论开始广泛应用于城市规划领域中，转变了城市规划的传统思想和方法。1969 年，麦克劳格林（B.Mcloughlin）在出版的《城市与区域规划：系统探索》(Urban and Regional Planning: A System Approach) 中认为系统规划理论已不仅局限于物质形态设计领域，而是包含理性分析、结构控制和系统战略。1968 年，英国的《城乡规划法》对原先的城市规划体系进行了重大调整，以结构规划 (Structure Plan) 和地方规划 (Local Plan) 取代原来的发展规划、总体规划和详细规划。系统规划思想下的城市规划，期望通过对城市系统的各个组成要素及其结构的研究，揭示要素的特征、功能及其相互作用关系，全面分析城市存在的问题和相应对策，进而在整体上对城市问题提出解决的方案。系统规划强调将城市规划看成为一个动态的适应性调整过程，应由过去终极式的蓝图编制转变为过程式规划。此外，应以多种可能的发展方案来适应城市未来发展需求，使城市规划在宏观层面成为城市系统动态演化的基础和依据，在微观层面上也可以揭示出各组成要素间相互作用的路径和结构。

按照系统思想的整体性、层次结构和动态性等原则，城市的空间规划需要遵循如下原则：①每一个事件都联系着其他事件。城市每一部分都联系着其他部分，每一城市都联系着其他城市。②未来不完全包含在过去之中。城市发展无法准确预测，时间不可逆，规划措施一旦执行就不可逆转。③子系统可能包含母系统的全部信息。城市研究可以透过局部看整体。④选择就意味着损失。规划无法尽善尽美，某方面的建设，就意味其他建设的机会失去。⑤较好就是最好，最好反而不好。规划没有最优方案，只要令人满意即可。⑥系统趋向于重复自己。研究一个城市首先要了解其历史。⑦决策及其效果之间存在一定的时间尺度。规划的效果不可能即时给出正确的评价。

由于城市和城市体系是不可还原的复杂系统，标准科学普遍运用的研究方法对于城市研究而言缺乏效果。一般系统论产生以后，城市学家开始借助系统思想寻找方法论的出路。控制论、协同论、复杂适应系统等系统论也先后被引入城市规划相关研究中，城市规划开始运用综合评价和数学建模等计量方法来推演和模拟城市复杂系统的动态演化规律（表 4-3）。受系统方法的思潮影响，20 世纪 70 年代开始，计量方法开始广泛应用于城市特征分析、规律探寻和发展预测相关研究中。计量革命推动了将城市规划向精确计算、预测的方向发展，但也需要认识到城市并不仅是能够通过完全客观的、量化的数学模型来认知的复杂系统，城市结构的复杂性、城市发展的不确定性，任何定量科学都无法完全准确地掌握城市发展的普遍规律。

表 4-3　系统科学在规划研究和实践中的应用

理论框架	系统科学理论	在规划研究和实践中的应用	主要影响时期	方法重点
"老三论"	系统论	整体性原理	20 世纪 50—60 年代	结构研究（静态分析）
	控制论	调控与信息反馈		
	信息论	信息分析		
"新三论"	耗散结构论	宏观自组织分析	20 世纪 70—80 年代	过程研究（演化分析）
	协同学	微观自组织分析		
	突变论	系统演化分析		
复杂性科学	混沌学	非线性动力学分析	20 世纪 80 年代至今	动力学研究（动态分析）
	分形论	不规则几何学分析		
	自组织	复杂演变分析		
	元胞自动机	计算机模拟		
	复杂性理论	突现机制分析		

资料来源：陈彦光.城市规划系统工程学［M］.北京：中国建筑工业出版社，2019.

4.1.3　协同规划方法论

协同规划方法论是以协同论为理论基础，跨越多个领域、多个区域，涉及多个利益相关者，通过建立规划协同平台，使得规划过程不断实现协调、优化与整合，并以反馈机制为依托，形成良性的循环过程，从而实现规划确定目标的过程（图 4-2）。

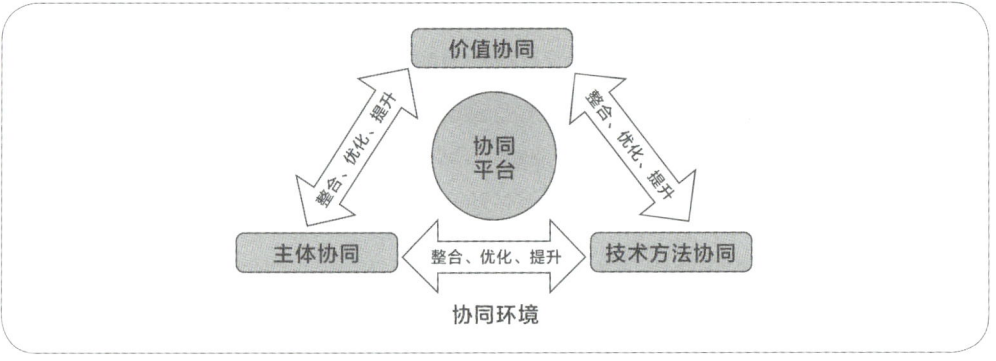

图 4-2　协同规划结构
资料来源：祝春敏，张衔春，单卓然，等.新时期我国协同规划的理论体系构建［J］.规划师，2013，29（12）：5-11.

协同论所遵循的协同思想（Synergetics）是由赫尔曼·哈肯（Hermann Haken）在其 1981 年的著作《协同学：大自然构成的奥秘》中提出。协同思想旨在从许多完全不同学科的自然现象中，概括出一种能够解释和说明开放的复杂系统的统一规律，即在输入能量（有时还输入物质）的条件下，是怎样通过自组织作用而形成有序结构，进而能从低级有序发展为高级有序的。协同思想认为一个系统从无序向有序转化的关键在于组成该系统的各子系统在一定的条件下，通过非线性的相互关系能否产生相干效应和协同作用，并通过这种作用产生出结构和功能上的有序，这种自组织过程有赖于集体行为中的竞争和协调合作并经过突变而得以达成[1]。

协同规划包括以下 3 点特征[2]：①系统性。规划是一个系统，具有整体性和层次性，不同层次的规划分工明确，规划制定是横向和纵向互动协调的过程。②动态性。规划是动态平衡的，有对外界反应具有自我调节的机制，能有效应对外部环境的变化。③协调性。规划具有协调性，有利益协调机制，能有效统筹各方利益主体。因此，协同规划强调多个区域（如跨越省或市区的行政边界）或多个领域（如一二三产）之间的协作、沟通及融合，强调规划、管理、实施、运营及维护等多个层面的沟通、协调及合作。

一个共同目标和愿景是协同规划的最终蓝图，协同规划强调围绕共同愿景展开，在协作的同时关注各个领域自身的特色。针对不同领域，协同规划有不同的应对策略，如跨流域的绿道系统协作规划，强调根据不同流域情况进行差异化引导的同时也加强流域间的贯通和联动；都市圈的协同规划，强调围绕一个共同愿景和框架构建因地制宜、平等协商的规划体系；而村庄的协同规划，试图推动一二三产多个产业的联动。

协同规划的原则有：①共同目标：所有参与方都认同并致力于实现共同的目标和愿景；②开放沟通：鼓励参与者之间开放和诚实地沟通，以促进信息共享和理解；③协调一致：通过协调不同参与方的行动和资源，确保规划活动的顺利实施；④持续改进：通过反馈和评估，不断优化规划过程和结果；⑤灵活适应：能够适应环境变化和新的信息，及时调整规划策略。

---

1. 唐恢一，陆明. 城市学（第三版）[M]. 哈尔滨：哈尔滨工业大学出版社，2008.
2. 祝春敏，张衔春，单卓然，等. 新时期我国协同规划的理论体系构建 [J]. 规划师，2013, 29（12）: 5-11.

4.2 规划方法模式

"工欲善其事，必先利其器"。对于规划方法模式的探讨聚焦于规划工作本身，而非规划的对象。20世纪60年代以来，对于规划方法模式的讨论层出不穷，如今已形成了较为清晰的发展脉络，在国土空间规划编制实施的具体过程中也均有所体现。

4.2.1 理性规划

20世纪60年代在城市规划思想从物质空间形态规划转向现代主义特征的"理性分析"阶段，城市规划逐渐被作为一个以政策为导向的决策过程。理性规划是其中最具影响的理论，以法卢迪及其《规划原理》为代表。强调用"科学的"和"客观的"方法认识和规划城市，规划是关于产生最好结果的方法，规划师应寻求最佳的方法论，反对蓝图式规划。

理性规划是指在规划过程中采用系统性、科学性和逻辑性强的方法，选择出最能实现既定规划目标的方案。理性规划的核心是运用理性主义思维方式方法认识城市和组织城市，全面考虑影响城市发展的各方面因素，从城市问题产生的结构性原因入手来解决城市问题。理性规划基于系统论思想，旨在通过对城市系统结构及其各个构成要素的研究，揭示系统要素的特征、功能与相互作用关系，全面分析城市存在的问题和相应对策，并提出解决的方案。理性规划根据系统分析的一般原理，可以把城市看作一个大系统，其中又可分为若干子系统。城市规划系统的投入来自城市系统外的环境，即在外部条件下引起的城市问题；城市规划系统的产出是城市改造的终景或意想状态，即规划所拟定的各项建设项目。在此过程中，需要对终景状态和现实状态进行比较，并作出规划决策和规划方案，付诸实施，这一过程就是变异。在实施规划过程中，很可能发现规划初期没有意料到的情况，并以投入的形式反馈到规划系统，诱发形成新的规划方案[1]（图4-3）。

理性规划的模型是"五阶段规划方法"：界定问题目标；确认比选方案或政策；评估比选方案或过程；规划方案或政策实施；规划效果跟踪。第五阶段得出的建议将反馈到前四个阶段中，以优化整个规划过程。具体实施包括8个步骤（图4-4）。

---

1. 郭彦弘. 城市规划概论［M］. 北京：中国建筑工业出版社，1992.

第 4 章　国土空间规划方法论

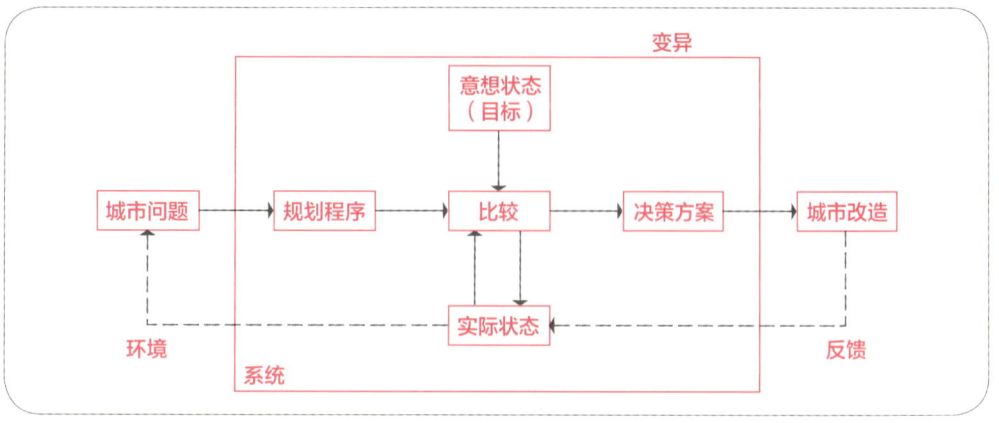

图 4-3　综合理性规划框架
资料来源：郭彦弘．城市规划概论［M］．北京：中国建筑工业出版社，1992.

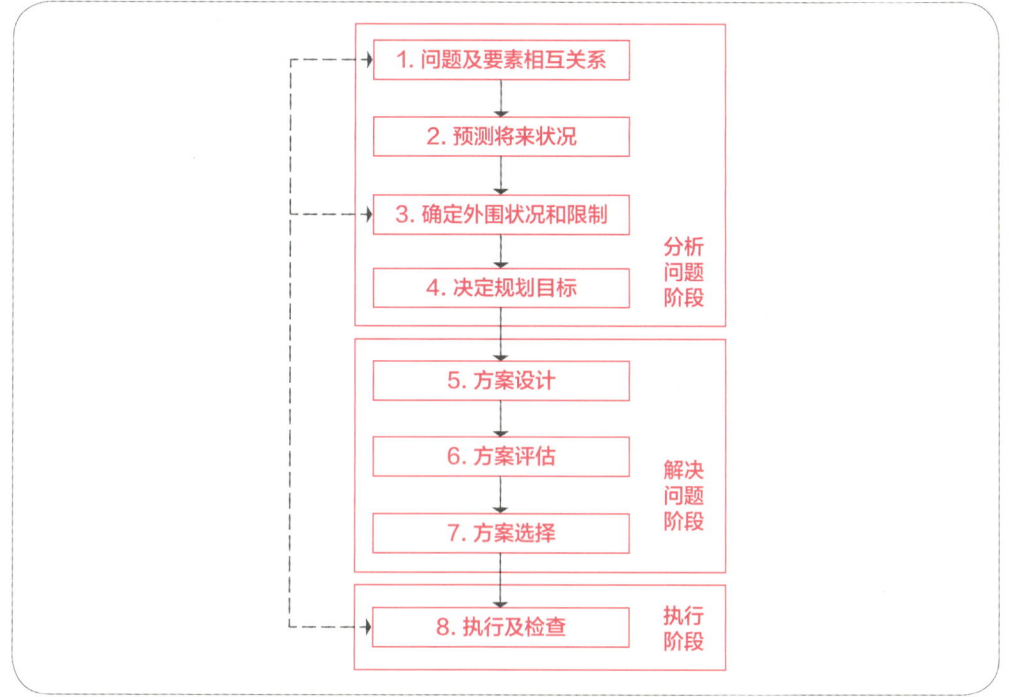

图 4-4　综合理性规划模型
资料来源：郭彦弘．城市规划概论［M］．北京：中国建筑工业出版社，1992.

①分析现有的和未来可能出现的各种城市问题，认识城市各要素之间的关系；②在未受干预的自然演变中预测即将出现的各种城市问题；③认识城市系统环境，推算环境影响范围及用于解决城市问题的现有资源；④决定规划目标，确定城市的意想状态；⑤方案设计，寻找实现目标的途径；⑥方案评估，对若干不同的替代方案进行评估；⑦选择和确定方案，预测实施此方案可能造成的潜在影响；⑧在执行

和实施方案过程中，需不断检查其实际效果，并修订原方案或开始另一新的规划程序。

4.2.2　综合规划、渐进主义规划、混合审视规划

1.综合规划

20世纪60年代以来，在系统方法思想的影响下，综合规划（comprehensive planning）的概念出现在城市规划领域中。综合规划是在理性主义影响下，结合系统方法论的不断发展而形成的一种规划思维、模式及方法。综合规划的概念是在总体规划（master plan）的概念基础通过不断演变和修正而形成的，表明城市规划需要包含总体规划之外的更多内容，且所包含的各项要素之间的关系也更为复杂。综合规划对基于"物质空间决定论"（即只关注物质空间形态）的城市规划进行批判，旨在将城市视为一个整体，把影响城市发展的各项因素包容进来进行统一安排，使得物质空间的内容能够更好地得到实现。因此，综合规划通常会更加全面地考虑到影响城市发展的社会、经济等方面因素，以及城市中各子系统和构成要素之间的相互关系。规划要组织协调城市中各类要素的综合关系，尤其是它们与土地使用和各市政设施之间的关系。综合规划有三个特征：①集中于物质空间的发展；②将物质空间的设计和规划与城市的发展目标和社会、经济的政策结合起来；③首先是一项政策手段，其次才是技术手段。

2.渐进主义规划

作为理性主义和实用主义的结合，渐进主义规划认为不存在一个决策或"正确的"结果，而是有一系列没有终极的、通过分析和评估而对面临问题进行不断处置的过程。其特点是适合于局部和规模较小的问题，对于较大规模和全局性问题，主要通过将一个问题分解成若干小问题，直到不可分解为止，然后逐一解决，从而达到目的，即实现"以从最简单和最容易认识的对象开始，一步一步地循序而进直至最复杂的认识"的目标[1]。渐进主义所具有的特征与综合理性模式相反，渐进主义不区分目标与行动以及目标与手段，认为"好"的政策是由"共识"所产生的，主张有限分析和通过连续比较来减少对理论的依赖（表4-4）。渐进规划的内容主要包括：①价值目标选择。识别并确定需要解决的问题或目标，目标应是可以通

1.彭恺，周均清.理性与实践之辩：理性综合与渐进主义的规划决策理论比较研究［J］.规划师，2010，26（S2）：29–31.

表4-4 综合理性方法与渐进主义方法的比较

综合理性方法	渐进主义方法
价值或目标的分类与方案的经验研究相互分离	价值或目标的选择与经验研究不相互分离
运用手段—目标方法	认为手段—目标方法具有局限性
选择"最适当"的手段作为"好"的政策	选择"适当"的手段作为"好"的政策
综合分析	认为综合分析具有局限性
依赖于理论	减少对理论的依赖性

资料来源：孙施文.现代城市规划理论［M］.北京：中国建筑工业出版社，2007.

过逐步和实施来达成的。②确定手段与目标的关系。一般是先确定目标，然后寻出实现这一目标的合适手段，也可以同时选择手段和目标。③制定和考验"好"的政策。选择出价值观和目标以及有关手段以后，进行规划决策，制定出协商后的政策。④非比较分析。对于解决局部问题，可直接利用现行策略、已有程序及公众参与和协商所形成的规划策略，无须对策略进行比较分析。⑤连续性政策。应总结前一次规划政策的执行情况，在下一次决策时纠正前一次的某些错误，采取某种补救措施挽回某些损失，形成一个连续性的决策过程（图4-5）。

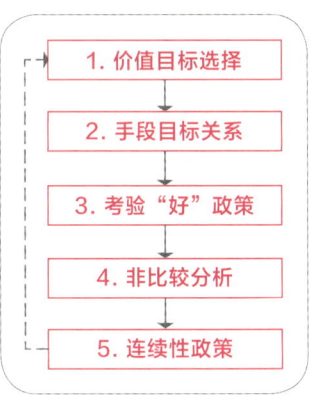

图4-5 渐进式规划
资料来源：郭彦弘.城市规划概论［M］.北京：中国建筑工业出版社，1992.

3. 混合审视规划

1967年，阿米泰·埃齐奥尼（Amitai Etzioni）提出混合审视方法，由基本决策和项目决策两部分组成。基本决策是指宏观决策不考虑细节，着重解决整体性、战略性问题。项目决策是指微观决策，是基本决策的具体执行。通过两个层次的结合减少综合规划和渐进主义规划的缺点，更有效现实。

1967年，埃齐奥尼在《混合审视：决策的第三种方法》（*Mixed-Scanning: A "Third" Approach to Decision Making*）中探讨了综合规划和渐进规划存在的根本性问题，并参考了上述两种方法的优势，提出了规划和决策的第三种方法，即混合审视方法。混合审视方法由基本决策和项目决策两部分组成，前者在于确定规划的方向，后者则是执行具体的任务。通过这两个层次决策的结合来减少综合规划和渐进规划中存在的问题，使其更为有效、现实。具体而言，基本决策是宏观性决策，面向主要战略和规划目标提出多种可选方案，不需要考虑细节问题。项目决策又称小（BIT）决策，是更为微观性的决策，是基本决策的具体化，受基本决策的限定，项目决策由分离渐进程序来完成。

基本决策和项目决策二者相辅相成，承前启后，互为补充和促进。从时间上看，先做基本决策，后做项目决策；从数量上看，基本决策少，项目决策多；从性质上看，基本决策偏向宏观，项目决策偏向微观；从相互作用看，基本决策控制项目决策，项目决策执行的经验和问题是修订基本决策的依据之一。在整个规划过程中，基本决策的任务是确定规划方向，项目决策则是执行具体任务。

混合审视规划过程的具体步骤如下（图 4-6）。

（1）运用系统规划程序拟定基本决策，确定战略。首先由专业人员、规划师，或行政领导各自编制和提出方案，然后用综合分析方法，选择出最佳方案，淘汰违反价值观或缺乏实施手段的不合理方案。

（2）执行前分组，根据分组项目分配资源，运用分离渐进程序进行项目决策，确定具体实施方案。

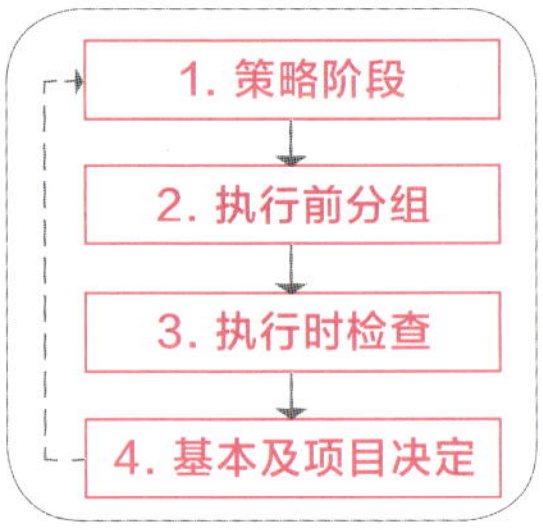

（3）执行时的检查。在实施项目决策过程中，需不断检查实施情况。检查分半全面检查和全面检查两种。半全面检查是粗略地了解各项目决策的实施状况；全面检查是

图 4-6　混合审视规划步骤
资料来源：郭彦弘 . 城市规划概论［M］. 北京：中国建筑工业出版社，1992.

某项目实施过程中通过半全面检查发现其难以实施或遇到麻烦后对所有项目决策的审视，或对各项目实施过程中的关键时刻所进行的全面审视。

（4）基本及项目决定。每个项目决策实施完毕后也要进行检查，了解该项目决策是否存在问题或实施后暴露了什么问题。通过检查发现的问题，可用于衡量基本决策的完善程度，也可用于衡量项目和资源分配是否合理。如发现严重问题需要修正，应立即进行，或采用其他更好的方案。这一步骤，相当于系统规划程序中的反馈。

4.2.3　连续性城市规划

连续性城市规划是伯兰奇（Melville C.Branch）于 1973 年提出的有关城市规划过程的理论。该理论的立足点在于传统的城市总体规划由于在理论和实践上的不完

备而使得规划作用受限，从而对城市总体规划所注重的终极状态的批判。他提出必须以连续性城市规划逐步替代宏大的规划幻想和事后型规划。伯兰奇认为，城市规划所存在的这些问题直接制约了城市规划作用的发挥，而这些问题产生的主要原因在于城市规划对终极状态的过度重视，而忽视了对规划过程的认识，尤其是从现状出发的对当前问题的解决。城市规划的进一步发展只有克服这样的问题才有可能起到重要的作用[1]。

连续性城市规划包含三项重点内容：第一，连续性规划认为对城市发展不是对所有的内容都进行统一的以 20 年为期的规划，应当明确区分考虑到远期、中期、近期的不同城市发展因素，甚至有些就不要去对其作出预测；而本身变化比较小的因素如公路、供水干管之类的设施应当规划至将来的 50 年甚至更长的时间。第二，长期规划不应当是制定出一个终极状态的图景，而是要表达出连续的行动所形成的产出，并且表达出这些产出在过去的根源以及从现在开始向未来不断延续的过程。第三，连续性城市规划不是以将来的可能状况来决定当前的行动，而是注重从现在开始并不断向未来趋近的过程。因此，在规划过程中，最为重要的是需要考虑最近几年的行动内容，而未来的进一步发展是在这基础上的逐渐推进。

在连续性城市规划的过程中，需要优先处理好最近几年的行动内容，而未来的进一步发展就是在这基础上的逐渐推进。具体步骤如下（图 4-7）。

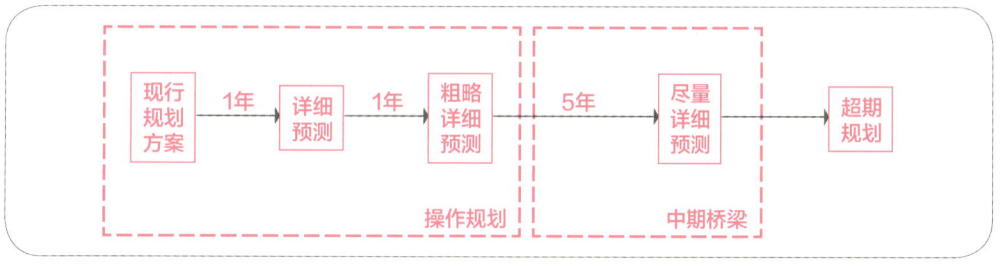

图 4-7　连续性城市规划步骤
资料来源：自绘

（1）首先详细预测即将面对下一年度，对第 2 年度为稍粗略的详细预测，再其后的 5 年则需尽量详细。接下来的每 1 年都应对这以 7 年为时间周期的规划通过补充新的 1 年以保持其完整。

（2）对最初的 2 年规划为操作规划（operating plan），连接了城市预算和市政

1.BRANCH M C，朱介鸣.连续性城市规划［J］.国外城市规划，1988（4）：24-28.

部门的具体实施工作，保证了长期规划与现实的紧密相关。

（3）其后的5年规划就起到"中期桥梁"（middle-range bridge）的作用，此阶段是除了最近2年之外最容易预测的时间周期。这段时间内，有些内容可以保持不变，有些内容则需要不断地检测、调整和改进。

（4）在7年周期之外，有些特定规划需要有较长的时间进行设计、建设和运行等，往往需要远远不止7年的时间，因此还需要考虑制订超越此期限的规划。

4.2.4 倡导式规划、沟通式规划、协作式规划

1. 倡导式规划

倡导式规划（Advocacy Planning）的概念由达维多夫（Paul Davidoff）和赖纳（Thomas A.Reiner）于1962年发表的《规划的选择理论》（"A Choise Theory of Planning"）一文中提出，并在达维多夫于1965年发表论文《规划中的倡导性和多元论》（"Advocacy and Pluralism in Planning"）中继续深化了倡导性规划过程中的方法和技术问题。倡导性规划是一种基于广泛参与和社会动员的规划方法，旨在促进公民参与和民主决策，从而达成共识，并实现城市或社区的可持续发展的规划方法，强调社会的参与和共同决策，以确保规划的合法性、公正性和可持续性。倡导性规划认为，规划工作是不可能完全没有价值取向的，规划也绝不是一种纯粹技术性和客观性的过程。规划师无论处在怎样的团体和组织中，都难以保持完全中立的状态而追求纯粹的技术理性。规划师应当有意识地接受并运用多种价值判断，以此来保证某些团体和组织的利益，从而担当起社会利益代言人的职责[1]。

倡导式规划的内容主要包括：①广泛的社会参与；②民主决策和共识达成；③问题导向和目标导向并重；④注重社区建设和自我管理；⑤强调规划过程的透明度和公开性，确保规划的合法性和公正性。

2. 沟通式规划

哈贝马斯（Habermas）于20世纪80年代提出的沟通理论，认为规划师的日常工作是沟通性质的，规划师的一个重要职责就是促进弱势群体的参与。在这一背景下，西方规划理论出现了"沟通转向"，逐步建立起沟通式规划的基本

---

1. 王凯. 从西方规划理论看我国规划理论建设之不足［J］. 城市规划, 2003, 27（6）: 66-71.

框架，规划师的角色也转变为对不同利益群体间关于规划的议题进行评判的协调者[1]。

1995 年，约翰·福雷斯特及因尼斯在哈贝马斯沟通理论基础上提出了沟通式规划（Communicative Planning），也称为联络性规划。沟通式规划的对象不是针对普通公众，而是针对规划师这一特殊的公众群体，其基本观点是规划师在决策过程中应该发挥更为独到的作用，以改变那种传统的被动提供技术咨询和决策信息的角色，运用联络互动的方法以达到参与决策的目的。沟通式规划强调"沟通性和交互式实践"，工作重心是组织相关利益决策者的有效沟通。因此，规划师个人的沟通和协商技术在其推荐规划方案时将变得十分重要，甚至将直接影响规划政策和方案的实施。

沟通规划过程是动态的，在相互沟通理解正式与非正式信息的过程中，参与决策的各方逐步形成共识，形成基于在地问题的解决方案。因尼斯列出了沟通式规划的七条原则：①所有议题中重要利益的代表者都必须到场；②每一个利益相关者都必须充分和平等地被告知并能够代表其利益；③在讨论中所有参与者必须被平等赋权，场外的权力差异不能决定谁来发言和倾听；④讨论必须根据好的理由得到持续开展，以使好的论辩的力量成为重要的动态；⑤讨论的所有主张和假设都允许被质疑，或所有约束能被检测；⑥过程中必须使参与者尽可能接近发言者的主张，因此，要满足真诚性和真实性、合法性、可理解性和准确性的要求；⑦团队应寻求共识。

3. 协作式规划

20 世纪 90 年代，帕齐·希利（P. Healey）提出协作式规划（Collaborative Planning），被认为是沟通式规划的后续发展模式。希利将规划定义为一种管治的途径，协作规划则与"制度能力""管治"等概念联系起来，重点关注基于地域的管治转型过程[2]。协作式规划理论强调优化规划的制度化的设计以及地方性的知识积累。协作式规划强调，须邀请规划的相关利益决策者共同建立协调平台，进入规划程序，共同体验、学习、变化和建立分享意义的过程，要求相关利益决策者采用辩论、分析与评定（argumentation，analysis，assessment，简称 AAA）的方法，通过合作达成共同目标。

---

1. 王丰龙，陈倩敏，许艳艳，等 . 沟通式规划理论的简介，批判与借鉴 [J] . 国际城市规划，2012，27（6）：82-90.
2. 希利，刘佳燕 . 以城市规划的协作方法建构制度能力 [J] . 国际城市规划，2008，23（3）：35-43.

协作式规划的内容主要包括：①广泛的利益相关者参与；②共同制定规划目标；③共同制定规划方案；④资源整合与合作机制探讨；⑤共同监测与评估；⑥解决利益冲突与分歧；⑦建立合作伙伴关系。

倡导式规划、沟通式规划与协作式规划的比较如表4-5所示。

表4-5　倡导式规划、沟通式规划与协作式规划的比较

倡导式规划	沟通式规划	协作式规划
规划师应当清楚地表明自己的立场，充当不同利益团体的代言人	规划师在决策过程中应该发挥更为独到的作用，以改变那种传统的被动提供技术咨询和决策信息的角色，运用联络互动的方法以达到参与决策的目的	须邀请规划的相关利益决策者共同建立协调平台，进入规划程序，共同体验、学习、变化和建立分享意义的过程
提倡通过不同的"选择"来决定适当的未来行动的过程	强调"沟通性和交互式实践"，认为规划师个人的沟通和协商技术十分重要	要求利益相关决策者采用辩论、分析与评定（AAA）的方法，通过合作达成确定目标

资料来源：作者整理

4.3　规划调查方法

对于"人地关系"的深入理解是国土空间规划能够真正落实落地的关键。因此规划调查方法中，既有对于"人"的社会调查方法，又有针对于"地"的空间调查方法，以及深入理解"人地关系"的实地调查方法，三者共同支持国土空间规划过程中的数据获取工作。

4.3.1　社会调查方法

社会调查研究是人们有目的地通过对社会事物或社会现象的考察、了解和判断、分析、研究，以认识该事物或现象的本质及其发展规律的一种自觉活动。社会调查方法则是收集和处理社会资料或数据一种基本方法和技术手段。国土空间规划作为一门实践性学科，社会调查方法在其理论研究与实践工作中已经得到普遍重视和应用。常用的社会调查研究方法包括观察法、注记法、访谈法、

问卷法等。

（1）观察法。指根据特定研究课题的需求，调查者运用自己的感官（眼睛、耳朵等）和科学化的辅助工具直接考察研究对象。这种方法使得调查者能够深入实际，直接了解处于自然状态下的社会现象，从而获取第一手、未经加工的真实资料。该方法在具体运用中，可进一步细化为完全参与观察、半参与观察以及非参与观察。在完全参与观察中，观察者完全融入被观察的人群中，以其中一员的身份参与活动，并在群体的日常互动中进行细致的观察。在半参与观察中，观察者则以半参与者半观察者的身份介入，既保持一定的客观性，又能够深入体验群体的活动，从而进行有针对性的观察。在非参与观察中，观察者则完全置身于被观察群体之外，以局外人或旁观者的视角，对群体的行为、互动进行无干扰的观察。

（2）注记法。指调查者通过拍照、录像、现场记录等方式，将被调查者在特定时间、特定地点发生的活动用代码标记在一张按一定比例绘制的地图上。这种方法的核心在于将空间信息与时间信息相结合，以可视化的方式展现被调查者的活动轨迹、空间分布以及可能的行为模式。详细的现场记录包括活动内容、参与人数、活动时长等信息。在标记地图时，调查者会根据预先设定的代码系统，将不同的活动类型、参与者特征以及时间信息用特定的符号或颜色表示，在地图上直观地展示出在特定时间段内被调查者在各个地点的活动情况。

（3）访谈法。指调查者通过口头交谈等方式直接向被调查者了解或探讨有关城市社会问题，具体又可细分为标准化访谈和非标准化访谈。标准化访谈，亦称为结构式访谈，是指使用统一设计、具备固定结构的问卷进行的访谈。在此过程中，调查者需对访谈对象的选择标准与方法、访谈问题内容、提问方式及顺序，以及被访者的回答记录方式等进行详尽的统一规划。这种方式的优势在于便于对访谈结果进行统计分析和定量研究，同时也便于对不同的访谈结果进行横向对比。相对而言，非标准化访谈，也称为非结构访谈，则是基于特定的调查目的和大致的调查提纲进行的。在此方式中，对于访谈中所涉及的问题，仅设定了基本的要求，而问题的提问方式、顺序等并无严格统一规定，调查者可根据实际情况灵活调整。这种方式的灵活性有助于激发调查者和被访者之间更主动、具有创造性的交流，也有助于发现在设计之初未被考虑或预测到的新事物，为后续深入探究调查问题提供了可能。

（4）问卷法。指调查者通过统一设计的、具有一定结构的问卷向被调查者了解有关社会问题，具体又可细分为自填式问卷调查和代填式问卷调查。按照问卷传递方式的不同，自填式问卷调查包括邮政问卷调查、报刊问卷调查、送发问卷调查和网络问卷调查。前三者都是通过对应的物理方式将问卷发送到被调查者手中，被调查者再按照规定的要求和时间填写完后寄还给调查者。网络问卷调查则是利用现代高科技信息手段，通过互联网这一便捷渠道，将问卷直接发送给调查对象。被调查者只需按照指示填写问卷，既可以选择将其发送至指定电子邮箱，又可以直接在网络平台上完成答案的填写，根据事先设定的统计程序可即时查看调查结果。代填式问卷调查包括访问问卷调查和电话问卷调查。访问问卷调查中，调查者会亲自与被调查者面对面交流，依据预先设计好的问卷逐项提出问题，并随后根据被调查者的口头回答来逐一填写问卷。电话问卷调查则是指调查者通过拨打电话的方式，与被调查者进行远程沟通，根据统一设计的问卷内容向被调查者提出问题，然后再由调查者根据被调查者的电话回答来填写问卷。

以上四种调查方法各有利弊，简要概括为表 4-6。

表 4-6 各种问卷调查方式优缺点比较

比较项目		调查范围	调查对象	影响回答因素	回答质量	回复率	人力、时间、费用成本
自填式	邮政	较广	有一定控制和选择，回复问卷的代表性无法估计	难以了解、控制或判断	较高	较低	较少、较长、较高
	报刊	很广	难以控制和选择问卷回复代表性差	无法了解、控制或判断	很高	很低	较少、较长、较低
	送发	窄	可控制和选择，问卷回复代表性集中	有一定了解、控制或判断	较低	高	较少、较短、较低
	网络	很广	难以控制和选择，回复问卷的代表性无法估计	无法了解、控制或判断	不稳定	不稳定	较少、可长可短、较低
代填式	访问	较窄	可控制和选择，问卷回复代表性较强	便于了解、控制或判断	不稳定	高	较多、较短、较高
	电话	可广可窄	可控制和选择，问卷回复代表性较强	不便于了解、控制或判断	很不稳定	很高	很多、较短、较高

资料来源：水延凯.社会调查教程［M］.北京：中国人民大学出版社，2003.

4.3.2 空间调查方法

空间调查方法是从遥感解译、多源数据融合、人工智能地理信息综合应用等方面，开展国土空间调查及其综合应用。其中，遥感解译方法是利用传感器获取数据、通过科学的解译方法获得有用的地物信息，具体方法有目视解译、人机交互解译和影像智能解译（自动解译）。

（1）目视解译。属于一种传统的遥感解译方法，即基于人的经验和知识，综合利用地物特征和解译标志，识别和分类图像中的目标。这种方法强调人类视觉和认知的参与，适用于那些难以通过自动化方法识别的复杂或细微特征的识别。目视解译的优势在于其灵活性和适应性，解译员可以根据具体情况调整解译策略，但同时也受限于解译员的专业水平和主观判断。

（2）人机交互解译。指利用计算机高速的数据、图像编辑和处理能力，协助解译人员以遥感数字影像为基础信息源进行综合判读。这种方法结合了计算机的数据处理能力和解译员的专业知识。通过使用专业的遥感软件，解译员可以对遥感图像进行编辑、增强和分析，以辅助识别和分类地物。人机交互解译的优势在于它可以处理大量数据，并提供更精确的解译结果。此外，这种方法还可以通过算法优化和自动化工具提高效率，减少人为错误。

（3）影像智能解译，又称自动解译，是近年来随着人工智能技术的发展而兴起的一种遥感解译方法。影像智能解译技术作为遥感解译的先进领域，通过结合计算机视觉和机器学习算法，能够自动化地分析和解读遥感图像。这一技术的开发依赖于充足的训练数据集以及算法的精细调优，旨在构建高效的解译模型。一旦模型训练完成并投入使用，它能够迅速地处理大量遥感图像，大幅提高解译效率，同时显著降低人力和时间成本。

4.3.3　实地调查方法

实地调查也称田野调查，包括实地踏勘观察、座谈、访问访谈等形式，相较于资料收集和书面形式的调查，实地调查能够最直观、深入、详细了解待规划地区概况、发展现状和建设风貌，便于规划工作者获取第一手资料和信息。实地调查的内容，包括实地踏勘观察调查对象所处区域环境、自然地形地貌、气候、生态环境、国土空间用途、建设风貌和社会文化氛围等，与相关部门单位、机构进行面对面座谈，以及开展重点人群的访问、访谈和入户调查等。但实地调查受限于空间距离和时间，在较宏观的规划研究中往往难以覆盖全部规划范围，需要提前筛选出具有针对性和代表性的调查对象，这样的实地调查才能确保质量（图4-8）。

图4-8 实地调查在规划中的应用
资料来源：王波提供

4.4 规划分析评价方法

对于规划调查方法所获得的调查信息和数据，需要使用合适的方法对规划实施对象进行分析与评价，为规划决策的制定提供实证支持。

4.4.1 规划分析方法

常用的规划分析方法分为三类：数理统计法、空间统计分析法、数据可视化法。

（1）数理统计法。以概率论为基础运用统计学的方法对数据进行分析，研究导出其概念规律性。主要研究随机现象中局部与整体之间，以及各有关因素之间相互联系的规律性。主要是利用样本的平均数、标准差、标准误差、变异系数率、均方、检验推断、相关、回归、聚类分析、判别分析、主成分分析、正交实验、模糊数学和灰色系统理论等有关统计量的计算来对实验所取得的数据和测量、调查所获得的数据进行有关分析研究得到所需结果的一种科学方法。此外，分析规划要素之间的相关性和影响时，最常用的是相关分析和回归分析。相关性分析是依据相关系数及其显著性，判断变量两两之间相关性的正负和强弱，包括 Pearson 相关、Spearman 相关（秩相关）、偏相关和复相关等。回归分析是探索有相关性的两个或多个变量之间的影响程度及其显著性，以及回归模型是否具有预测能力。将预测变量作为因变量（被影响变量），将一个或多个变量视为自变量或影响变量，根据模型的回归系数及其显著性判断自变量对因变量的影响程度，根据模型拟合优度判断一个或多个自变量对因变量的解释程度。自变量和因变量之间是线性关系时，自变量只有一个，称之为一元线性回归；自变量有多个，称之为多元线性回归；当前因变量是分类变量时，称之为 Logistic 回归。自变量和因变量之间是非线性关系时，通常使用对数、指数等函数对自变量或（和）因变量进行变换，然后使用线性回归分析。

（2）空间统计分析法。主要针对具有空间分布或空间位置属性的数据进行，包含空间数据的统计分析和数据的空间统计分析。①空间数据的统计分析：着重于空间物体和现象的非空间特性的统计分析，解决的一个中心议题就是以数学统计模型来描述和模拟空间现象和过程，通过常用的数理统计方法进行测度，用到的基本统计量有反映集中趋势的平均数、中位数、众数；反映离散程度的极值、极差、离差、平均离差、离差平方和、方差、标准差、变差系数；反映分布形状的偏度、峰度；反映其他特征的总和、比率、种类、比例等。②数据的空间统计分析：直接从空间物体的空间位置、联系等方面出发，研究既具有随机性又具有结构性，或具有空间相关性和依赖性的自然现象，其核心就是认识与地理位置相关的数据间的空间依赖、空间关联或空间自相关，通过空间位置建立数据间的统计关系。空间自相关可以分为全局空间自相关和局部空间自相关两种类型。全局空间自相关描述整个研究区域的空间分布模式，而局部空间自相关则用于描述局部区域的空间异质性。度量空间自相关常用的统计指标包括 Moran's I 指数和 Geary's C 指数、标准差椭圆及其长半径方向等。考虑空间自相关的回归模型，最常用的是地理加权回归（GWR）及由其衍生的多尺度地理加权回归（MGWR），核心是根据样本在空间上的分布及其自相关性，使用多种权重函数确定带宽，从而抽取最佳的样本量进行回归建模。

（3）数据可视化法。就是把数据组织成容易被人理解和认知的结构，然后用图形这种更形象的方式呈现，其核心就是将抽象概念进行形象化表达，将抽象语言进行具象图形可视化。规划中常用到的是可视化为图表与地图，也伴有数据挖掘。可视化为图表类可用 Echart、AntV、Excel、Hlghcharts；可视化为地图可用 ArcGIS、GeoDa；数据挖掘类的可视化，主要是针对大数据的清洗和分析结果，将其更加直观地可视化表达，常用 Python 和 R 语言进行，以及大数据专用的分析工具。

4.4.2 规划评价方法

在规划评价中常用模糊综合评价法、层次分析法、德尔斐法、极限条件评价法。

（1）模糊综合评价法。作为一种基于模糊数学的综合评价方法。该综合评价法根据模糊数学的隶属度理论把定性评价转化为定量评价，即用模糊数学对受到的多种因素制约的事物或对对象做出一个总体的评价。它具有结果清晰，系统性强的特点，能较好地解决模糊的、难以量化的问题，适合各种非确定性的问题。一般有以下几个步骤：一是构建模糊综合评价指标，这是进行综合评价的基础，评价指标的选取是否适宜，将直接影响综合评价的准确性；二是构建权重向量，可通过专家经验法或层次分析法构建好权重向量；三是构建隶属矩阵，建立适合的隶属函数从而构建隶属矩阵；四是合成隶属矩阵与权重，采用适合的合成因子对其合成，并对结果向量进行解释。

（2）层次分析法。将与决策总是有关的元素分解成目标、准则、方案等层次，在此基础之上进行定性与定量分析的决策方法。其特点是在对复杂的决策问题的本质、影响因素及其内在关系等进行深入分析的基础上，利用较少的定量信息使决策的思维过程数学化，从而为多目标、多准则或无结构特性的复杂决策问题提供简便的决策方法。尤其适合于对决策结果难于直接准确计量的场合。一般步骤为：建立层级结构模型，将有关的各个因素按照不同属性自上而下地分解成若干层次，最上层为目标层，最下层通常为方案层或对象层，中间通常为准则或指标层；二是构造成对比较阵，从层次结构模型的第 2 层开始对于从属于上一层的每个因素的同一层诸因素，用成对比较法和 1—9 比较尺度构造成对比较阵，直到最下层；三是构造判断矩阵，就是对各因素的重要性评定等级，两两比较的值记为第 X 因素和第 Y 因素的重要性之比，这些结果构成的矩阵就是判断矩阵；四是计算权重向量，对于构造出的判断矩阵可求出最大特征值所对应的特征向量然后归一化作为权重；最后是一致性检验。

（3）德尔斐法。用书面形式广泛征询专家意见以预测某项专题或某个项目未来发展的方法，又称专家调查法。德尔斐法的特点是根据专家的经验和主观判断，对大量无法定量分析的因素进行统计估算，并将估算结果告诉专家，逐步使分散的评估意见收敛，充分发挥信息反馈和信息控制的作用，最后集中在协调一致的评估结果上。其一般步骤为：明确咨询任务；汇集背景资料；设计咨询调查表；初步选定咨询专家名单；初次联系专家发出邀请；确定专家名单；发出第一轮咨询和说明性资料；统计处理分析；修改进行第二轮咨询；专题联系，根据不同情况深入征求意见，确定咨询结果。一般进行 2~3 轮。

（4）极限条件评价法。以系统工程中的"木桶原理"（短板原理）为理论基础，注重主导限制因子的功能，最终的评价结果取决于最差因子的质量。常用于土地复垦潜力评价，这种方法普遍使用，但是最大的缺点就是评价出的结果可能比实际等级偏低，是因为往往某种限制因素的出现造成评价结果不完全符合实际，而这种方法只将某个主导因子作为评价结果，所以得到的结果往往比较简单、单一和保守。

4.5 规划预测方法

国土空间规划是横跨"过去""现在"和"未来"的一项长时序系统性工作：既需要依靠对已有事物的分析总结科学规律和实践经验，又需要着眼于发展现状提出切实可行的实践方案，更需要掌握目标要素的未来发展动向以保证规划实施的前瞻性和有效性。本节聚焦规划领域相对成熟的预测方法，涵盖人口、用地和产业经济三大基础方面。

4.5.1 人口预测方法

人口预测是对未来人口总量与人口结构发展趋势的综合判断。人口预测需要根据过去人口发展趋势、现有人口状况，并考虑未来时期内可能发生的某些变化，对未来人口发展做出测算。人口预测既要遵循人口发展的客观规律，又要考虑影响人口变化的各类资源环境因素与经济社会条件，同时也要保证预测方法的可操作性和相关数据的可得性[1]。

在国土空间规划中，人口预测是城乡建设用地、基础设施和公共服务配置的主要依据。国土空间规划中的人口预测包括区域人口总量预测、人口结构预测、人口城镇化率预测、迁移人口预测和设施服务人口预测等内容。

1. 区域人口总量预测方法

人口总量预测有趋势外推法和约束性预测两类方法，基于短板原理，使用约束

---

1. 王学义，曾祥旭. 对我国近年来人口预测研究的述评［J］. 理论与改革，2007（6）：157–160.

性预测的结果对趋势外推法的预测结果进行校核。

1）趋势外推法

趋势外推法利用人口增长的数学模型拟合历史人口趋势，将拟合的人口增长曲线外推至未来时期。常用的人口增长的数学模型主要有四种：线性增长、几何增长、指数增长和逻辑斯蒂增长[1]。其中，线性增长是假定规划期人口将按过去一段时期的趋势，人口年增量（或减少数量）不变。人口的几何增长模型假定人口增速不变，即规划期人口将按当前或过去一段时期的年均人口增长率持续增长。以上两种模型适用于人口平稳增长的地区。指数模型法假定规划期人口增长率将随人口规模增大而成比例提高，适用于人口加速增长的地区。逻辑斯蒂模型与以上三种数学模型不同，它假定人口增长受到特定因素的限制，从长时期刻画了初期人口增长缓慢、中期加速、后期人口增长再次减缓的 S 形曲线。

2）关联性预测方法

人口总量预测还可以利用人口变量与非人口变量（如经济因素）之间的关系进行人口预测，常见的有经济相关法和就业带眷法。经济相关法是根据历史数据，拟合当地人口规模与经济总量（GDP）或经济发展水平（人均 GDP）的函数关系，适用于经济增长和结构调整均保持平稳且经济预测较为准确的地区。就业带眷法是根据规划期末经济规模、产业结构、技术水平等状况，预测从业人员数量，进一步拟定合理的带眷系数，预测总人口，适用于新建产业园区或产业新城的人口预测。

3）资源承载力法

资源承载力法基于建设用地、生态用地、水资源等自然资源的开发潜力或指标分配情况，选用合理的人均资源标准，预测规划期末的人口规模。

承载力的概念源于物理学，随着城镇化发展中城市环境恶化和人口膨胀等问题的出现，承载力被应用到可持续发展领域。联合国教科文组织提出，人口容量是在可预见的时期内，利用本地的能源、其他资源和智力、技术等条件，在保证符合其社会文化准则的物质生活条件下，国家或地区所能持续供养的人口数量[2]。综合考虑影响人口容量的多种资源（如土地资源、水资源等），分别分析每种资源的人口承载力，综合得出区域的人口容量。以水资源为例，基于地区可利用的生活用水总量和居民用水定额，可以进行"以水定人"的计算，其中生活用水可利用量根据地区水资源可利用总量和生活用水占比计算。

---

1. 国家统计局人口和就业统计司，中国人民大学社会与人口学院. 人口和就业统计分析技术［M］. 北京：中国统计出版社，2012.
2. UNESCO & FAO. Carrying capacity assessment with a pilot study of Kenya: A resource accounting methodology for sustainable development［R］. Paris and Rome, 1985.

2. 人口结构预测方法

除了人口总量预测，人口结构预测，尤其是人口年龄结构的预测能够为更加精细的规划决策提供参考，为不同年龄群体的服务设施需求预测和设施配置提供规划依据。队列要素法是人口年龄结构预测中广泛使用的方法，其基本原理是人口平衡方程：人口变化是由出生、死亡和迁移流动三个因素决定的，预测关键在于对各地区未来发展中人口生育、死亡和迁移流动可能出现的变化态势的判断[1]。

$$P_1 = P_0 + (B–D) + (I–E)$$

式中，P_1是预测末期某地的总人口，P_0是预测基期某地的总人口，B为预测期内出生人口，D为预测期内死亡人口，I为预测期内迁入该地的人口，E为预测期内迁出该地的人口。

队列要素法本质上是模拟人口自然增长的过程，将基期人口分解为不同年龄性别的各个队列，按照对未来年龄别死亡率、育龄妇女生育率和迁移率的设定，对不同队列的人口进行逐年移算，推算出规划期末的年龄别人口数（图4-9）。预测步骤具体包括建立生命表、构造存活转移矩阵、建立生育模型和汇总计算总人口[2]。队列要素法的优势在于考虑了引起人口变化的三要素，并能够体现当前的人口年龄结构对于未来人口增长的影响，而不是仅从总量上关注人口增长的趋势，该方法适用范围较广、预测结果更加丰富。

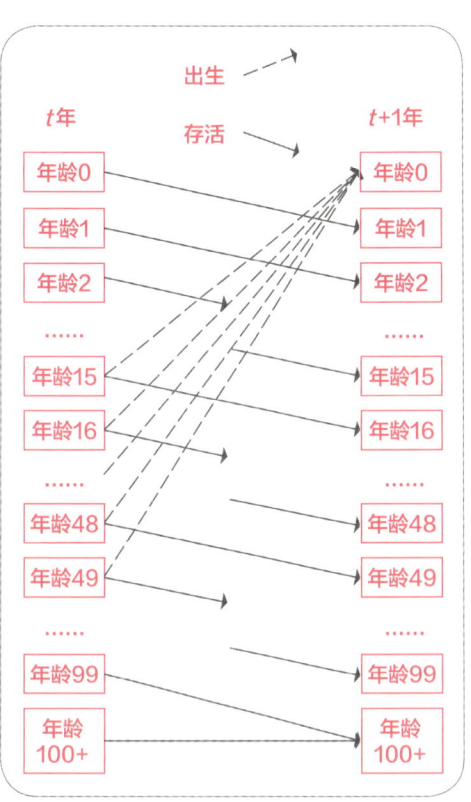

图4-9 队列要素法推算人口年龄结构示意
资料来源：王广州.人口预测方法与应用［M］.北京：社会科学文献出版社，2018.

3. 人口城镇化率预测方法

城镇和乡村人口预测是城乡用地指

---

1. 国家统计局人口和就业统计司， 中国人民大学社会与人口学院.人口和就业统计分析技术［M］.北京：中国统计出版社，2012.
2. 王广州.人口预测方法与应用［M］.北京：社会科学文献出版社，2018.

标分配的重要依据。在总人口预测的基础上，城镇人口的预测一般转化为对城镇化率的预测。常用的城镇化率预测方法有百分比变化率法和联合国法[1]，前者相对简单，基于历史时期的城镇化率的年均变化，并根据对规划期内地区城镇化发展趋势的判断，直接推算规划期末的城镇化水平。联合国法的基本依据是：城镇人口的增长率高于乡村人口，假设在一定的城乡人口增长率之差持续相当时间的情况下，城市化进程曲线近似于逻辑斯蒂曲线。

4. 迁移人口预测方法

在影响人口变动的出生、死亡和迁移三要素中，迁移人口是预测中的难点。因为在短期内，迁移的变化比生育、死亡更加不稳定和剧烈，受到经济社会发展和政策变化的影响更大更快[2]。对于流动人口的预测，基于历史数据的趋势外推法和基于人口学方法的年龄移算法可能都不适合。关联性预测方法是利用人口变量和非人口变量之间的关系进行人口预测，经济—人口模型是使用较多的方法，一般依据历史数据、利用回归分析建立人口与经济变量之间的关系模型，基于对经济变量的预测结果（或地方确定的经济发展目标），进行人口预测。关联性预测方法适用于迁移人口的预测，适用条件是经济增长和结构调整均保持平稳且经济预测较为准确的地区。

5. 设施服务人口预测

上述的常住人口预测是人口预测的强制性内容。此外，可根据城市发展特点，预测度假、旅游、商务、过境等各类活动人口，作为设施和服务配置的参考。

人口流动性强的全国或区域性中心城市，可以结合常住人口、各类活动人口、城市的区域地位等因素，并考虑城市人口发展的不确定性，综合确定各类设施的服务人口，根据城市特点和发展趋势，预测各类活动人口的峰值和当量。住房和养老、基础教育等基本公共服务设施以满足常住人口需求为主。水、能源、安全、交通等设施需要满足实际服务人口的需求，考虑在常住人口基础上做一定的弹性预留。文化、医疗、高等教育、体育等高等级公共服务设施需要满足常住人口以及更大区域内人群的需求。

1.李玲，沈静，袁媛.人口发展与区域规划［M］.北京：科学出版社，2008.
2.国家统计局人口和就业统计司，中国人民大学社会与人口学院.人口和就业统计分析技术［M］.北京：中国统计出版社，2012.

4.5.2　用地预测方法

用地预测应统筹考虑地区发展条件和相关政策，充分衔接资源环境承载能力与国土空间开发适宜性评价成果，对建设用地及非建设用地的总量或分项用地进行科学、合理的预测。一般包括确定预测目的、制订预测计划、收集与检查基础资料、选择预测方法、分析预测结果误差、获取预测结果等步骤。

建设用地预测包括城乡居民点建设用地、区域基础设施用地、农业设施建设用地、其他建设用地等预测，重点考虑人口规模、经济发展和城镇化水平、投资规模与用地效益等因素，对各类建设用地进行预测，具体预测方法主要依据用地功能布局、用地定额指标、土地产出率、项目工程设计，以及特定的资源、环境、建设条件等予以综合确定。

（1）城乡居民点建设用地预测。主要包括城镇、农村居民点用地预测，预测范围应与城镇、村庄人口规模预测范围保持一致。城镇居民点建设用地预测应充分衔接相关规划要求，统筹考虑城镇职能、现状用地规模、人口规模、经济发展趋势等因素，合理确定人均建设用地控制指标、建设用地结构及新增城镇建设用地规模等控制性指标。村庄居民点建设用地预测应与镇村规划要求充分衔接，结合村庄调查、村庄整理迁并、生态移民等工作，统筹考虑村庄现状土地使用情况、土地及生态保护等政策要求、人口变动趋势和产业发展趋势等因素，合理确定人均村庄建设用地、新增村庄建设用地等控制性指标。

（2）区域基础设施用地预测。主要包括独立建设的交通、水利设施等建设用地预测。应以国民经济和社会发展规划等相关规划为基础，采用行业用地定额标准或土地产出率等指标。城乡居民点内的建设项目在用地需求量测算中应注意避免重复计算。

（3）农业设施建设用地预测。应与村庄建设、产业发展等相关规划协调和衔接，考虑村庄发展实际、产业发展需求等进行预测，一般包括农村道路和种植设施、畜禽养殖设施、水产养殖设施等设施农用地的预测。

（4）其他建设用地预测。一般包括城镇、村庄用地以外用于风景名胜、国防、涉外、宗教、监教、殡葬等风景名胜及特殊用地和采矿及盐田用地。有关主管部门应依据有关规划或已列入规划实施的建设项目及其用地范围，合理预测其用地规模。

（5）建设用地总规模预测。包括两种方法，一是将上述各类建设用地的规模预测进行汇总；二是根据人均建设用地指标或单位产值建设用地指标进行总量推算。

非建设用地的预测。主要包括耕地、林地、草地等的预测，主要考虑人口规模、作物产量、消费水平变化、农产品需求、碳排放预期及生态环境承载力等因素，一般可采取回归预测法、趋势分析法、时间序列法、粮食需求法、部门需求法等方法。

4.5.3　产业经济预测方法

产业经济预测是基于对实际数据或信息资料进行分析处理，探讨产业经济现象的内在规律，结合经济发展环境、经济社会发展规划和产业发展政策，科学地预测未来可能出现的地区产业经济发展趋势或所能达到的水平，包括经济规模预测以及产业结构预测。

（1）经济规模预测。经济规模预测是基于基础信息资料，采用科学方法手段，根据经济发展规律，对未来经济前景进行的预测，一般包括确定预测目的和期限范围、确定影响因素、收集和核查数据资料、确定预测模型和方法、误差分析与模型检验、生成结果等预测步骤。

经济规模预测可采取简化预测和增长模型预测两种思路。简化预测主要是根据经济规模的历史数据和影响因素判断，采用综合增长率法、时间序列法、回归分析法、增长曲线法、Logistic 模型等方法。增长模型预测可采用哈罗德 – 多马经济增长模型、新古典经济增长模型和新剑桥经济增长模型等，根据相关数据确定模型系数，从而进行经济规模预测。

预测内容一般可分为宏观经济预测和微观经济预测两类经济预测。宏观经济预测是指以国民经济、部门、地区的经济活动为范围进行的各种经济预测。宏观经济定量预测有许多方法，包括计量经济模型方法、宏观经济统计分析预测法、系统动力学模型与方法、投入产出分析方法、经济控制论模型与方法等。微观经济预测是指对个别经济单位生产经营发展前景的测算，研究微观经济中各项指标之间的联系和发展变化，如对工业企业所生产的商品总量、需求量、市场占有率、成本利润等指标的预测等，可根据需求确定预测指标，并依据行业标准规范、商品类型、工业企业发展趋势等定量预测发展情况，可通过定性研究辅助补充完善预测结果。

（2）产业结构预测。产业结构是影响地区经济发展的重要影响因素之一，精准、合理且高效的产业结构对于促进地区经济发展而言至关重要，受国家政策引导、地区资源禀赋、经济发展阶段、产业技术水平等多重影响。地区产业结构的转变与调整是工业化和经济发展过程的特征之一，主要涉及两方面，一是三次产业产值结构和就业结构的变动，二是产业内部结构的变动。预测应立足充分的市场调研，分析地区资源禀赋和产业结构演变规律，通过科学合理的预测技术，科学预判产业结构的演变趋势，一般采用定量模型预测以及案例比较分析两种方法。目前被广泛使用的预测模型包括马尔科夫模型、GM（1，1）模型、灰色系统理论、灰色神经网络模型等。案例比较是选择具有可比性的区域，把其产业结构进行修正作为预测结果。

4.6 规划设计方法

在规划方法模式所提供的理念指导下，规划设计方法更加聚焦于为规划过程提供系统性的技术框架，一般会提供具体的操作性指引。空间战略规划通过全局性和灵活性的决策，奠定了地方发展方向与资源配置的基础；行动规划则注重实际问题解决和实施路径的明确，为城市的动态发展提供了可操作的执行方案；而空间形态设计则通过对空间结构和形态的精细化管理，优化了城市和乡村空间的整体布局。这些方法不仅促进了国土空间的科学布局和可持续发展，也为不同层级的规划实践提供了具体的操作指南，确保了国土空间规划的系统性、协调性和可持续性。

4.6.1 空间战略规划方法

空间战略规划（Strategic Spatial Planning）是对一定区域范围内的未来发展中带有全局性、整体性、结构性、长远性问题所做的谋划和空间上的总体安排，重点关注未来发展方向和资源配置策略。空间发展战略的主要目的是促进地方各发展方向增长，通过区域性调配资源、建设基础设施以及营建完美的城市形象吸引投资。

空间战略规划通常有以下三大特点。一是突出决策性。区别于注重操作实施层面的城市总体规划、城市控制性详细规划等，空间战略规划更关注对城市发展中具有方向性、战略性重大问题的决策。二是强调灵活性。城市发展的变数越来越多，为应对未来的不确定性，空间战略规划的编制要求更灵活和富有弹性。三是非法定性规划。虽然有学者提出战略规划、总体规划、控制规划、详细规划的城市规划体系，试图将空间战略规划纳入法定规划体系，但到目前为止，空间战略规划在我国是非法定性的规划（尤其是在当前国土空间规划的背景下）。

尺度上，空间战略规划分为国家级、区域级和城市级三个层级。空间战略规划的编制主体多元化，包括空间规划专业人士、学术专家、政府官员、市民组织、私人机构等，更加强调对利益相关方价值判断的沟通与协调。对空间认识的改变使得编制主体的构成也开始发生演替。传统规划编制参与者往往主要是城市精英和政府官员，他们在推动地方经济过程中利益共享。这种规划通常仅有有限的参与，以让其看起来考虑了大众利益。而空间战略规划中公众参与过程是制定规划具体内容的优选方法，整个参与过程是目标与行动计划提出的基础，因而战略规划并非政府项目或政府管制力量作用的结果，其结果是政府机构与市民社会之间的一种政策契约。不同行为者之间通过各种社会关系网络进行互动。由于多主体的介入，编制方式也从精英人士对于未来蓝图规划设计的强调转向非线性的全过程沟通式规划模式。

编制内容上，空间战略规划是有选择性的，针对最重要的问题做出判断和抉择，通常侧重五方面：生态、社会、经济、管理、空间，更加强调通过综合性的政策实现规划目标。空间战略规划的成果体系包括三部分：传统文本报告、公众参与平台、实操性行动计划和项目试点。战略规划的基本框架通常包含基础研究、系统分析、目标与策略制定和实施研究四个主要部分。由于国情不同，境外空间战略规划的内容有所不同，如 2001 年伦敦战略规划的主要内容分为以下六个方面：伦敦在全球和欧洲中的地位（London's Global and European Context），2001 年的伦敦现状（London in 2001），伦敦面临的挑战（Meeting the Challenges），目标政策（Targeting Polices），推进的方法（The Way Forward）和实施规划的过程（The Process for Agreeting the Plan）。我国香港 2030 战略规划的主要内容由规划程序、规划远景与未来挑战、可选择的规划方案、规划策略及下一阶段行动、附件五部分组成[1]。《可持续发展的悉尼（2030—2050）延续愿景》（Sustainable Sydney 2030-2050 Continuing the Vision）主要内容由未来愿景、六项指导原则、十个发展目标、十大策略、转变的项目五部分组成[2]。

由于空间战略规划并非法定规划，无严格的编制程序规定，大体上可以总结为："现状与发展研究—目标确定—方案制定"三大阶段。布巴内斯瓦尔—克塔克构建了现状与发展趋势判断、问题识别、需求评估、目标编制四项内容的城市综合发展规划编制流程（图 4-10）。国内学者提出一种包含基础研究、系统分析、目标策略、实施研究四大板块的实践研究框架（图 4-11）。

---

1. 香港规划署. 香港 2030+：跨越 2030 年的规划远景与策略［EB/OL］.（2021-10-08）［2024-04-05］. https：//www.pland.gov.hk/pland_en/p_study/comp_s/hk2030plus/SC/about_a.htm.
2. City of Sydney. Sustainable Sydney 2030-2050 Continuing the Vision［EB/OL］.（2023-04-12）［2024-04-05］. https：//www.cityofsydney.nsw.gov.au/sustainable-sydney-2030-2050.

第 4 章 国土空间规划方法论

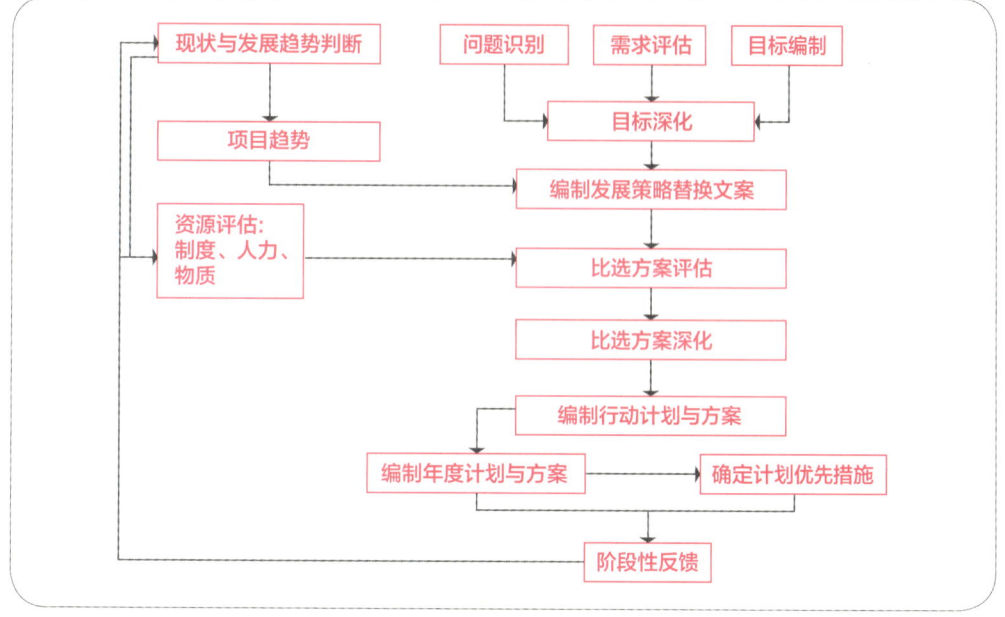

图 4-10 布巴内斯瓦尔—克塔克的城市综合发展规划编制流程
资料来源：林丹，罗彦．从远景到愿景——空间战略规划的复兴与编制内容方法分析［J］．国际城市规划，2015，30（5）：31-40.

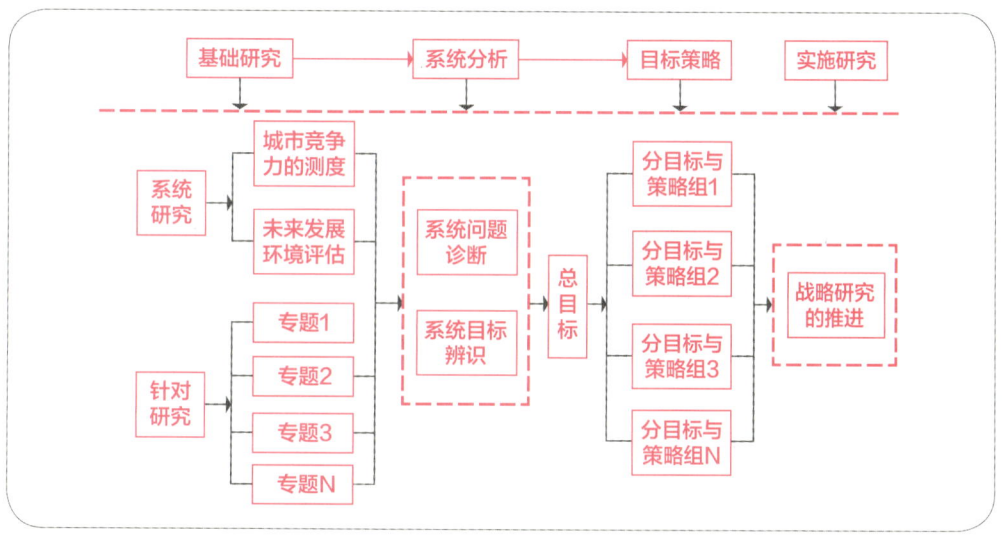

图 4-11 国内空间战略规划的研究框架
资料来源：王雅娟，张尚武．空间战略规划——在实践中寻求超越［J］．城市规划汇刊，2003（1）：7-12.

专栏4-5 广州市空间规划案例

　　改革开放后，广州的经济社会发展所取得令世人瞩目的成就。进入 21 世纪，广州的城市发展却面临区域竞争加剧、旧城改造失当、空间扩张无序等一系列突出的矛盾。这些困扰广州城市发展的问题，迫使广州重新考虑建立新的整体发展框架，使得广州能够充分利用和挖掘自身的自然与人文资源优势，实现"争创新优势，更上一层楼"的发展目标。在这种情况下，广州市政府决定组织开展广州总体发展概念规划咨询，以构造适应新经济时代的发展理念，为广州城市总体发展提供策略性研究框架。

广州市是国内最早制定城市空间战略规划（当时称为广州市总体发展概念规划）的城市之一，其空间战略规划由以下几个部分组成[1,2]。

（1）分析挑战与机遇。分析了挑战来自区域、机遇孕于区域、挑战源于自身、对策基于发展四个方面的先决条件。

（2）制定城市发展目标。提出了区域合作的城市、充满活力的中心城市、适宜居住的山水家园城市、具有历史传统的国际性城市四个发展目标。

（3）建立区域空间结构。建立了未来的城市空间、市域土地利用要点、地域结构的新空间秩序，构想了"一江多岸、巨型绿心"的空间结构。

（4）开展相关专项研究。

城市合理容量分析：根据广州市资源的丰富程度、气候条件、资源开发利用的深度及社会物质生产和消费水平等，确定城市合理的人口容量和土地容量。

城市产业发展研究：针对广州现行产业结构、产业发展政策中存在的问题，通过对城市重要产业区之间的关系及在城市中的定位的分析，提出广州未来产业调整的方向、模式及空间布局。

城市生态建设研究：由于城市环境的超负荷使用和废气、废水、噪声等产生的环境污染问题，多年来一直阻碍着广州城市的发展，规划重点研究城市土地利用适宜度，借助土地生态潜力和土地生态限制的分析，划定优先发展地区、从缓发展区、不可建设区等。

重大交通设施和网络规划：结合广州市行政边界、功能结构、产业结构的调整，从区域角度对现有的重大对外交通设施、主干道、轨道交通网络的布局及规划进行评价，并提出调整与改善的建议。

信息化、网络化建设与城市发展研究：21世纪是全球化、信息化的时代，通信和信息通道的建设将引发城市功能的变迁。广州能否适应经济信息化、知识化的宏观趋势，成为华南地区乃至更大范围的信息控制协调中心？这将取决于广州能否及时调整城市发展策略，重视通信和信息通道的建设，以适应信息

---

1. 广州市城市规划勘测设计研究院 . 城市战略规划［M］. 北京：中国建筑工业出版社，2006.
2. 王蒙徽，段险峰，田莉，等 . 广州城市总体发展概念规划的探索与实践［J］. 城市规划，2001（3）：5-10.

化浪潮对城市的影响和冲击。规划可对此进行区域性的、宏观层面的研究并提出相应的策略建议。

城市整体空间形象规划：多年来，城市的大规模开发和改造适应了经济高速发展的需求，但同时也造成了城市空间的混乱、无序及缺乏可识别性，使广州的城市形象正在丧失自己的个性。规划研究可从城市整体、次区域、城市重点地区、重大公共建筑布局等层次出发判读，理解与重构广州城市空间形态的框架，为创造具有整体感、层次感与序列感的城市空间形象提供宏观指引。

4.6.2　行动规划方法

行动规划（Action Plan）较早出现在英国的城市规划体系中，它以解决问题和实施行动为导向，根据特定的规划目标或针对专项实施行动，统筹组织各项资源，制定具体行动纲领和实施步骤。行动规划是基于可行性的规划，它以市场需求为导向，充分考虑地区各方面的利益关系，采用项目化和时序化这一务实的规划方法，规划成果强调可操作性和动态性。

行动规划是基于全局，突出重点，以重点可实施项目为纲领的行动方案，它同时关注市场的有效性和公众利益，强调基于长远目标和近期项目的可实现性和可操作性，根据现实的发展环境，做出符合远景目标的行动纲领和实施步骤。行动规划指向城市近期项目的规划实施，具有以下五个特点：一是以需求为导向，通过当下及未来实际开发项目，调控与引导城市的发展；二是规划方案的项目化，通过提出具体项目，提高规划方案的可行性和可实施性；三是开发方案的时序化，针对开发项目，提出大体的开发周期安排；四是以近期为主，对中远期项目仅提出比较粗线条的概念；五是动态弹性规划，随着时间的推移，项目的周期会发生变化，面临的条件也会发生改变，因此需要不断地调整、更新。

行动规划兼具问题导向和目标导向的特性，强调实施的可行性和综合效益最大化。行动规划并非法定规划，行业主管部门及业界对其主要内容没有统一的标准。其编制内容通常包括：当地情况调查访谈、规划地区优劣势分析、提出开发项目及其可行性分析、规划方案制定、开发时机及时序建议、效益分析、项目招商及城市营销建议。

以《悉尼行动规划2023/24》（*Operational Plan 2023/24, City of Sydney*）为例，规划包括简介，关于悉尼市，战略、目标和行动，十大战略方向，财税政策，共五个方面的主要内容（表4-7）。

表4-7 《悉尼行动规划2023/24》主要内容

序号	主要内容	具体内容
1	简介	我们的行动计划；实现可持续发展的悉尼2030—2050；关于悉尼
2	关于悉尼市	综合规划和报告框架；战略背景；我们的组织；悉尼市的安全
3	战略、目标和行动	跟踪进展；社区福利指标；措施
4	十大战略方向	负责任的治理和管理；卓越的环保表现；人人享有公共场所；卓越设计和可持续发展；一个步行、骑行和公共交通的城市；建设公平包容的城市；韧性和多样化的社区；繁荣的文化和创意生活；转型创新经济；人人有房
5	财税政策	预算和财务时间表；资助和赞助计划；利率；费用及收费；收费一览表

资料来源：改自《悉尼行动规划2023/24》

《悉尼行动规划2023/24》的工作原则是规划—行动—检测—行动（PLAN—DO—CHECK—ACT）。行动规划为每个策略制定了具体的行动方案，如人人享有公共场所的策略中，对于体现土著历史与文化，制定了如表4-8所列的行动方案。

表4-8 在公共领域凸显原住民的历史和文化

行动	行动项目与计划	责任方
原住民和托雷斯海峡岛民在塑造这座城市方面应有影响力	与相关利益相关者协商，制定框架/战略，以协助规划城市，解决和实施与国家相关的原则	总指挥部办公室

资料来源：改自《悉尼行动规划2023/24》

4.6.3 空间形态设计方法

空间形态设计是城市设计的核心内容，主要通过对空间形态基本元素形式及构成关系的统筹协调，优化空间布局结构以适应各类功能需求，包括二维和三维两方面。根据国土空间全域全要素综合管控的新要求，城市设计贯穿国土空间规划建设管理的全过程[1]，是国土空间高质量发展的重要支撑，在总体规划、详细规划、专项规划中发挥着重要作用。在国土空间规划编制和管理体系中，城市设计已突破原有城镇建设区范围，覆盖了空间全域并统筹城镇、乡村与山水林田湖草沙全要素。不同尺度的空间形态设计各有侧重（图4-12）。

---

1. 中共中央，国务院.关于建立国土空间规划体系并监督实施的若干意见［EB/OL］.（2019-05-23）［2024-04-05］. https://www.gov.cn/gongbao/content/2019/content_5397679.htm.

第 4 章　国土空间规划方法论

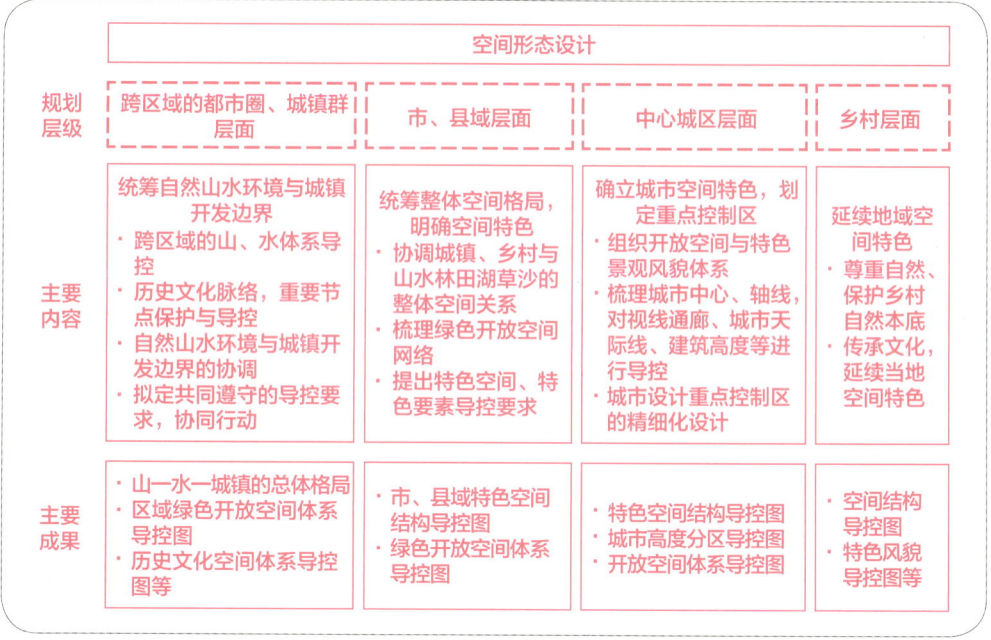

图 4-12　不同尺度空间形态设计的主要内容
资料来源：自然资源部．国土空间规划城市设计指南（TD/T 1065–2021）［S］.2021.（作者整理）

在跨区域的都市圈、城镇群层面，空间形态设计更注重自然山水环境与城镇开发边界的协调，调节保护与发展的关系。包括结合自然环境特征对跨区域的山、水体系及其与城镇的关系进行导控；梳理历史文化脉络，对历史文化聚集地、历史遗存、重要景观节点等进行保护与导控；汇集相关诉求，拟定共同遵守的空间导控要求，协同行动以保障规划实施[1]。规划成果包括山—水—城镇的总体格局、区域绿色开放空间体系导控图，历史文化空间体系导控图等。

在市、县域层面，空间形态设计强调统筹整体空间格局，明确全域全要素的空间特色。包括结合规划明确的市/县性质、发展定位统筹整体空间格局；强化生态、农业和城镇空间的全域全要素整体统筹，协调城镇、乡村与山水林田湖草沙的整体空间关系；梳理并划定市县全域开放空间，形成结构清晰、功能完善的绿色开放空间网络；针对整体特色风貌，提出需要重点保护的特色空间、特色要素及导控要求。规划成果包括市/县域的特色空间结构导控图、绿色开放空间体系导控图等。

在中心城区层面，空间形态设计涉及确立城市空间特色，划定城市设计重点控制区。包括统筹各类空间的布局，组织开放空间与特色景观风貌体系；梳理城市中心、轴线、片区等结构性内容，并提出导控要求；对重要视线通廊、城市天际线、

1.孙施文.国土空间规划实施监督体系的基础研究［J］.城市规划学刊，2024（2）：12–17.

建筑高度、建筑色彩等内容进行有序组织和结构性导控；明确自然景观、历史人文等特色内容的空间落位；可根据需要对划定的城市设计重点控制区进行精细化设计。规划成果包括特色空间结构导控图、城市高度分区导控图、开放空间体系导控图、城市设计重点控制区导控图等。

城市重点控制区的城市设计通常在详细规划层面开展，对重要的城市中心区、商务中心区、交通枢纽区、产业园区核心区、滨水地区、历史风貌与文化遗产保护区等，主要通过三维形态设计落实总体规划中的各项设计要求。包括针对重点控制区的特殊条件和核心问题统筹考虑各类设计导控要求，注重协同发展，实现综合价值的最优化[1]；优化片区功能布局和空间结构，明确景观风貌、公共空间、建筑布局等方面的设计要求；通过精细化设计提出建筑体量、界面、风格、色彩、天际线等要素的设计原则，塑造凸显地域特色的城市风貌和以人为本、充满魅力的景观环境。

乡村层面的空间形态设计需要尊重自然、传承文化，延续地域空间特色。包括保护乡村自然本底，营造富有地域特色的"田水路林村"景观格局；采用本土化材料，展现独特的村庄风貌，延续地域特色。规划成果包括空间结构导控图、特色风貌导控图等。

在空间形态设计中应采取科学合理方式进行信息采集与数据管理，获取空间现状、使用习惯、人群需求等基础数据；应积极运用数据分析、模拟仿真等技术，进行设计方案的合理推演和比对；同时重视各方意见征求和协商，形成科学合理的设计方案。

■ 思考题

1. 简述逻辑实证主义如何为规划提供逻辑思维的支持。
2. 试分析协同规划方法论在国土空间规划中的作用。
3. 试分析理性规划的特点及其在实际应用中可能面临的局限性。
4. 试述倡导式规划、沟通式规划和协作式规划及其实践应用的差异性。
5. 试述社会调查方法、空间调查方法和实地调查方法在规划实践中的综合运用。

---

1. 段进，薛松. 跨省域详细规划探索——以长三角一体化示范区水乡客厅为例 [J]. 城市规划学刊，2023（5）：12-19.

6. 数理统计法、空间统计分析法和数据可视化法的特点分别是什么?

7. 模糊综合评价法、层次分析法（AHP）、德尔斐法和极限条件评价法在国土空间规划中的应用场景分别是什么?

8. 试述国土空间规划中人口和用地规模预测的要点。

9. 国土空间规划中如何通过空间形态设计来优化城市和乡村空间的整体布局?

10. 试述行动规划方法在国土空间规划中的应用途径。

第 5 章

国土空间规划管控方法

■ **本章要点**

在"多规合一"的建设目标下，国土空间规划的编制关注点和管控方式都产生了多维转变，从原本对建设、农业、生态等方面各自为战的管控转变为对全域全要素的统筹考量、从刚性直接传导到多层次"刚弹结合"的传导、从以指标管控为主到重视空间化管控，充分体现出国土空间规划体系对"国土空间"多元价值属性的发掘，不再将其简化为"自然资源"的载体，也就避免了规划单纯沦为"资源环境管控技术工具"。本章介绍了国土空间规划体系建设中所涉及的重要规划管控方法：前三节的指标管控、分区管控、控制线管控均为国土空间规划管控从承接传统方法到多维发展的具体阐述，其中各类具体方法也都在五级三类的规划体系和各地规划实践中已有明确体现，以 5.1 节、5.2 节全部和 5.3 节的"三线"管控作为本节的核心和难点，需重点掌握；5.4 节转用管控方法和 5.5 节节约集约用地配套方法是国土空间规划"刚弹结合"管控思路的具体体现，需重点关注农地转用管理和耕地保护相关管控方法，并结合本章案例深入理解资源节约集约理念在用地管控方法上的体现；5.6 节介绍了国土空间生态修复的具体方法，以了解概念理解案例为主要学习目标。

5.1　国土空间指标管控方法

指标管控是传统城市规划、土地管理等领域对国土空间治理所进行的最核心最基础的管控方法，在国土空间规划用途管制过程中同样发挥了基础性的作用。本节详细介绍了国土空间规划中各级各类规划的指标管控方法，并特别关注了对土地利用计划及其指标的讨论。

5.1.1 国土空间指标统计基础：国土空间调查、规划、用途管制用地用海分类及衔接

国土空间调查、规划、用途管制用地用海分类及衔接是国土空间指标的统计基础，适用于国土调查、监测、统计、评价，国土空间规划、用途管制、耕地保护、生态修复，土地审批、供应、整治、执法、登记及信息化管理等工作。该用地用海分类遵循陆海统筹、城乡统筹、地上地下空间统筹的基本原则，对接土地管理法并增加"海洋资源"相关用海分类，按照资源利用的主导方式划分类型，设置 24 种一级类、113 种二级类及 140 种三级类。

专栏 5-1 国土空间调查、规划、用途管制用地用海分类

按照统一行使全民所有自然资源资产所有者职责和统一行使所有国土空间管制和生态保护修复职责的要求，自然资源部遵循陆海统筹、城乡统筹、地上地下空间统筹的原则，在整合原《土地利用现状分类》《城市用地分类与规划建设用地标准》《海域使用分类》等分类基础上，制定了《国土空间调查、规划、用途管制用地用海分类指南》。按照资源利用的主导方式划分类型，设置 24 种一级类（表 5-1）、113 种二级类及 140 种三级类，并设置了地下空间的对接分类，提出了与第三次国土调查工作分类的对接要求。

表 5-1　国土空间调查、规划、用途管制用地用海一级分类名称及代码

名称	代码	名称	代码
01	耕地	13	公共设施用地
02	园地	14	绿地与开敞空间用地
03	林地	15	特殊用地
04	草地	16	留白用地
05	湿地	17	陆地水域
06	农业建设用地	18	渔业用海
07	居住用地	19	工矿通信用海
08	公共管理与公共服务用地	20	交通运输用海
09	商业服务用地	21	游憩用海
10	工矿用地	22	特殊用海
11	仓储用地	23	其他土地
12	交通运输用地	24	其他海域

资料来源：中华人民共和国自然资源部. 国土空间调查、规划、用途管制用地用海分类指南［EB/OL］.（2023-11-22）［2024-05-05］. https://www.gov.cn/zhengce/zhengceku/202311/content_6917279.htm.

国土空间总体规划原则上以一级类为主，可细分至二级类；国土空间详细规划和市县层级涉及空间利用的相关专项规划，原则上使用二级类和三级类，具体使用按照相关国土空间规划编制要求执行。国土空间用途管制、用地用海审批、规划许可、出让合同和确权登记应依据有关法律法规，将国土空间规划确定的用途分类作为管理的重要依据。

5.1.2　国土空间总体规划与详细规划管控指标

1. 国土空间总体规划指标

国土空间总体规划指标通常分为约束性（或者强制性）、建议性和预期性三类属性指标。由于不同层级总体规划的对象、作用和功能不同，其对应的管控指标和属性类型也存在差异。

省级国土空间规划指标体系按指标性质分为约束性指标和预期性指标，共11个指标。约束性指标有：耕地保有量、永久基本农田保护面积、生态保护红线面积、大陆自然海岸线保有率、用水总量；预期性指标有：自然保护地陆域面积占陆域国土空间面积比例、森林覆盖率、草原综合植被盖度、湿地保护率、水域空间保有量、单位国内生产总值建设用地使用面积下降。

市级国土空间总体规划指标体系按指标性质分为约束性指标、预期性指标和建议性指标（表5-2），区分市域和中心城区来设置，实践中各地可因地制宜增加相应指标。

县级、乡镇国土空间总体规划在参照市级总体规划指标体系并落实相应的约束性指标的同时，根据本地情况设置指标体系。

2. 控制性详细规划的控制指标

控制性详细规划的控制指标通常分为规定性和指导性两类，前者是必须遵照执行的，后者是参照执行的。其中，规定性指标包括用地性质、建筑密度（建筑基底总面积/地块面积）、建筑控制高度、容积率（建筑总面积/地块面积）、绿地率（绿地总面积/地块面积）、交通出入口方位、停车泊位及其他需要配置的公用设施等；指导性指标包括人口容量（人/公顷）、建筑形式、体量、风格要求、建筑色彩要求以及其他环境要求。

表 5-2   市级国土空间总体规划指标体系

规划层级	指标属性	指标名称
市域	约束性	生态保护红线面积；用水总量；永久基本农田保护面积；耕地保有量；建设用地总面积；城乡建设用地面积；林地保有量；基本草原面积；湿地面积；大陆自然海岸线保有率；人均城镇建设用地面积
	预期性	自然和文化遗产；常住人口规模；常住人口城镇化率；每万元 GDP 水耗；每万元 GDP 地耗；城镇人均住房面积；每千名老年人养老床位数；每千人口医疗卫生机构床位数；农村生活垃圾处理率
	建议性	地下水水位；新能源和可再生能源比例；本地指示性物种种类；都市圈 1 小时人口覆盖率
中心城区	约束性	人均城镇建设用地面积；道路网密度；公园绿地、广场步行 5 分钟覆盖率
	预期性	常住人口规模；人均应急避难场所面积；卫生、养老、教育、文化、体育等社区公共服务设施步行 15 分钟覆盖率；人均体育用地面积；人均公园绿地面积；绿色交通出行比例；降雨就地消纳率；城镇生活垃圾回收利用率
	建议性	轨道交通站点 800 米半径服务覆盖率；工作日平均通勤时间

资料来源：中华人民共和国自然资源部.市级国土空间总体规划编制指南（试行）[EB/OL].（2020-09-22）[2024-05-05].
https：//m.mnr.gov.cn/gk/tzgg/202008/P020200820547720783027.pdf.

5.1.3   土地利用计划管理及其指标

土地利用计划管理是土地用途管制制度的重要内容，是对建设用地进行流量管控的政策工具[1]，是实施国土空间规划和落实国土空间用途管制制度的重要手段[2]。2019 年 8 月 26 日修正的《中华人民共和国土地管理法》第 23 条规定：各级人民政府应当加强土地利用计划管理，实行建设用地总量控制。土地利用年度计划，根据国民经济和社会发展计划、国家产业政策、土地利用总体规划以及建设用地和土地利用的实际状况编制。土地利用年度计划的编制审批程序与土地利用总体规划的编制审批程序相同，一经审批下达，必须严格执行。第 24 条规定：省、自治区、直辖市人民政府应当将土地利用年度计划的执行情况列为国民经济和社会发展计划执行情况的内容，向同级人民代表大会报告。

土地利用年度计划指标包括：①新增建设用地计划指标，包括新增建设用地总量和新增建设占用农用地及耕地；②土地整治补充耕地计划指标；③耕地保有量计划指标；④城乡建设用地增减挂钩指标和工矿废弃地复垦利用指标。各地可以根据实际需要，在上述分类的基础上增设控制指标。

---

1. 姜海，李成瑞，王博，等.土地利用计划管理绩效分析与制度改进[J].南京农业大学学报（社会科学版），2014，14（2）：73-79+85.
2. 自然资源部国土空间用途管制司.国土空间用途管制理论与实践[M].北京：商务印书馆，2023.

5.2 国土空间分区管控方法

在我国资源环境与城乡发展现状差异较大的现实条件下，国土空间分区管控方法是实现国土空间规划目标的重要手段，与前章所述区域协调资源要素统筹优化、区域空间结构、区域分工与布局等理论直接相关。实施分区管控将提升国土空间管控的可操作性，有利于平衡经济发展、生态保护和社会需求之间的关系，推动多元主体在国土空间利用中的协调与合作。

5.2.1　主体功能区管控

推进主体功能区战略和制度建设，是我国经济社会发展和生态环境保护的重大战略部署，在生态文明建设与国家空间治理体系构建中发挥着基础性、关键性作用。我国主体功能区经历了从区划、规划到战略、制度的发展过程。2006 年，国家"十一五"规划首次提出主体功能区概念，是我国独创的一种具有应用性、创新性、前瞻性的综合地理区划，目的是促进区域协调发展。2010 年，国务院印发《全国主体功能区规划》，作为全国国土空间开发保护的布局总图。同年 10 月，党的十七届五中全会提出实施主体功能区战略。2013 年，党的十八届三中全会明确要求坚定不移地实施主体功能区制度。2017 年，中共中央、国务院印发《关于完善主体功能区战略和制度的若干意见》，强调发挥主体功能区在推动生态文明建设中的基础性作用和构建国家空间治理体系中的关键性作用。2019 年，《中共中央　国务院关于建立国土空间规划体系并监督实施的若干意见》提出"将主体功能区规划、土地利用规划、城乡规划等空间规划融合为统一的国土空间规划"后，主体功能区规划不再单独编制，但其理念、技术、内容、政策等将融入国土空间规划体系中，成为国土空间规划的组成部分。党的二十大报告强调："深入实施区域协调发展战略、区域重大战略、主体功能区战略、新型城镇化战略，优化重大生产力布局，构建优势互补、高质量发展的区域经济布局和国土空间体系……健全主体功能区制度，优化国土空间发展格局。"

主体功能区是指基于不同区域的资源环境承载能力、现有开发密度和发展潜力等，将特定区域确定为特定主体功能定位类型的一种空间单元。我国现已形成"3+N"体系，"3"指城市化发展区、农产品主产区和重点生态功能区，"N"指能源资源富集区、历史文化资源富集区、边境地区等特殊功能区。

（1）城市化发展区。指经济社会发展基础较好，集聚人口和产业能力较强的地域空间。该类地域空间的功能定位是，推动高质量发展的主要动力源，带动区域经济社会发展的龙头，促进区域协调发展的重要支撑点，重点增强创新发展动力，提升区域综合竞争力，保障经济和人口承载能力。

（2）农产品主产区。指农用地面积较多，农业发展条件较好，保障国家粮食和重要农产品供给的地域空间。该类地域空间的功能定位是，国家农业生产重点建设区和农产品供给安全保障的重要区域，现代化农业建设重点区，农产品加工、生态产业和县域特色经济示范区，农村居民安居乐业的美好家园，社会主义新农村建设的示范区。

（3）重点生态功能区。指生态系统服务功能重要、生态脆弱区域为主的区域。该类地域空间的功能定位是，保障国家生态安全、维护生态系统服务功能、推进山水林田湖草系统治理、保持并提高生态产品供给能力的重要区域，推动生态文明示范区建设、践行绿水青山就是金山银山理念的主要区域。

（4）能源资源富集区。能源和战略性矿产资源相对富集，以为国家发展提供能源资源保障为主要功能的地域空间。

（5）历史文化资源富集区。文物保护单位（含地下文物埋藏区）、历史文化名城名镇名村、历史文化街区和历史建筑、传统村落以及水利、农业、工业等文化遗存等历史文化资源空间集中分布的地域空间。

（6）边境地区。我国陆地边境县和部分团场，关系国家边疆安全和民族稳定的地域空间。

专栏5-2 **甘肃省主体功能区优化调整及应用**

（1）优化调整技术路线

按照《省级国土空间规划编制指南》（试行）和《主体功能优化完善技术指南》要求，基于"三区三线"划定成果，形成主体功能优化调整技术路线（图5-1）。结合"三线"划定成果与农产品、自然保护地、双评价、经济人口等数据，进行农业、生态、城镇功能优势度分析，按照"农业＞生态＞城镇"的主体功能优先序，综合判断优化完善县区主体功能定位。

（2）优化调整方案

基于前述技术路线，得到甘肃省县区主体功能优化调整方案。调整优化后，针对甘肃"大兰州、大河西、大陇东南"三大板块，在各个板块都形成了

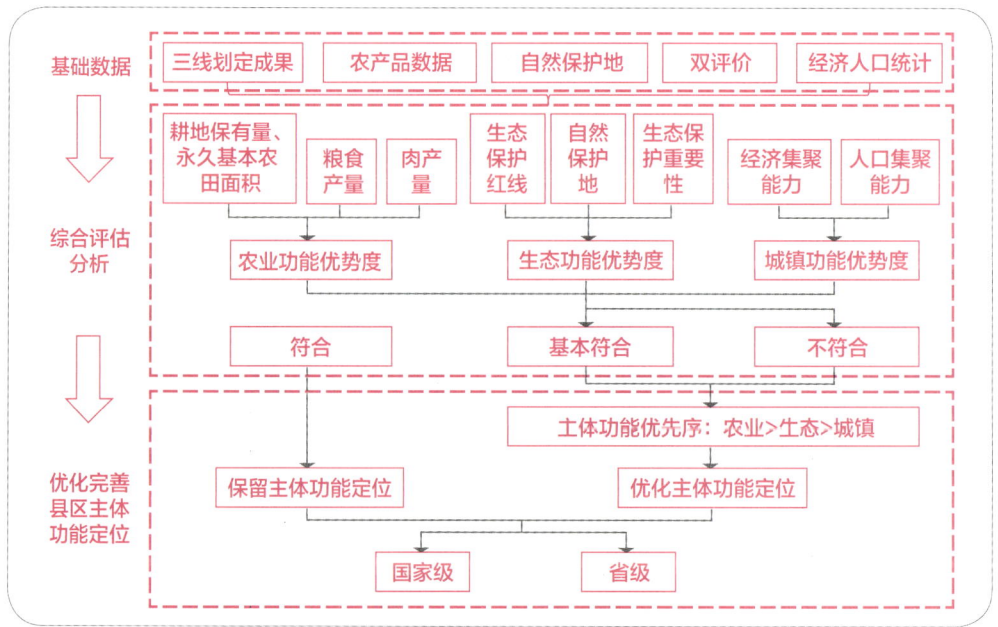

图 5-1　甘肃省国土空间规划主体功能区优化调整技术路线
资料来源: 自绘

"农业基底＋生态支撑＋城镇核心"的开发保护格局，通过主体功能区划调整引导高水平、新均衡发展，促进"农业—生态—城镇"空间有机融合。优化调整方案包括 3 片农产品主产区、8 片重点生态功能区和 6 片城市化地区。

进一步落实《全国国土空间规划（2021—2035 年）》国家级主体功能区划，明确国家级、省级主体功能区定位及最终方案。包括：确定以河西绿洲农业为主体，耕地质量相对高、面积大，且集中连片便于规模化种植的 4 个区县为国家级农产品主产区；黄河灌区与陇中、陇东黄土高原旱作农业的 21 个区县为省级农产品主产区。确定支撑国家"两区一带"生态安全格局重点片区和省级"四屏一廊"生态安全格局重点片区的全部 34 个区县为国家级重点生态功能区。确定兰西城市群、关中平原城市群重点地区的 13 个区县为国家级城市化地区；全省城镇发展引领重点地区的 14 个区县和嘉峪关市为省级城市化地区。

（3）主体功能区成果应用：支持城镇建设用地指标分解

区县主体功能定位是甘肃在进行市州城镇建设用地分解的重要的校核因素之一。综合考虑市州主体功能定位、城镇等级规模、集约用地水平、发展绩效、发展潜力、地质灾害风险隐患、资源承载能力等因素，校核确定市州城镇建设用地指标分解的基础指标。

5.2.2 农业空间、生态空间、城镇空间（"三区"）管控

"三区"是对农业空间、生态空间、城镇空间的统称。包括：①农业空间。指以农业和农村居民生活为主体，承担农产品生产和农村生活功能的国土空间，主要包括永久基本农田、一般农田等农业生产用地，以及村庄等农村生活用地。②生态空间。指具有自然属性、以提供生态服务或生态产品为主体功能的国土空间，包括森林、草原、湿地、河流、湖泊、滩涂、荒地、荒漠等。③城镇空间。指以城镇居民生产生活为主体功能的国土空间，主要和城镇开发边界围合范围对应。

"三区"划定应遵循的原则：顺应地理格局因地制宜，提升空间综合价值，严守资源环境约束。划定过程，总体分为分区初划和调整校核两个阶段：分区初划阶段在同一张底图上初步安排各类分区，但暂不处理各分区对空间资源的冲突协调问题。调整校核阶段的核心任务是处理空间矛盾，协调各类功能在总量上，在区位上对空间资源争夺，进行综合平衡。定稿传导阶段的主要任务是最后的调整，明确各分区界限，上图入库，并作为向下传导的依据。具体步骤为"综合评价—格局确定—分区划示—调整校核"。

（1）综合评价。开展双评价（资源环境承载能力和国土空间开发适宜性评价），对区域内生态保护重要性、农业生产适宜性和城镇建设适宜性进行分析，作为"三区"划分的基础性判断，并结合三调现状，确定与适宜性不一致需要进行调整的地区。

（2）格局确定。对不同区域的农业、生态、城镇功能优先级（或重要性）进行排序，因地制宜选择优先级高的功能作为该区域的主导功能，并落实上位规划要求，按照"生态空间系统性和完整性，农业空间的合理规模和稳定性，城镇空间适度集聚和效率"的分布要求，确定"三区"总体结构（如屏障、轴带、廊道的概括表达），归纳三区空间特点，确定主要空间关系。

（3）分区划示。按照整体效益最优原则，"降尺度"进一步优化和细化"三区"布局。优先确定"三区"的核心区域（如生态保护区、农田保护区和城镇发展区），并进一步对"多宜性"区域进行功能辨别，确定生态控制区和乡村发展区，将"三区"总体结构转化为分区的面状要素，确定其大致空间范围。

（4）调整校核。综合协调各分区的空间关系进行整体校验，与专项图的各分区进行专项校验，协调"三区"与各个专项布局之间的关系，处理空间矛盾，协调各类功能，在总量上和区位上对空间资源进行综合平衡，明确"三区"界限，上图入库，并作为向下传导的依据。

"三区"管控的基本原则是：保障农业空间规模和占比，稳定并提高生态空间规模和占比，严控城镇空间面积和占比；农业空间和生态空间偏向于刚性管控，而城镇空间则更多考虑地方因素，增加可变性与适度的弹性。

专栏5-3 **"三区"管控的一般要求**

"三区"管控的基本方式：重点是对改变用途类型的土地开发利用活动进行管控，鼓励正向功能转化、限制负向功能转化，有条件依法依规兼容功能。

（1）生态空间管控

严格控制人为活动尤其是开发建设对生态系统的破坏和扰动，整体保护和合理利用草原、森林、湿地、河流、湖泊、滩涂、荒地、荒漠、戈壁、冰川、高山冻原等自然生态空间，提高生态系统质量和稳定性，提供优质生态产品。生态空间采取分级管控的方式，生态保护红线将生态空间分为生态保护红线区和一般生态区。

——生态保护红线区按照《自然资源部 生态环境部 国家林业和草原局关于加强生态保护红线管理的通知（试行）》的要求管控。其内的自然保护地核心保护区原则上禁止人为活动；自然保护地核心保护区外，严格禁止开发性、生产性建设活动，在符合法律法规前提下，仅允许对生态功能没有破坏的有限性人为活动。

——生态保护红线外的一般生态区，多为规划分区中的生态控制区，原则上按限制开发区域要求进行管理，鼓励复合利用，提高生态服务功能。依法制定区域准入条件，确定允许、限制、禁止的产业和项目类型清单，开发建设行为应当依据国土空间规划。

除了分级，生态空间内涉及的特定要素和特定区域，如森林、草原、湿地、自然保护地、风景名胜区等区域，将分别按照其相应的法律法规作为管控依据，从严管理。

（2）农业空间管控

永久基本农田保护红线将农业空间分为永久基本农田保护红线区和一般农业区两级进行管控。

——耕地和永久基本农田一经划定，未经批准不得擅自调整，按照《中华人民共和国基本农田保护条例》执行。优先保护城市周边永久基本农田和优质耕地，严格实施耕地用途管制。严格控制耕地转为其他农用地，稳妥有序恢复流向其他农用地的耕地。在保护好耕地和生态环境的前提下，有序拓展农畜产品生产空间，形成同市场需求相适应、同资源环境承载能力相匹配的农业空间结构和布局。

——乡村发展区开发建设行为应当依据经依法批准的国土空间规划，重点管控农村建设用地，从严核定新增建设用地规模、优化建设用地布局，从严控制建设占用耕地特别是优质耕地；引导农村居民点集中、集聚发展，优化村庄布局，优先满足农村公共服务设施建设用地需求，逐步压缩乡村建设用地规模，提高空间利用效率。以盘活存量土地为目标，升级改造农民闲置宅基地和农舍，发展休闲旅游和健康养老产业，支撑乡村振兴产业发展。其中一般农业区不能用于改建住宅、私家庄园、别墅，不能用于餐饮、娱乐、康养等经营性用途。不得进行商品房、酒店、别墅等房地产开发占用产业用地行为。

（3）城镇空间管控

城镇空间管控可参照城镇开发边界管控要求，对城镇空间内各类建设活动严格实行用途管制，按照规划用途依法办理有关手续，并加强与水体保护线、绿地系统线、基础设施建设控制线、历史文化保护线等协同管控。严格城镇空间外的空间准入，原则上除特殊用地外，只能用于农业生产、乡村振兴、生态保护和交通等基础设施建设，不得进行城镇集中建设。

——城镇空间参考城镇开发边界内的划分类型，主要分为城镇集中建设区、城镇弹性发展区、特别用途区。其中集中建设区用于布局城市、建制镇和新区、开发区等各类城镇集中建设，按照"详细规划＋规划许可"及"五线"管控要求。挖掘存量空间、严格处置低效用地，引导城市精明增长，避免城镇建设无序扩张。

——弹性发展区在满足特定条件下方可进行城镇开发和集中建设。在不突破规划城镇建设用地规模的前提下，城镇建设用地布局可在弹性发展范围内进行调整。

——特别用途区原则上禁止任何城镇集中建设行为，实施建设用地总量控制，原则上不得新增除市政基础设施、交通物流基础设施、生态修复工程、必要的配套及游憩设施外的其他城镇建设用地。

5.2.3　市县乡国土空间总体规划分区管控

2020年9月印发的《市级国土空间总体规划编制指南（试行）》（自然资办发〔2020〕46号）提出，设定国土空间规划两级分区体系（表5-3）。其中，一级规划分区分为以下7类：生态保护区、生态控制区、农田保护区、乡村发展区、城镇发展区、海洋发展区和矿产能源发展区。在城镇发展区、乡村发展区、海洋发展区分别细分为二级规划分区，在总体规划用地分类的基础上更加注重功能的划分，弥补了以往土地用途管制只管建设用地边界的缺陷，强化了分区管控的功能，各地可结合实际补充二级规划分区类型。

表 5-3　市县乡国土空间总体规划分区

一级分区	二级分区		含义
生态保护区	生态保护区		具有特殊重要生态功能或生态敏感脆弱、必须强制性严格保护的陆地和海洋自然区域，包括陆域生态保护红线、海洋生态保护红线集中划定的区域
生态控制区	生态控制区		生态保护红线外，需要予以保留原貌、强化生态保育和生态建设、限制开发建设的陆地和海洋自然区域
农田保护区	农田保护区		永久基本农田相对集中需严格保护的区域
乡村发展区	农田保护区外，为满足农林牧渔等农业发展以及农民集中生活和生产配套为主的区域		
	村庄建设区		城镇开发边界外，规划重点发展的村庄用地区域
	一般农业区		以农业生产发展为主要利用功能导向划定的区域
	林业发展区		以规模化林业生产为主要利用功能导向划定的区域
	牧业发展区		以草原畜牧业发展为主要利用功能导向划定的区域
城镇发展区	城镇开发边界围合的范围，是城镇集中开发建设并可满足城镇生产、生活需要的区域		
	城镇集中建设区	居住生活区	以住宅建筑和居住配套设施为主要功能导向的区域
		综合服务区	以提供行政办公、文化、教育、医疗以及综合商业等服务为主要功能导向的区域
		商业商务区	以提供商业、商务办公等就业岗位为主要功能导向的区域
		工业发展区	以工业及其配套产业为主要功能导向的区域
		物流仓储区	以物流仓储及其配套产业为主要功能导向的区域
		绿地休闲区	以公园绿地、广场用地、滨水开敞空间、防护绿地等为主要功能导向的区域
		交通枢纽区	以机场、港口、铁路客货运站等大型交通设施为主要功能导向的区域
		战略预留区	在城镇集中建设区中，为城镇重大战略性功能控制的留白区域
	城镇弹性发展区		为应对城镇发展的不确定性，在满足特定条件下方可进行城镇开发和集中建设的区域
	特别用途区		为完善城镇功能，提升人居环境品质，保持城镇开发边界的完整性，根据规划管理需划入开发边界内的重点地区，主要包括与城镇关联密切的生态涵养、休闲游憩、防护隔离、自然和历史文化保护等区域
海洋发展区	允许集中开展开发利用活动的海域，以及允许适度开展开发利用活动的无居民海岛		
矿产能源发展区	为适应国家能源安全与矿业发展的重要陆域采矿区、战略性矿产储量区等区域		

资料来源：中华人民共和国自然资源部．市级国土空间总体规划编制指南（试行）［EB/OL］.（2020-09-22）［2024-05-10］.
https://m.mnr.gov.cn/gk/tzgg/202008/P020200820547720783027.pdf.

5.3　国土空间重要控制线管控方法

在国土空间规划体系中，各类控制线与约束性指标都是规划传导的重要内容，是发挥国土空间规划刚性管控作用的政策工具。其中"三线"作为国土空间规划的核心要素和强制性内容，是自上而下刚性传导、统一管控的核心政策工具，是基于空间规划体系构建的资源管控思维的具体体现。"三线"以外其他控制线在各级规划中起到了重要的补充作用，其与"三线"之间的关系是阅读本节需要重点思考的问题。

5.3.1　永久基本农田、生态保护红线、城镇开发边界（"三线"）

1. 永久基本农田

永久基本农田指按照一定时期人口和社会经济发展对农产品的需求，依据国土空间总体规划确定的不得擅自占用或改变用途的耕地。永久基本农田是耕地的一部分，而且主要是高产优质的那一部分耕地，是耕地的精华。

2019 年 8 月 26 日修正的《中华人民共和国土地管理法》第 33 条规定：国家实行永久基本农田保护制度。下列耕地应当根据土地利用总体规划（即国土空间规划）划为永久基本农田，实行严格保护：①经国务院农业农村主管部门或者县级以上地方人民政府批准确定的粮、棉、油、糖等重要农产品生产基地内的耕地；②有良好的水利与水土保持设施的耕地，正在实施改造计划以及可以改造的中、低产田和已建成的高标准农田；③蔬菜生产基地；④农业科研、教学试验田；⑤国务院规定应当划为永久基本农田的其他耕地。各省、自治区、直辖市划定的永久基本农田一般应当占本行政区域内耕地的百分之八十以上，具体比例由国务院根据各省、自治区、直辖市耕地实际情况规定。

永久基本农田的管控，应做到耕地数量、质量、生态"三位一体"保护。须严格限制其用途转为其他用地，强调永久基本农田作为农业生产用途的唯一性和稳定性。严格限制建设占用，实行正面清单管理，可准入类型主要包括国家级重大建设项目、军事国防项目、国家级交通类项目、国家级能源项目、国家级水利项目，以及为贯彻落实党中央、国务院重大决策部署，由国务院投资主管部门或国务院投资主管部门会同有关部门支持和认可的交通、能源、水利基础设施项目等。符合准入要求的项目，在占用永久基本农田时须严格落实"占一补一、占优补优"要求，优先在永久基本农田储备区中补划，且补划永久基本农田应与既有永久基本农田布局集中连片，以避免对规划确定的永久基本农田布局产生较大冲击，确保永久基本农田布局的相对稳定[1]。

2.生态保护红线

生态保护红线，简称生态红线，是指在生态空间范围内具有特殊重要生态功能、必须强制性严格保护的区域，是保障和维护国家生态安全的底线和生命线，通常包括具有重要水源涵养、生物多样性维护、水土保持、防风固沙、海岸生态稳定等功能的生态功能重要区域，以及水土流失、土地沙化、石漠化、盐渍化等生态环境敏感脆弱区域。其主要功能是保障和维持生态安全和功能、生物多样性等，主要包括森林、草原、湿地、河流、湖泊、滩涂、岸线、海洋、荒地、荒漠、戈壁、冰川、高山冻原、无居民海岛等土地利用类型。生态保护红线可分为陆域生态保护红线和海洋生态保护红线两种类型（表5-4）。

表5-4　我国生态保护红线类型及分区情况

红线类型与分区		分区名称	分区定位	涵盖重要生态系统及生态区域
陆域生态保护红线	陆域自然保护地	国家公园	核心保护区	国家一级公益林、重要湿地、冰川及永久积雪、自然岸线、极小种群物种分布栖息地、饮用水水源地一级保护区、生态功能极重要和生态极脆弱区、具有潜在重要生态价值的区域
			一般控制区	
		自然保护区	核心保护区	
			一般控制区	
		自然公园	一般控制区	
	陆域自然保护地外的红线区	自然保护地外生态功能极重要、生态极脆弱区域		
		具有潜在重要生态价值的区域		
海洋生态保护红线	海洋自然保护地	海洋自然保护区	核心保护区	重要河口、特别保护海岛、珍稀濒危物种集中分布区、红树林、珊瑚礁、海草床、渔业资源生长繁殖区、重要滨海盐沼、重要滩涂及浅海水域、重要海藻场、海岸防护极重要、海岸侵蚀及沙源流失极脆弱区、无居民海岛
			一般控制区	
		海洋自然公园	一般控制区	
	海洋自然保护地外的红线区	自然保护地外生态功能极重要、生态极脆弱区域		
		具有潜在重要生态价值的区域		

资料来源：田春华，陈瑜琦，吕春艳，等.生态保护红线管控思路探讨［J］.中国土地，2023（6）：10-14.

1.杨昔，罗成.安全发展理念下永久基本农田划定"四问"［J］.北京规划建设，2021（5）：66-68.

第 5 章　国土空间规划管控方法

生态保护红线的管控要求是功能不降低、面积不减少、性质不改变。生态保护红线按照禁止开发区域进行管理，生态保护红线内自然保护区、风景名胜区、饮用水水源保护区等区域管控措施，依照法律法规执行。生态保护红线内，自然保护地核心保护区原则上禁止人为活动，符合法律法规规定并经批准同意的科学研究观测、调查等活动除外；生态保护红线内自然保护地核心保护区以外的区域，禁止开发性、生产性建设活动，在符合法律法规的前提下，仅允许对生态功能没有破坏的有限的人为活动[1]。

3.城镇开发边界

城镇开发边界是在一定时期内因城镇发展需要，可以集中进行城镇开发建设、以城镇功能为主的区域边界，涉及城市、建制镇以及各类开发区等。它是一种量形兼备的空间管理工具，旨在引导城镇化的科学有序发展，并对城镇化发展中的用地规模进行合理管控。

城镇开发边界内可进一步分为集中建设区、弹性发展区和特别用途区（附图 5-1）。集中建设区是规划期末城市建设用地的规划界线，主要通过精细化开发引导促进集约化建设方式和高效率生产运营，建设高质量城镇空间[2]；弹性发展区的设立可以较好应对城市发展的不确定性，也可引导城镇开发边界外的零散建设用地向边界内逐步集聚；特别用途区是城镇空间联系外围农业空间、生态空间的重要廊道，有利于构建全域生态网络格局。

规划管理部门通过在城镇开发边界内外实施差异化管控措施来实现资源保护和精明发展的双重目标。①城镇开发边界内：实行"详细规划 + 规划许可"的空间管制方式，并加强与水体保护线、绿地系统线、基础设施建设控制线、历史文化保护线等控制线的协同管控。集中连片建设的居住、教育、商业、工业、物流仓储等用地和各类园区原则上要在城镇开发边界内布局，重点加强对控制性详细规划的刚性管控，让"一书两证"制度作为主要管理手段得到落实。②城镇开发边界外：按照主导用途分区，实行"详细规划 + 规划许可"和"约束指标 + 分区准入"的管制方式。城镇开发边界外不得进行城镇集中建设，不得规划建设各类开发区和产业园区，不得规划城镇居住用地。在城镇开发边界外可规划布局有特定选址要求的零星

1.贵州省自然资源厅，贵州省生态环境厅，贵州省林业局 . 贵州省生态保护红线监管办法（试行）[EB/OL] . （2023-05-09）[2024-05-10] . https://sthj.guizhou.gov.cn/zwgk/zdlyxx/zrst/202307/t20230718_81038180.html.
2.袁丽萍，陈伟劲，谢廓翰 . 广东"存量"型城市城镇开发边界划定与管控建议——基于潮州市潮安区实践的探索思考 [C] // 中国城市规划学会，成都市人民政府 . 面向高质量发展的空间治理——2021 中国城市规划年会论文集（13 规划实施与管理）. 广东省城乡规划设计研究院有限责任公司，2021.

城镇建设用地，并依据国土空间规划，按照"三区三线"管控和城镇建设用地用途管制要求，纳入国土空间规划"一张图"严格实施监督。涉及的新增城镇建设用地纳入城镇开发边界扩展倍数统筹核算，等量缩减城镇开发边界内的新增城镇建设用地，确保城镇建设用地总规模和城镇开发边界扩展倍数不突破[1]。城镇开发边界可结合"一年一评估、五年一调整"和实际项目落地情况，定期优化。

专栏 5-4　"三线"划定

（1）永久基本农田

根据 2022 年自然资源部下发的"全国'三区三线'划定规则"，本轮永久基本农田的划定方法如下。

第一，永久基本农田原则上应在纳入耕地保护目标的可长期稳定利用耕地上划定。在实际操作中，划定基数由自然资源部统一制作并下发各省份，为 2020 年国土变更调查的可长期稳定利用耕地减去 2009 年底后在部系统备案已依法批准且落实占补平衡的稳定耕地。在划定过程中，应优先将以下可长期稳定利用耕地划入永久基本农田：①经国务院农业农村主管部门或者县级以上地方人民政府批准确定的粮、棉、油、糖等重要农产品生产基地内的耕地；②有良好的水利与水土保持设施的耕地，正在实施改造计划以及可以改造的中、低产田和已建成的高标准农田；③蔬菜生产基地；④农业科研、教学试验田；⑤土地综合整治新增加的耕地；⑥黑土区耕地；⑦国务院规定应当划为永久基本农田的其他耕地。

第二，原永久基本农田范围内的可长期稳定利用耕地布局应保持总体稳定。属于以下情形的原永久基本农田范围内的可长期稳定利用耕地，在说明理由并提供举证材料后，可调出原永久基本农田：①以土壤污染详查结果为依据，土壤环境质量类别划分成果中划定为严格管控类的耕地，且无法恢复治理的；②近期拟实施的省级及以上能源、交通、水利等重点建设项目选址确实难以避让，且已明确具体选址和规模，用地已统筹纳入国土空间规划"一张图"拟占用的（举证材料需明确项目名称、规模、批准文件并附项目矢量数据）；③经依法批准的原土地利用总体规划和城市总体规划明确的建设用地范围，经一致性处理后纳入国土空间规划"一张图"的；④《全国矿产资源规划（2021—2025

---

1. 自然资源部 . 关于做好城镇开发边界管理的通知（试行）[EB/OL]．(2023-10-08)[2024-05-10]．https://www.gov.cn/zhengce/zhengceku/202310/content_6908043.htm.

年)》确定战略性矿产中的铀、铬、铜、镍、锂、钴、锆、钾盐、(中)重稀土矿开采确实难以避让，且已依法设采矿权露天采矿的。

第三，分类确定各省份永久基本农田划定规模。考虑各省份可长期稳定利用耕地与原永久基本农田保护目标的差异，区分以下3种类型：①类型一。对于可长期稳定利用耕地低于原永久基本农田保护目标的省份，划入永久基本农田的可长期稳定利用耕地不得低于现状可长期稳定利用耕地的90%。②类型二。对于可长期稳定利用耕地高于原永久基本农田保护目标但不超过原保护目标10%的省份，允许低于原保护目标但划入永久基本农田的可长期稳定利用耕地不得低于现状可长期稳定利用耕地的90%。③类型三。对于可长期稳定利用耕地高于原永久基本农田保护目标且超过原保护目标10%的省份，在原永久基本农田保护目标的基础上，根据国家需要适当增加保护任务，但原则上不超过现状可长期稳定利用耕地的90%。根据这一标准，四川的可长期稳定利用耕地低于原永久基本农田保护目标，因此，必须保证全省90%以上的可长期稳定利用耕地被划入基本农田。

第四，难以或不宜长期稳定利用的耕地一般不划入永久基本农田，但位于原永久基本农田范围内，且难以退耕的口粮田等特殊情况，经充分调查举证，允许继续保留（以村为单位，举证本村范围内是否首先将可长期稳定利用耕地全部划为永久基本农田，如有可长期稳定利用耕地未划入而难以或不宜长期稳定利用耕地划入的，举证不通过）。

（2）生态保护红线

根据《生态保护红线划定指南》，生态保护红线的划定方法如下。

首先，在国土空间范围内，按照资源环境承载能力和国土空间开发适宜性评价技术方法，开展生态功能重要性评估和生态环境敏感性评估，确定水源涵养、生物多样性维护、水土保持、防风固沙等生态功能极重要区域及极敏感区域。

其次，根据科学评估结果，将评估得到的生态功能极重要区和生态环境极敏感区进行叠加合并，并与各类自然保护地进行校验，形成生态保护红线空间叠加图，确保划定范围涵盖国家级和省级禁止开发区域，以及其他有必要严格保护的各类自然保护地。对于禁止开发区域内的不同功能分区，应根据生态评估结果最终确定纳入生态保护红线的具体范围。位于生态空间以外或人文景观类的禁止开发区域，不纳入生态保护红线。除此以外，可结合实际情况，根据生态功能重要性，将有必要实施严格保护的各类保护地纳入生态保护红线范围。主要涵盖：极小种群物种分布的栖息地、国家一级公益林、重要湿地（含滨海湿地）、国家级水土流失重点预防区、沙化土地封禁保护区、野生植物集中分布地、自然岸线、雪山冰川、高原冻土等重要生态保护地。

最后，将生态保护红线叠加图，通过边界处理、现状与规划衔接、跨区域协调、上下对接等步骤，确定生态保护红线边界。包括：将生态保护红线边界与各类规划、区划空间边界及土地利用现状相衔接，综合分析开发建设与生态保护的关系，结合经济社会发展实际，合理确定开发与保护边界，提高生态保护红线划定合理性和可行性。根据生态安全格局构建需要，综合考虑区域或流域生态系统完整性，以地形、地貌、植被、河流水系等自然界线为依据，充分与相邻行政区域生态保护红线划定结果进行衔接与协调，开展跨区域技术对接，确保生态保护红线空间连续，实现跨区域生态系统整体保护。采取上下结合的方式开展技术对接，广泛征求各市县级政府意见，修改完善后达成一致意见，确定生态保护红线边界。

按照上述规则确定的生态保护红线方案已经在 2021 年 6 月上报国务院，本轮调整依据 2022 年自然资源部下发的《全国"三区三线"划定规则》，重点补充明确了永久基本农田与生态保护红线的划定协调规则：在确保对生态功能不造成明显影响的前提下，可将自然保护地核心保护区外连片图斑不小于 5 亩（山地、丘陵地区可按不小于 3 亩）的可长期稳定利用耕地，调出生态保护红线，改划为永久基本农田。国务院已批准设立的 5 个国家公园、已明确的 6 个梯田自然公园和 4 个鸟类自然保护区内的可长期稳定利用耕地，不再调出生态保护红线。

（3）城镇开发边界

根据 2022 年自然资源部下发的"全国'三区三线'划定规则"，本轮城镇开发边界的划定方法如下。

一方面，强化反向约束。①守住自然生态安全边界，不得侵占和破坏山水林田湖草沙海的自然空间格局，避让重要山体山脉、沙漠、戈壁、河流湖泊、湿地、天然林草场、海岸线等。②落实耕地保护目标任务和生态保护红线划定方案，避让连片优质耕地和已有政策法规明确禁止或限制人为活动的国家公园、自然保护区、自然公园、生态公益林、饮用水水源保护区等。③避让地质灾害极高和高风险区、蓄滞洪区、地震断裂带洪涝风险易发区、采煤塌陷区、重要矿产资源压覆区及油井密集区等不适宜城镇建设区域，确实无法避让的应当充分论证并说明理由，明确减缓不良影响的措施。④加强历史文化遗产保护，避让大遗址保护区和地下文物埋藏区。⑤贯彻"以水定城、以水定地、以水定人、以水定产"的原则，根据水资源约束底线和利用上限，控制新增建设用地规模，引导人口、产业和用地合理布局。⑥基于资源环境承载能力和国土空间开发适宜性评价，充分考虑各类限制性因素，测算新增城乡建设用地潜力。

另一方面，设置正向约束。①超大城市、人均城镇建设用地远超国家标准的城市、近十年城区常住人口减少的城市，城镇开发边界面积一般为现状城镇建设用地规模的1.1倍以内，其他城市一般为1.3倍以内，如超过控制线要有足够合理性。②可在城镇开发边界内保留一定的农业和生态空间，发挥城市周边重要生态功能空间和连片优质耕地对城市"摊大饼"式扩张的阻隔作用，促进形成多中心、组团式的空间布局。③充分利用河流、山川以及铁路、高速公路、机场、高压走廊等自然地理和地物边界，形态尽可能完整，便于识别、便于管理。④在城镇开发边界内，城镇集中建设区的新增建设用地规模不得超过上级下达的新增城镇建设用地规模。可在城镇集中建设区外划定弹性发展区，应对城镇发展的不确定性。其中，城镇开发边界扩展系数＝（上报划定城镇开发边界面积－变更调查城镇开发边界范围内所有现状建设用地－在自然资源部系统备案批准建设用地范围内除现状建设用地外其他地类面积）／城镇开发边界范围内现状城镇建设用地。在实际划定过程中，还需要根据上述要求，全面汇总核对各类建设项目的用地需求，研判城镇拓展用地的实际需求，尽量确保城镇集中建设区有效保障规划期内各类重大项目建设和城镇建设用地的增量需求。

5.3.2 海洋控制线

海洋控制线重点包括海洋"两空间内部一红线"、海岸线分类管控，以及海岸建筑退缩线、海洋灾害防御区、地下水禁限区和海砂禁采区等重点管控边界。

1. 海洋"两空间内部一红线"

海洋"两空间内部一红线"是指海洋生态空间和海洋开发利用空间，以及在海洋生态空间内划定的海洋生态保护红线。涉及的主要工作包括优先识别海洋生态空间、协调处理矛盾冲突、细化海洋开发利用空间、统筹确定海洋空间格局、探索无居民海岛划定、在国土空间规划中传导落地等。

在优先识别海洋生态空间上，以海洋生态保护重要性评价成果为依据，将评价为生态保护"极重要"和"重要"的区域划入海洋生态空间。海洋生态空间内，将评价为生态保护"极重要"的区域、部分生态保护"重要"但无矛盾冲突的区域，以及目前虽不能确定但具有潜在生态价值的区域，划入生态保护红线。依据海洋开发利用现状和适宜性，应衔接国家发展战略，划分海洋开发利用空间；对目前功能定位尚不清晰，不适宜或难以开发的区域，应将其作为规划留白区，划入海洋开发利用空间。同时加强生态保护红线划定成果审批进度的衔接，将最新生态保护红线纳入工作成果，确保数据成果一致。

在协调处理矛盾冲突上，要保护地内矛盾冲突随保护地评估调整工作统筹考虑，保护地外不符合生态保护红线管控规则的人为活动，包括依法取得海域使用权的海域、取得权属的无居民海岛，以及国家重大规划已经明确的项目选址区域调出生态保护红线。

在细化海洋开发利用空间上，要依据海洋开发利用现状和适宜性，衔接发展战略，划分海洋开发利用空间；结合《国土空间总体规划编制指南》《国土空间调查、规划、用途管制用地用海分类指南》，对海洋开发利用空间进一步细化用海分区分类；对目前功能定位尚不清晰，不适宜或难以开发的区域，应作为规划留白区，划入海洋开发利用空间。

在统筹确定海洋空间格局上，衔接"三调"、海岸线修测、自然保护地整合优化成果，进一步优化海洋"两空间内部一红线"格局，使分区成果与生态系统分布、陆海边界协调一致；准确把握陆海生态系统的完整性以及开发利用行为的关联性，与陆域功能分区充分衔接，对于陆海活动高度关联的区域探索"陆海一体化分区"，确保红树林、滨海盐沼、重要河口等陆海连续分布的生态系统得到完整保护，临岸渔业、港口航运、滨海旅游、临海工业等陆海活动高度关联的区域实现陆海统筹。

在探索无居民海岛划定上，考虑到无居民海岛及其周边海域生态系统的特殊性，将无居民海岛以清单方式逐岛划入"两空间内部一红线"。同时，将领海基点所在海岛及领海基点保护范围内海岛、国土用途海岛、自然保护区内海岛以及具有珍稀濒危野生动植物及栖息地、重要自然遗迹等特殊保护价值的无居民海岛划入生态保护红线。

在国土空间规划中传导落地上，结合市县国土空间规划编制，进一步完善海洋空间分区分类要求，落实生态保护红线面积、自然岸线保有率等目标，提出海洋国土空间开发与保护的重点要求，明确向下层次规划传导的方式（底线管控、控制指标、名录管理、政策要求等）。将"两空间内部一红线"的布局及管理要求具体落实到市县国土空间规划中。

2. 海岸线分类管控

国家对海岸线实施分类保护与利用。根据海岸线自然资源条件和开发程度，分为严格保护、限制开发和优化利用三个类别。

自然形态保持完好、生态功能与资源价值显著的自然岸线划为严格保护岸线，主要包括优质沙滩、典型地质地貌景观、重要滨海湿地、红树林、珊瑚礁等所在海岸线。严格保护岸线按生态保护红线有关要求划定。除国防安全需要外，禁止在严格保护岸线的保护范围内构建永久性建筑物、围填海、开采海砂、设置排污口等损害海岸地形地貌和生态环境的活动。

自然形态保持基本完整、生态功能与资源价值较好、开发利用程度较低的海岸线应划为限制开发岸线。限制开发岸线严格控制改变海岸自然形态和影响海岸生态功能的开发利用活动，预留未来发展空间，严格海域使用审批。

人工化程度较高、海岸防护与开发利用条件较好的海岸线应划为优化利用岸线，主要包括工业与城镇、港口航运设施等所在岸线。优化利用岸线应集中布局确需占用海岸线的建设项目，严格控制占用岸线长度，提高投资强度和利用效率，优化海岸线开发利用格局。

3. 重点管控边界

除海域分区和海岸线分类外，我国探索设置海岸建筑退缩线、海洋灾害防御区、地下水禁限区和海砂禁采区等重点管控边界，旨在解决陆海统筹中的关键问题与矛盾。

海岸建筑退缩线是根据海岸带自然禀赋及环境特征，综合考虑海洋灾害影响、生态环境保护和亲海空间需求，以海岸线为基准，向陆一侧后退一定的距离，划定的禁止或限制建筑活动的控制线。《自然资源部办公厅关于开展省级海岸带综合保护与利用规划编制工作的通知》提出"因地制宜划定海岸建筑退缩线"，《省级海岸带综合保护与利用规划编制指南（试行）》明确"综合考虑海岸线的自然地理格局、海洋灾害影响、生态系统分布和演变过程等因素，以海岸线为基准，在充分考虑海岸线两侧开发利用现状和海岸防护工程建设标准基础上，因地制宜划定海岸建筑退缩线"。

海洋灾害重点防御区是受到风暴潮等海洋灾害影响，并且危险性较高、承灾体较脆弱，需要采取灾害防御措施的区域。风暴潮是海洋环境灾害的主要表现形式。2020年5月，自然资源部发布《风暴潮灾害重点防御区划定技术导则》（HY/T 0282-2020），明确要根据风暴潮灾害危险性分析结果，综合考虑历史灾害情况、岸段重要性、重要承灾体以及区域灾害防御能力，划定风暴潮灾害重点防御区。

地下水禁采区或限采区。滨海区域容易发生海水入侵灾害，即受自然或人为原因，海滨地区水动力条件发生变化，使海滨地区含水层中的淡水与海水（卤水）之间的平衡状态遭到破坏，导致海水或卤水沿含水层向陆地方向扩侵，影响入侵带内人、畜生活和工、农业生产就地用水，使淡水资源遭到破坏的现象或过程。因此，为了防止盲目、肆意地开采破坏地下水平衡关系，而划定了禁止性或限制性区域。

砂开采区或海砂禁采区。近年来，砂石的高价、短缺诱发了屡禁不止的盗采海砂现象，一些转产转业的渔民也跟风造船采砂，甚至个别地方受到利益驱动，对非法采砂持默许态度，有的刻意绕开国家政策，通过假借航道、锚地等疏浚的方式取得砂源，致使"盗采、乱采、滥采"现象较为严重。针对此问题，部分沿海省市积极开展域内海砂资源的本底调查，基于近岸海洋地理环境、海砂资源禀赋、海洋动力条件和岸线自然属性，探索划定海砂开采区或禁采区。其中，国家相关部门明确需禁止在海洋自然保护区、军事用海区、海底电缆管道保护区、航道锚地和重要的海洋生物产卵场、索饵场、越冬场及栖息地等区域从事海砂开采海域使用活动；严格限制在可能危及跨海桥梁、海底隧道、海底电缆管道、海堤、海上油气开采等涉海工程安全的海域，以及可能对海岸线、海岸防护林造成侵蚀危害的海域开采海砂。

5.3.3 公益林、基本草原、重要湿地控制线

1. 公益林

公益林，也称生态公益林，是以保护和改善人类生存环境、保持生态平衡、保存物种资源、科学实验、森林旅游、国土保安等需要为主要经营目标的森林和灌木林。公益林分为国家级、省级和市县级公益林。

国家级公益林是指生态区位极为重要或生态状况极为脆弱，对国土生态安全、生物多样性保护和经济社会可持续发展具有重要作用，以发挥森林生态和社会服务功能为主要经营目的的防护林和特种用途林。国家公益林控制线的管控定应遵循以下原则：①生态优先、确保重点，因地制宜、因害设防，集中连片、合理布局，实现生态效益、社会效益和经济效益的和谐统一；②尊重林权所有者和经营者的自主权，维护林权的稳定性，保证已确立承包关系的连续性。根据《国家级公益林区划界定办法》，国家级公益林的划定范围包括：①江河源头——重要江河干流源头；②江河两岸——重要江河干流两岸；③森林和陆生野生动物类型的国家级自然保护区以及列入世界自然遗产名录的林地；④湿地和水库——重要湿地和水库周围2公

里以内从林缘起，为平地的向外延伸 2 公里、为山地的向外延伸至第一重山脊的林地；⑤边境地区陆路、水路接壤的国境线以内 10 公里的林地；⑥荒漠化和水土流失严重地区——防风固沙林基干林带（含绿洲外围的防护林基干林带）；集中连片30 公顷以上的有林地、疏林地、灌木林地；⑦沿海防护林基干林带、红树林、台湾海峡西岸第一重山脊临海山体的林地；⑧除前七款区划范围外，东北、内蒙古重点国有林区以禁伐区为主体，符合下列条件的：未开发利用的原始林，或森林和陆生野生动物类型自然保护区，或以列入国家重点保护野生植物名录树种为优势树种，以小班为单元，集中分布、连片面积 30 公顷以上的天然林。

2. 基本草原

基本草原是根据地方社会经济发展需要，划定的需要严格管理的天然草原和人工草地保护控制线，主要包括：①重要放牧场；②割草地；③用于畜牧业生产的人工草地、退耕还草地以及改良草地、草种基地；④对调节气候、涵养水源、保持水土、防风固沙具有特殊作用的草原；⑤作为国家重点保护野生动植物生存环境的草原；⑥草原科研、教学试验基地；⑦国务院规定应当划为基本草原的其他草原。

3. 重要湿地控制线

湿地是指地表过湿或经常积水，生长湿地生物的地区。湿地具有涵养水源、净化水质、维护生物多样性等多种生态功能，是自然生态系统的重要组成部分。根据湿地的生态区位、生态系统功能和生物多样性等情况，划分为国家重要湿地（含国际重要湿地）和地方重要湿地。

根据《国家重要湿地确定指标》，以湿地功能和效益的重要性为考量，凡符合下列任一指标被视为具有国家重要意义的湿地，即国家重要湿地：①具有某一生物地理区的自然或近自然湿地的代表性、稀有性或独特性的典型湿地；②支持着易危、濒危、极度濒危物种或者受威胁的生态群落；③支持着对维护一个特定生物地理区的生物多样性具有重要意义的植物或动物种群；④支持动植物种生命周期的某一关键阶段或在对动植物种生存不利的生态条件下对其提供庇护场所；⑤定期栖息有 2 万只或更多的水鸟；⑥定期栖息的某一水鸟物种或亚种的个体数量，占该种群全球个体数量的 1% 以上；⑦栖息着本地鱼类的亚种、种或科的绝大部分，其生命周期的各个阶段、种间或种群间的关系在维护湿地效益和价值方面具有典型性，并因此有助于生物多样性保护；⑧是鱼类的一个重要食物场所，并且是该湿地内或其他地方的鱼群依赖的产卵场、育幼场或洄游路线；⑨定期栖息某一依赖湿地的非鸟类动物物种或亚种的个体数量，占该种群全球个体数量的1%以上；⑩分布在河流源头区或其他重要水源地，具有重要生态学或水文学作用的湿地；⑪具有中国特有植物或动物物种分布的湿地；⑫具有显著的历史或文化意义的湿地。

对重要湿地的管控要遵循以下原则：①坚持保护优先、自然恢复为主；②坚持系统治理、统筹科学施策；③坚持聚焦重点、示范引领带动；④坚持协同发展、推动合作共赢。重要湿地的管控主要包括：①完善保护管理体系；②落实湿地面积总量管控；③健全湿地用途监管机制；④建立退化湿地修复制度；⑤健全湿地监测评价体系，重要湿地监测指标体系包括湿地类型监测、面积监测、气象要素监测、水义监测、水质监测、湿地土壤监测、湿地植被及其群落监测、湿地野生动物监测、外来物种监测几方面。

5.3.4　河湖管理线

河湖管理线是保护河湖的刚性保护线，是作为保障社会与居民的用水安全以及防止洪涝灾害发生的一个重要屏障，河湖管理线的作用主要表现为维持生态环境的稳定以及保证航运工作的正常开展等方面。有堤防的河湖，其管理范围为两岸堤防之间的水域、沙洲、滩地（包括可耕地）、行洪区，两岸堤防及护堤地；无堤防的河湖，其管理范围根据历史最高洪水位或者设计洪水位确定。河湖的具体管理范围，由县级以上地方人民政府负责划定。河湖管理范围划定是水行政主管部门依法进行河道管理、执法的基础和前提，人民政府应当根据河湖生态环境功能需要，开展河湖生态修复和保护，退耕还林还草、退田还湖还湿、退渔还湖，恢复河湖水系自然连通等工作。

在河湖管理范围内，水域和土地的利用应当符合江河行洪、输水和航运的要求；滩地的利用，应当由河道主管机关会同土地管理等有关部门制定规划，报县级以上地方人民政府批准后实施；禁止损毁堤防、护岸、闸坝等水工程建筑物和防汛设施、水文监测和测量设施、河岸地质监测设施以及通信照明等设施；禁止非管理人员操作河道上的涵闸闸门；禁止任何组织和个人干扰河道管理单位的正常工作；禁止修建围堤、阻水渠道、阻水道路；种植高秆农作物、芦苇、杞柳、荻柴和树木（堤防防护林除外）；禁止设置拦河渔具；弃置矿渣、石渣、煤灰、泥土、垃圾等。进行下列活动，必须报经河道主管机关批准；涉及其他部门的，由河道主管机关会同有关部门批准：①采砂、取土、淘金、弃置砂石或者淤泥；②爆破、钻探、挖筑鱼塘；③在河道滩地存放物料、修建厂房或者其他建筑设施；④在河道滩地开采地下资源及进行考古发掘。此外，禁止围湖造田。已经围垦的，应当按照国家规定的防洪标准进行治理，逐步退田还湖。湖泊的开发利用规划必须经河道主管机关审查同意。

5.3.5 历史文化保护线

1.历史文化保护线概念

为贯彻落实党中央、国务院关于加强历史文化遗产保护的指示要求，指导和规范国土空间规划编制和实施中历史文化遗产保护内容的编制，自然资源部组织起草了《国土空间规划历史文化遗产保护技术指南（征求意见稿）》，向社会公开征求意见。在其第3条"术语与定义"中，明确界定了"历史文化保护线"的概念。

历史文化保护线是对各类历史文化遗存本体及相关环境进行空间管控、保护其真实性和完整性的范围边界。包括文物保护单位保护范围和建设控制地带、城市紫线、水下文物保护区、地下文物埋藏区等由国家法律法规、国际公约认定公布的各类历史文化遗产保护控制范围边界，以及国土空间规划历史文化遗产保护专项规划中确定的管控范围边界。

依照上述定义，历史文化保护线强调双线管控、协同管理和多线整合，即：①双线管控。历史文化保护线管控的对象包括了各类历史文化遗存的本体，以及与其相关的空间环境。可以看到，历史文化保护线与"三线"（城镇开发边界、生态保护红线、永久基本农田）的重要区别是不仅管控本体空间，还要管控相关的环境空间，是"双线"管控。②协同管理。历史文化保护线管控的目的是保护历史文化遗产的真实性和完整性。历史文化遗产资源的价值是在国土空间资源内的再发现，因此在管控上与其他类型的空间资源重合。例如，历史文化遗产的"真实性"和"完整性"特征也可能是城镇空间、生态空间、农业空间的价值构成，因此需要和其他管控要求进行整合，形成整体性保护管控体系。③多线整合。历史文化保护线管控的依据和法律基础主要有三个方面：国家法律法规、国际保护公约以及国土空间规划历史文化遗存保护规划确定的保护管控范围边界。具体而言，历史文化保护线包括了文物保护单位保护范围和建设控制地带、城市紫线、水下文物保护区、地下文物埋藏区等保护控制范围边界，这些管控范围在国土空间规划中进行整合。

2.历史文化保护线划定

《国土空间规划历史文化遗产保护技术指南（征求意见稿）》提出，国土空间规划历史文化遗产保护在遵循现行相关标准及政策要求，结合省、市县、乡镇不同层级总体规划和详细规划的编制重点和技术方法，划定历史文化保护线，并整合到国土空间规划"一张图"中。

历史文化保护线及空间形态控制指标和要求是国土空间规划的强制性内容，作为实施用途管制和规划许可的重要依据。国土空间规划"一张图"对历史文化遗产空间数据管理和实施监督十分重要，宜按标准进行数据汇交和充分应用相关功能。

3. 各级国土空间规划中历史文化遗产管控要求

各级规划从地域特色分区、遗存木体及环境安全、非物质文化遗产、基础设施保障、地上地下空间统筹、乡土历史风貌等方面提出历史文化遗产保护管控措施，在衔接落实上级规划内容要求的同时，可以在规划内容和精度方面体现差异性。

1）省级国土空间规划

在省级国土空间规划中，历史文化保护线划定要结合市县国土空间总体规划历史文化保护线汇交数据，重点整合大尺度、跨行政区域的历史文化遗产保护线范围，研判提出与永久基本农田、生态保护红线、城镇开发边界、地下空间、海洋空间相统筹的原则性的空间协调措施，并针对历史文化遗产富集区域，提出空间要素整合的指导性要求。

2）市县国土空间总体规划

在市县国土空间总体规划中，历史文化保护线要统筹划定包括文物保护单位保护范围和建设控制地带、水下文物保护区、地下文物埋藏区、城市紫线等在内的历史文化保护线。对于纳入历史文化遗产保护名录，但暂不具备历史文化保护线划定基础的，加强部门协同，及时落实动态补划。

按照整体性保护要求，宜从下列方面提出相应空间管控措施：①与周边山水环境整体保护。明确历史格局、自然山水环境、重要视线通廊、天际线等历史文化遗产环境的形态管控措施，鼓励细化制定用地及项目准入正负面清单。②与遗产真实性、完整性相关联的空间环境协调。加强与历史文化遗产相关环境的生态保护、修复、监测等空间管控和引导措施。在与历史文化遗产相关的农业空间中，提出传统耕作及水利技术沿用、水土保持、灌区协同等综合治理措施。③与建设活动的空间协调。避免集中建设对历史文化遗产及其环境造成负面影响。④分析历史文化保护线与永久基本农田、生态保护红线的重叠情况，在充分评估的基础上明确协调管控要点。

3）乡镇国土空间总体规划

在乡镇国土空间总体规划中，参照市县国土空间总体规划工作方法，整体保护历史文化遗存本体及其环境。重点从下列方面制定相关措施：①细化落实市县国土空间总体规划确定的历史文化保护线范围及空间形态控制指标和要求。注意保护历史镇区、特色保护村庄居民点、农业及灌溉文化遗产与山水选址环境的特色空间关系，充分考虑历史文化遗产与生态、生产、生活空间有机结合，优化乡镇与村庄布局，有机组织生态空间与农业空间，形成保护乡土历史风貌的景观安全缓冲区。②设置正负面管控清单。农业生产、村庄建设等活动涉及历史文化保护线时，提出准入和退出条件；在保障历史文化遗产安全的前提下，对乡村文化旅游、公共服务设施建设等活动提出鼓励和允许的措施建议；严禁村庄土地平整及机械耕作、产业设施布局等破坏乡村的历史环境。

4）详细规划

在详细规划中，城镇开发边界内注重历史文化遗产保护利用，与城市更新、城市设计、社区生活圈等相协调，创造更多具有历史文化特色的空间场所，激发城镇活力，整体提升城区空间品质。城镇开发边界外编制实用性村庄规划时，统筹考虑历史文化遗产保护与乡村振兴，重点从下列方面制定相关措施：①落实保护名录与历史文化保护线。明确历史文化遗产保护名录，落实历史文化保护线的空间形态和控制指标，完成历史文化保护线精确的空间定位。②合理布局宅基地。尊重传统村落选址布局规律，结合地方建筑文化特色和居民生活习惯，合理规划宅基地的选址布局、规模及组织形态，体现地域特色。③明确土地利用的用途管制和规划许可要求，有条件的地区可以提出乡土建筑修缮、农房风貌整治等措施建议。

5.3.6 城市"四线"（绿线、蓝线、紫线、黄线）

城市"四线"分别指城市"绿线、蓝线、紫线、黄线"。

（1）城市绿线。是指城市各类绿地范围的控制线。各类绿地包括公共绿地、防护绿地、生产绿地、居住区绿地、单位附属绿地、道路绿地、风景林地等。按《城市绿线管理办法》规定，在城市绿线范围内必须按照规划和相关规范进行城市绿地建设，不得改作他用，不得违反法律、法规、强制性标准以及批准的规划进行开发建设，不能进行破坏生态环境的活动。因建设或者其他特殊情况，需要临时占用城市绿线内用地的，必须依法办理相关审批手续。在城市绿线范围内，不符合规划要求的建筑物、构筑物及其他设施应当限期迁出。

（2）城市蓝线。是指国土空间规划确定的江、河、湖、库、渠和湿地等城市地表水体保护和控制的地域界线。城市蓝线包括水域控制线、陆域控制线和用于调蓄雨水的蓝绿空间范围线。水域控制线一般包括河道水域、沙洲、滩地、堤防、岸线等，有堤防的水体，宜以堤顶临水一侧边线为基准划定水域控制线；无堤防的水体，宜按防洪、排涝设计标准所对应的洪（高）水位及设计超高划定水域控制线，陆域控制线一般包括因河道拓宽、整治、生态景观、绿化等目的而规划预留的河道控制保护范围。对城市蓝线范围划定，各地城市在城市蓝线划定实践中，大部分除了将河流堤防内的范围划为城市蓝线外，对于城市水生态恢复和滨水环境建设有重要作用和影响的城市滨水绿带也一并划入城市蓝线范围内。现状坑塘、低洼地、自然汇水通道等水敏感区域宜纳入城市蓝线的控制范围。城市蓝线中的水域控制线，其范围内的水体必须保持其完整性。城市蓝线一经批准，不得擅自调整，因城市发展和城市布局结构变化等原因，确实需要调整城市蓝线的，应当依法调整规划，并相应调整城市蓝线。

（3）城市紫线。是指国家历史文化名城内的历史文化街区和省、自治区、直辖市人民政府公布的历史文化街区的保护范围界线，以及历史文化街区外经县级以上人民政府公布保护的历史建筑的保护范围界线。文物保护单位的保护范围和建设控制地带的边界线也被统称为城市紫线。城市紫线确立了在该范围内保护管理相关政策的优先权，或者是常规的规划管理、建筑规范在该区域不完全适用，需要采取特别的管控措施或设计指引。

（4）城市黄线。是指对城市发展全局有影响的、国土空间规划中确定的、必须控制的城市基础设施用地的控制界线。城市基础设施包括：①城市公共汽车首末站、出租汽车停车场、大型公共停车场；城市轨道交通线、站、场、车辆段、保养维修基地；城市水运码头；机场；城市交通综合换乘枢纽；城市交通广场等城市公共交通设施。②取水工程设施（取水点、取水构筑物及一级泵站）和水处理工程设施等城市供水设施。③排水设施；污水处理设施；垃圾转运站、垃圾码头、垃圾堆肥厂、垃圾焚烧厂、卫生填埋场（厂）；环境卫生车辆停车场和修造厂；环境质量监测站等城市环境卫生设施。④城市气源和燃气储配站等城市供燃气设施。⑤城市热源、区域性热力站、热力线走廊等城市供热设施。⑥城市发电厂、区域变电所（站）、市区变电所（站）、高压线走廊等城市供电设施。⑦邮政局、邮政通信枢纽、邮政支局；电信局、电信支局；卫星接收站、微波站；广播电台、电视台等城市通信设施。⑧消防指挥调度中心、消防站等城市消防设施。⑨防洪堤墙、排洪沟与截洪沟、防洪闸等城市防洪设施。⑩避震疏散场地、气象预警中心等城市抗震防灾设施。⑪其他对城市发展全局有影响的城市基础设施。

5.3.7 产业区块控制线

产业区块控制线是根据国土空间规划和产业布局要求，划定的需要控制和保护的以工业为主导功能的区域范围界线[1]，一般由"工业园区—城镇工业地块"组成[2]，该控制线内的工业用地需要特殊保护和严格管理[3]。区块内以工业用地为主导，涵盖了传统工业用地（M1、M2）、新型产业用地（M0）、为工业发展提供保障的仓储、港口等用地，还包括一些发展备用地。区块内主要发展先进制造业，并积极支持创新、研发等战略性新兴产业的发展[4]。

产业区块控制线这一概念源于实践中的不断探索，目前尚未形成统一且公认的法律定义。因此，不同地区在具体实施时采用了不同的控制线名称（表5-5）。例如，深圳提出了划定工业区块线的办法，而广州则强调了工业产业区块的概念。在其他地区，还存在如工业保护线、工业控制线、区块线等类似的概念。这些不同的命名方式反映了各地在产业区块管理上的不同侧重点和实践特色。尽管名称各异，但它们的共同目标都是为了保障城市工业用地总规模，支撑工业发展和产业集聚，保障先进制造业的发展空间。

表 5-5 部分地区的产业区域控制线称谓

采用城市	控制线名称	采用城市	控制线名称
深圳	工业区块线	惠州	工业控制线
广州	工业产业区块	佛山	城市棕线
东莞	工业保护线	厦门、珠海	工业用地控制线
中山	工业用地保护线（区块线）	—	—

资料来源：作者根据参考文献整理（北京市城市规划设计研究院.高质量发展背景下顺义区工业用地控制线划定策略探究［EB/OL］.（2022-11-24）［2024-05-12］.https://www.sohu.com/a/609548306_121123713.）

产业区块控制线的空间管控方式主要包括分级管控和规模管理，各地在具体管控内容上有所差异。以广州为例，《广州市工业产业区块管理办法》中明确把产业区块控制线分为一级和二级进行管理。一级控制线是保障先进制造业和战略性新兴

---

1. 广州市人民政府.一图读懂《广州市工业产业区块管理办法》（注释稿）［EB/OL］.（2020-11-19）［2024-05-12］. https://www.gz.gov.cn/zwgk/zcjd/ytddzc/content/post_7132688.html.
2. 王小兵.产业区块控制线划定方法简析：以福建省晋江市为例［J］.城市建设理论研究，2019（15）：3.
3. 珠海市自然资源局.什么是工业用地控制线［EB/OL］.（2024-03-05）［2024-05-12］. https://zrzyj.zhuhai.gov.cn/hdjl/ywzsk/ghl/content/post_3639322.html.
4. 广州市人民政府.广州市工业和信息化局 广州市规划和自然资源局关于公布广州市工业产业区块划定成果的通告［EB/OL］.（2020-02-27）［2024-05-12］.https://www.gz.gov.cn/xw/tzgg/content/post_5684353.html.

产业发展的用地底线，为保障城市工业长远发展为目的划定；二级控制线则作为工业用地管理的过渡性安排，为稳定城市一定时期工业用地总规模而划定，同时保留未来根据城市发展需求进行适度调整的空间[1]。在规模管理方面，产业区块控制线的划定以总量控制、连片集中、刚性管控和占补平衡为原则，规定了区块内工业用地不低于一定比例。不同地区的控制标准有所不同（表5-6），但总体上，划定区域占城镇建设用地的比例在30%至35%之间，控制线内的工业用地比例一般不低于60%，而单个工业区块内的工业用地最低比例也在55%左右[2]。

表5-6 典型城市的工业区块控制线划定标准

城市名称	划定区域占城镇建设用地比例	工业区块控制线内的工业用地比例	单个工业区块内工业用地最低比例
深圳	30%	60%（要求）	60%（要求）
广州	31.9%	—	55%（要求）
东莞	34.7%	76.1%（划定结果）	60%
惠州	33.3%	60%（要求）	—
厦门	35%	—	60%（要求）
佛山	—	—	60%（要求）

资料来源：作者根据参考文献整理（北京市城市规划设计研究院.高质量发展背景下顺义区工业用地控制线划定策略探究[EB/OL].（2022-11-24）[2024-05-12].https://www.sohu.com/a/609548306_121123713.）

此外，产业区块控制线的管控要求严格遵循城镇开发边界内的相关规定，实施"详细规划＋规划许可"的空间管制模式[3]。在规划编制过程中，需逐级落实工业控制线，确保其与国土空间规划相衔接。同时，为提升产业发展质量、优化空间布局、提高用地集约水平，还需配套出台产业准入、提质增效等相关政策。通过这些管控要求，旨在科学规划、有效管理产业区块，推动产业空间的健康发展。

专栏5-5 产业区块控制线发展历程

在全球范围内，通过控制线保护工业用地是一种普遍做法。西方国家自

1.广州市规划和自然资源局.《广州市工业产业区块管理办法》政策解读[EB/OL].（2021-02-18）[2024-05-12].https://ghzyj.gz.gov.cn/gkmlpt/content/7/7096/mpost_7096679.html#15271.
2.北京市城市规划设计研究院.高质量发展背景下顺义区工业用地控制线划定策略探究[EB/OL].（2022-11-24）[2024-05-12].https://www.sohu.com/a/609548306_121123713.
3.中华人民共和国中央人民政府.关于建立国土空间规划体系并监督实施的若干意见[EB/OL].（2019-05-23）[2024-05-12].https://www.gov.cn/zhengce/2019-05/23/content_5394187.htm.

20世纪20年代起就已有类似概念。美国、日本、韩国等国家以区划规划为主要的管控手段[1]，对工业用地的发展空间进行保护，并通过相关法规为此提供法律支撑。例如，美国在《城市规划法》中提出了工业用地计划，通过工业用地的分级供应和空间地图进行精细化管理，并通过审核和听证制度进行监督。日本基于《土地基本法》制定了用地战略计划，侧重于对既有工业地块和潜在扩张区域进行细致的审查和规划。韩国则依据《国土利用管理法》明确划分了工业用地的空间范围，依据相关规划确定了工业区块的数量和位置，并规定了土地价格的公众参与决策机制。以上做法为我国产业区块控制线的划定提供了重要参考[2]。

在国内，产业区块控制线作为规划和产业发展的重要工具，经历了从地方首创到全国推广的演进过程。其概念最早源于2008年广州市的"三规合一"实践成果，为后续产业区块线的发展奠定了理论基础。2016年，深圳在《关于支持企业提升竞争力的若干措施》中率先提出研究划定产业区块控制线的举措，同年8月，深圳市宝安区出台了全国首个区级层面的工业控制线管理办法，标志着产业区块控制线从理论走向实践。随后，深圳、广州、东莞等多个城市相继出台工业产业区块线划定成果和相关政策，不断完善管理体系。2018年后，这一做法逐渐在全国范围内推广，包括厦门、合肥、南京等城市也结合自身情况划定了产业区块控制线或工业用地保护线。2022年，珠海制定了全国首个专门规范工业用地控制线的地方性法规，提升了产业区块控制线的法律地位。同年，自然资源部在国土空间规划中首次提出划定工业用地控制线，标志着产业区块控制线正式成为国家层面的规划控制要素。

专栏5-6 各地工业用地控制线管控做法

（1）管控对象

由表5-7可见，各地对"工业用地控制线"称谓与管控对象内涵所有差异，但是基本以工业用地为核心，围绕各自产业发展方向，控制线管控对象划定工业用途管制范围线。

---

1. GROUT C A, JAEGER W K, PLANTINGA A J. Land-use regulations and property values in Portland, Oregon: A regression discontinuity design approach [J]. Regional Science & Urban Economics, 2011, 41（2）: 98-107.
2. 张小东，韩昊英，张云璐，等. 国土空间规划重要控制线体系构建 [J]. 城市发展研究，2020，27（2）: 30-37.

表5-7 部分地区工业用地控制线称谓和管控对象

城市	名称	管控对象
深圳	工业区块线	包括普通工业用地、新型产业用地等各类工业用地和以工业为主导方向的发展备用地
东莞	工业保护线	工业、仓储、港口用地
广州	工业产业区块	以工业用地为主，包括普通工业用地、新型产业用地（M0），以及用于支持工业发展的仓储用地、港口用地、发展备用地等
佛山	工业棕线	工业用地和仓储物流用地
厦门	工业用地控制线	以生产、制造业集中区为主，不包括物流、软件信息产业等

资料来源：作者根据参考文献整理（北京市城市规划设计研究院.高质量发展背景下顺义区工业用地控制线划定策略探究［EB/OL］.（2022-11-24）［2024-05-12］.https://www.sohu.com/a/609548306_121123713.）

（2）管控分级

对于工业区块线管控分级方面，大部分城市采用分级管控的方式（表5-8），其中一级控制线内划入规划产业与仓储用地，二级控制线划入现状工业或产业基础较好，但远期规划为其他类型，或根据阶段性实际发展要求，弹性改变使用用途的土地，二级控制线内划定的现状工业用地多数为村镇集体产业用地或规划中"退二进三"的工业用地。

表5-8 部分地区工业用地控制线分级管控

城市	一级控制线	二级控制线
深圳	保障城市产业长远发展而确定的工业用地管理线	稳定一定时期工业用地总规模、未来逐步引导转型的工业用地过渡线
东莞	保障城市产业长远发展而确定的，符合规划的工业用地保护线	为稳定城市一定时期内工业用地总规模将未来拟逐步转变功能的现状工业用地择优划定的工业用地过渡线
广州	保障城市工业长远发展的工业用地管理底线，是先进制造业、战略性新兴产业发展的核心载体	稳定一定时期工业用地总规模、未来可根据城市发展需求适当调整使用性质的工业用地管理过渡线
佛山	为了保障城市长远发展确定的产业园区和重要的产业组团范围界线	为了稳定城市一定时期产业用地总规模，未来逐步引导转型的产业组团和产业地块范围界线

资料来源：作者根据参考文献整理（北京市城市规划设计研究院.高质量发展背景下顺义区工业用地控制线划定策略探究［EB/OL］.（2022-11-24）［2024-05-12］.https://www.sohu.com/a/609548306_121123713.）

深圳与东莞市根据规划和产业发展导向，按照"总量控制、集中连片、保大放小、分类定策"的原则划定工业用地控制线，并采用工业用地红、蓝线划定的方式。①工业用地一级控制线：将现状工业基础较好、集中成片、符合规划要求的用地划入工业用地一级控制线（红线）内。②工业用地二级控制线：将位于基本生态控制线外、现状工业基础较好、结合规划，未来拟逐步转变功能的现状工业用地，但近期仍需保留为工业用途的划入二级线（蓝线）内。在深圳与东莞相关控制线划定办法中，充分考虑工业发展与城镇发展格局相协调，并优先落实市镇重点园区、落实保护市属或镇级重大产业与重要企业项目。

佛山采用工业用地红线（一级控制线）和工业集聚区（二级控制线）的概念，对工业空间保护的内容大幅度扩充。①工业用地一级控制线：采用工业用地红线，为保障工业用地总规模，支撑工业发展，需要特殊保护、严格管理，以工业用途为主导的范围线。②工业用地二级控制线：采用工业集聚区的概念，指为促进工业用地集聚发展、促进产城融合的区域范围线。

与深圳、东莞工业用地一二级控制线（"红线"和"蓝线"）相"剥离"的划定方法相比较。佛山市的一级、二级管控线采用相"嵌套"的方式（表5-9），其主要目的是为了促进产城融合，并在工业区块线保护范围内增加了大量产业配套设施用地，将货运交通枢纽等物流用地纳入二级管控线范围内，更强调生产性服务支撑。

表5-9　佛山市工业用地控制线划入对象（2020年）

名称	面积（km²）	划入对象
工业集聚区	966	现有园区、货运交通枢纽、潜力拓展储备空间
工业用地红线	450	工业用地及道路、绿化、市政等配套设施用地

资料来源：作者根据参考文献整理（佛山市人民政府办公室.佛山市工业用地红线划定［EB/OL］.（2022-11-24）［2024-05-12］.https://www.shunde.gov.cn/fssdzrzy/attachment/0/414/414550/6035483.pdf.）

（3）规模管控

在各地实践中，在划定的工业用地控制线范围内，除了必要的公共管理与公共服务用地、交通运输用地、公用设施用地、绿地与开敞空间用地、公用设施营业网点用地等配套设施及公共利益需要用地（包括政府主导的候工楼、廉租公房）外，不得调整为其他非工业用途。新增商品住宅、商务公寓和大规模的商业和办公等建筑功能都将被禁止，工业（产业）用地的比例普遍要求不低于控制线划定面积的60%。根据《城市用地分类与规划建设用地标准》（GB 50137—2011），工业用地在城市建设用地中一般以占城市建设总用地的15%至25%为宜。因此，各地划定工业用地控制线占城镇建设用地的比例一般控制在30%～35%之间（表5-10）。

表 5-10　部分地区工业区块中工业用地面积比例要求

城市	工业区块中工业用地比例	单个工业区块内 工业用地最低比例	参考来源
深圳	60%	60%	《深圳市工业区块线管理办法》，2018-08-03
东莞	76.1%	60%	《东莞市工业保护线专项规划》，2018-09-12 《东莞市工业保护线管理办法》，2018-09-25
广州	各区纳入工业区块的规划工业用地面积占全区规划工业用地面积比例不少于80%	55%	广州市工业产业区块划定成果的通告，2020-02-27 《广州市工业产业区块管理办法（征求意见稿）》，2020-05-30
佛山		60%	《佛山市城市棕线管理办法》，2018-08-20

资料来源：作者根据参考文献整理（北京市城市规划设计研究院. 高质量发展背景下顺义区工业用地控制线划定策略探究［EB/OL］.（2022-11-24）［2024-05-12］. https://www.sohu.com/a/609548306_121123713.）

5.4　国土空间转用管控方法

为实现土地资源的科学管理与持续利用，国土空间规划用途管制方法涉及多类国土空间转用管控政策。其中，农地转用管理是土地用途管制制度的核心环节、耕地"占补平衡"与"进出平衡"管理进一步巩固了耕地资源的保护机制、林地和湿地的占补平衡管理则是对生态文明建设理念的重要落实。自然生态空间用途管制和海洋空间管制同属于用途管制方法，将在本节一并介绍。

5.4.1　农用地转用管理

农用地转用管理是土地用途管制制度的关键环节，是控制农用地转为建设用地的重要措施，是保护耕地、保障国家粮食安全的重要手段。农用地转用是指现状的农用地按照土地利用总体规划（国土空间规划）和国家规定的批准权限，经过审查批准后转为建设用地的行为，即农用地转为建设用地的简称，是指将耕地、林地、草地等直接用于农业生产的土地转变为用于建造建筑物、构筑物的土地即建设用地的行为。自然资源主管部门根据土地利用总体规划（国土空间规划）、土地利用年度计划和落实耕地占补平衡责任等方面的情况，对农用地转用申请进行审查，并提出意见。因此，农用地转用必须满足以下基本条件：一是符合土地利用总体规划（国土空间规划），如果符合规划确定的用途，那么在规划的建设用地范围内，则可以转为建设用地，否则原则上不能转为建设用地；二是要符合土地利用年度计划，政府批准农用地转用必须在土地利用年度计划控制指标范围之内，不得超计划批准农用地转用；三是应依据建设用地供应政策，国家通过制定建设用地的供应政策，控制建设用地总量，防止大量占用农用地，以及优化投资结构，防止重复建设，促进国民经济的协调发展。

国家对耕地实施特殊保护，严格限制农用地转为建设用地，如果因建设需要占用土地，涉及农用地转为建设用地，应当办理农用地转用审批手续。原《中华人民共和国土地管理法》规定农用地转用按照项目层级分国务院和省两级审批，中央一级审批范围大、用地周期长，社会反映强烈，成为土地管理中的突出问题之一。为深化"放管服"改革和改善营商环境，新《中华人民共和国土地管理法》对农用地转用的审批权限做了调整，按照项目是否占用永久基本农田实行分级审批，在严格保护耕地特别是永久基本农田的前提下，适当下放农用地转用审批权限。这一改革是对党中央、国务院"放管服"改革部署的贯彻落实，建设项目审批制度改革已将项目立项审批权大规模下放给地方，要求用地审批制度也应该作出相应调整，不断提高用地审批效率。审批权限按照如下两种情况讨论：一是建设占用永久基本农田必须由国务院批准，新《中华人民共和国土地管理法》规定，永久基本农田转为建设用地的，由国务院批准。只要建设项目用地涉及占用永久基本农田的，整个项目的农用地转用都需要报国务院审批。二是建设不占用永久基本农田的，根据城镇建设用地规模范围内外划分不同审批权限。依据《中华人民共和国土地管理法实施条例》（2021 年修订）第四章第二节规定，可按照国土空间规划确定的城市和村庄、集镇建设用地范围内和外审批农转用地，将农用地转用分为圈内批次农用地转用、圈外单独选址项目农用地转用；依据第 22 条规定，建设项目占用国土空间规划确定的未利用地的，按照省、自治区、直辖市的规定办理。

5.4.2　耕地保护"占补平衡""进出平衡"管理

1. 耕地保护"占补平衡"管理

《中华人民共和国土地管理法》第 30 条规定：国家保护耕地，严格控制耕地转为非耕地。国家实行占用耕地补偿制度。非农业建设经批准占用耕地的，按照"占多少，垦多少"的原则，由占用耕地的单位负责开垦与所占用耕地的数量和质量相当的耕地；没有条件开垦或者开垦的耕地不符合要求的，应当按照省、自治区、直辖市的规定缴纳耕地开垦费，专款用于开垦新的耕地。省、自治区、直辖市人民政府应当制定开垦耕地计划，监督占用耕地的单位按照计划开垦耕地或者按照计划组织开垦耕地，并进行验收。《中华人民共和国土地管理法》第31条规定：县级以上地方人民政府可以要求占用耕地的单位将所占用耕地耕作层的土壤用于新开垦耕地、劣质地或者其他耕地的土壤改良。《中华人民共和国土地管理法》第32条规定：省、自治区、直辖市人民政府应当严格执行土地利用总体规划和土地利用年度计划，采取措施，确保本行政区域内耕地总量不减少、质量不降低。耕地总量减少的，由国务院责令在规定期限内组织开垦与所减少耕地的数量与质量相当的耕地；耕地质量降低的，由国务院责令在规定期限内组织整治。新开垦和整治的耕地由国务院自然资源主管部门会同农业农村主管部门验收。个别省、直辖市确因土地后备资源匮乏，新增建设用地后，新开垦耕地的数量不足以补偿所占用耕地的数量的，必须报经国务院批准减免本行政区域内开垦耕地的数量，易地开垦数量和质量相当的耕地。建设项目涉及占用耕地，需要编制补充耕地方案。补充耕地方案包括补充耕地方案，应当包括补充耕地的位置、面积、质量，补充的期限，资金落实情况等，以及补充耕地项目备案信息。

2. 耕地保护"进出平衡"管理

为守住18亿亩耕地红线，确保可以长期稳定利用的耕地不再减少，根据本级政府承担的耕地保有量目标，对耕地转为其他农用地及农业设施建设用地实行年度"进出平衡"，即除国家安排的生态退耕、自然灾害损毁难以复耕、河湖水面自然扩大造成耕地永久淹没外，耕地转为林地、草地、园地等其他农用地及农业设施建设用地的，应当通过统筹林地、草地、园地等其他农用地及农业设施建设用地整治为耕地等方式，补足同等数量、质量的可以长期稳定利用的耕地。"进出平衡"首先在县域范围内落实，县域范围内无法落实的，在市域范围内落实；市域范围内仍无法落实的，在省域范围内统筹落实。

5.4.3　林地、湿地征占用"占补平衡"管理

1. 林地占补平衡

依据《中华人民共和国森林法》《中华人民共和国行政许可法》《全国林地保护利用规划2010—2020》，我国已出台《中华人民共和国森林法实施条例》《占用

征用林地审核审批管理规范》《建设项目使用林地审核审批管理办法》等法规条例，以实现严格的用途管制和林地分级管理，实现林地占补平衡。

2. 湿地占补平衡

《中华人民共和国湿地保护法》（2021年）第二十一条规定，除因防洪、航道、港口或者其他水工程占用河道管理范围及蓄滞洪区内的湿地外，经依法批准占用重要湿地的单位应当根据当地自然条件恢复或者重建与所占用湿地面积和质量相当的湿地；没有条件恢复、重建的，应当缴纳湿地恢复费。以此实现湿地占补平衡。

5.4.4 自然生态空间用途管制

1. 自然生态空间用途管制

2015年颁布的《生态文明体制改革总体方案》指出："健全国土空间用途管制制度，将用途管制扩大到所有自然生态空间，划定并严守生态红线，严禁任意改变用途，防止不合理开发建设活动对生态红线的破坏"。2017年，原国土资源部会同发展改革委等9个部门印发实施《自然生态空间用途管制办法（试行）》，部署福建等9个省份开展试点工作，以自然生态空间为切入点探索建立统一的用途管制制度。

自然生态空间是指具有自然属性、以提供生态产品或生态服务为主导功能的国土空间，涵盖需要保护和合理利用的森林、草原、湿地、河流、湖泊、滩涂、岸线、海洋、荒地、荒漠、戈壁、冰川、高山冻原、无居民海岛等。自然生态空间用途管制包括开展对土地、森林、草原、湿地、水域、岸线、海洋和生态环境的调查评价，划定保护范围，制定准入条件、落实空间用途、制定专用规则、创新管控模式以及做好效果评估。坚持生态优先、区域统筹、分级分类、协同共治的原则，并与生态保护红线制度和自然资源管理体制改革要求相衔接。具体做法如下。

（1）"划"。即以土地利用变更调查数据为统一底数，充分利用土地调查和其他自然资源调查评价成果，参考地理国情普查与监测、遥感影像和森林、草原、水资源、海洋、矿产资源等相关调查成果，开展资源环境承载能力和国土空间开发适宜性评价，并以此为基础协调生态保护、城镇开发和农业发展空间需求，优化生态、城镇、农业、海洋等空间格局，协调形成了互不交叉重叠的三条控制线，合理确定自然生态空间（图5-2）。

（2）"定"。统筹全域，协调各个部门，结合地方实情，保障空间边界合理化和具有可操作性的博弈过程（图5-2）。

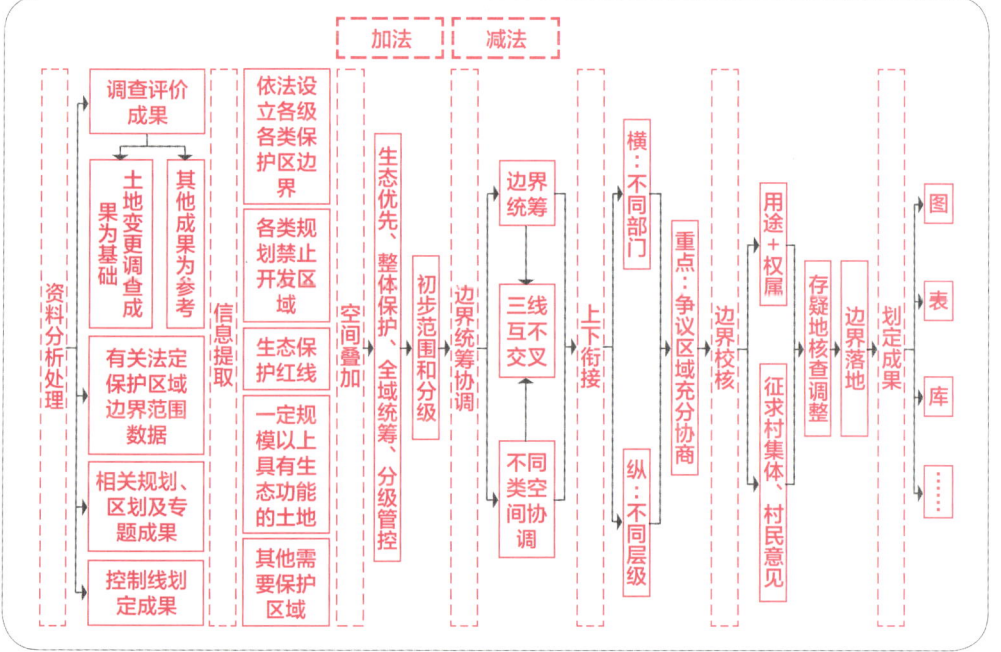

图5-2 自然生态空间划定
资料来源：自绘

（3）"管"。分级分类制定差异化用途管制规则，设定空间准入条件、土地用途转用和生态整治修复要求：①自然生态空间内实行分级分类管理（图5-3），分为生

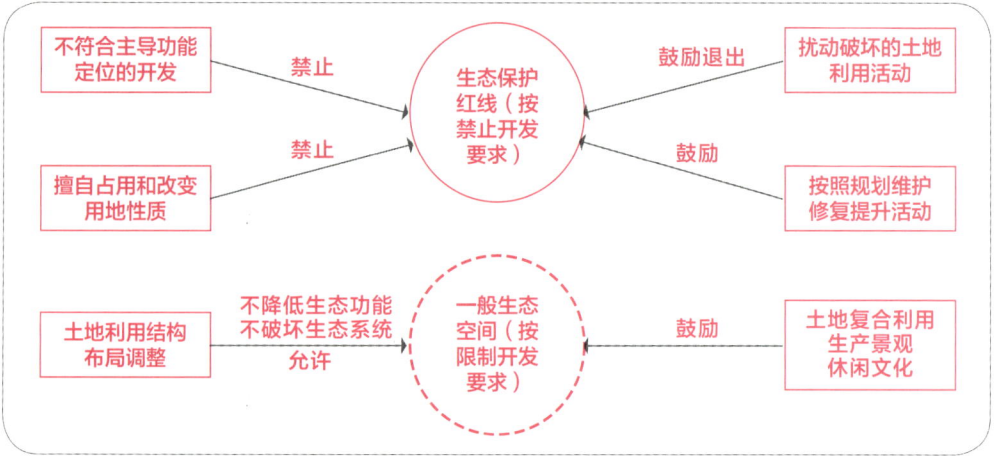

图5-3 自然生态空间用途管制（分级管制规则）
资料来源：自绘

态保护红线和一般生态空间；明确不同管制级别，制定差别化管制规则——生态保护红线按禁止建设区严格管控，一般生态空间按限制建设区管理；针对自然保护区、水源保护区、湿地公园、沙化土地封禁保护区等不同功能的保护区，分别制定不同的用地管制规则。②明确不同类型空间之间的相互转换规则（图5-4），从严控制自然生态空间转为城镇空间、农业空间等；加强对农业空间等转为生态空间的监督管理；鼓励城镇空间、符合国家生态退耕条件的农业空间及其他空间转为生态空间。

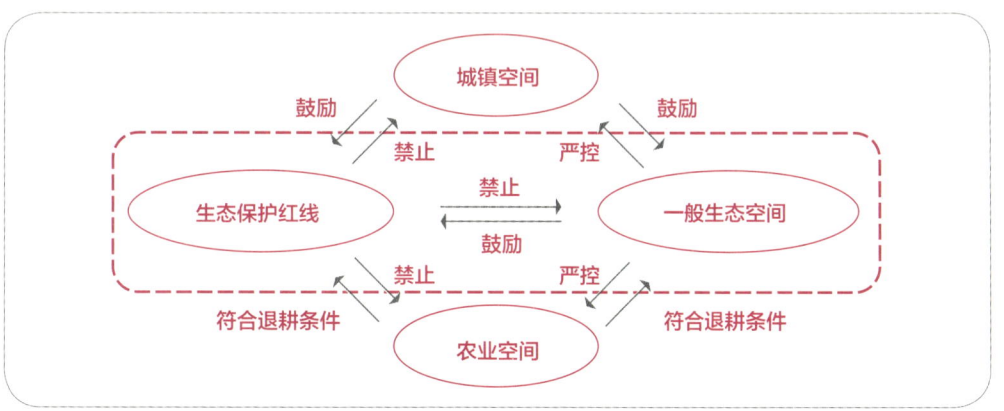

图 5-4　自然生态空间用途管制（空间转换规则）
资料来源：自绘

2. 自然保护区管理要求

2020 年，自然资源部、国家林业和草原局发布《关于做好自然保护区范围及功能分区优化调整前期有关工作的函》，对管制分区的调整办法做出了细化规定，提出将自然保护区原核心区、缓冲区、实验区转为核心保护区和一般控制区。核心保护区除满足国家特殊战略需要的有关活动外，原则上禁止人为活动；一般控制区除满足国家特殊战略需要的有关活动外，原则上禁止开发性、生产性建设活动。此外，风景名胜区部分属一般生态空间的区域则按生态控制区管理。

5.4.5　海域、海岛使用管理、围填海管理

1. 海域使用管理

海域是指中华人民共和国内水、领海的水面、水体、海床和底土。其中，内水是指中华人民共和国领海基线向陆地一侧至海岸线的海域。海域属于国家所有，国务院代表国家行使海域所有权。任何单位或者个人不得侵占、买卖或者以

其他形式非法转让海域。单位和个人使用海域，必须依法取得海域使用权。《市级国土空间总体规划编制指南（试行）》将海洋发展区细分为渔业用海区、交通运输用海区、工矿通信用海区、游憩用海区、特殊用海区、海洋预留区6类二级规划分区。

2.海岛使用管理

海岛是指四面环海水并在高潮时高于水面的自然形成的陆地区域，包括有居民海岛和无居民海岛。海岛保护，是指海岛及其周边海域生态系统保护，无居民海岛自然资源保护和特殊用途海岛保护。无居民海岛属于国家所有，国务院代表国家行使无居民海岛所有权。国家要求严格保护特殊用途海岛，主要包括领海基点所在海岛、国防用途海岛、海洋自然保护区内的海岛和有居民海岛的特殊用途区域等；加强有居民海岛生态保护，保护海岛沙滩、植被、淡水、珍稀动植物及其栖息地，优化开发利用方式，改善海岛人居环境；适度利用无居民海岛，按照无居民海岛的主导用途，分别提出海岛保护的总体要求。

3.围填海使用管理

加强国家对海洋开发利用的宏观控制，将围填海总量控制作为重要手段，纳入国家年度指令性计划管理。围填海计划指标只包含中央围填海计划指标，并仅支持国家重大战略项目围填海。海洋自然资源年度利用计划是调控海洋空间开发利用规模的抓手，制度建立相关工作正在推进之中。涉及新增围填海造地和围填海历史遗留问题的项目用海，围填海申请由项目所在地省级人民政府向自然资源部上报；涉及新增围填海造地的项目，应同时报送国家发展和改革委员会。

5.5 节约集约用地配套方法

土地资源节约集约利用旨在通过规模引导、布局优化、标准控制、市场配置、盘活利用等手段，达到节约土地、减量用地、提升用地强度、促进低效废弃地再利用、优化土地利用结构和布局、提高土地利用效率的各项行为与活动。在该理念的指导下，近30年来我国已经陆续开展多种尝试，在规划过程中已形成相对成熟的节约集约用地配套管控方法。

5.5.1　城乡建设用地增减挂钩、增存挂钩、人地挂钩

1.城乡建设用地增减挂钩

城乡建设用地增减挂钩指依据土地利用总体规划（国土空间规划），将若干拟整理复垦为耕地的农村建设用地地块（即拆旧地块）和拟用于城镇建设的地块（即建新地块）等面积共同组成建新拆旧项目区（以下简称项目区），通过建新拆旧和土地整理复垦等措施，在保证项目区内各类土地面积平衡的基础上，最终实现建设用地总量不断增加，耕地面积不减少，质量不降低，城乡用地布局更合理的目标。城乡建设用地增减挂钩是土地整治的方式之一。

专栏 5-7　城乡建设用地增减挂钩发展历程

20世纪90年代后期开始，一些地方相继采取建设用地置换、周转和土地整理折抵等办法，盘活城乡存量建设用地，解决城镇和工业园区建设用地不足问题。从2000年出现增减挂钩政策雏形。2004年国务院发布《关于深化改革严格土地管理的决定》，提出"城乡建设用地增加要与农村建设用地减少相挂钩"。到2006年布置第一批试点、2009年全面铺开、2011年全面整改，再到2016年助推脱贫攻坚，增减挂钩政策经历了四个阶段的发展演进（表5-11）。

表5-11　增减挂钩政策发展演进时间表

阶段	发布时间	发布部门	信息来源	相关内容
孕育阶段：2000—2004年	2000年6月13日	中共中央、国务院	《关于促进小城镇健康发展的若干意见》（中发〔2000〕11号）	提出"要严格限制分散建房的宅基地审批，鼓励农民进镇购房或按规定集中建房，节约的宅基地可用于小城镇建设用地"，增减挂钩政策雏形
	2000年11月30日	国土资源部	《关于加强土地管理促进小城镇健康发展的通知》（国土资发〔2000〕337号）	第一次明确提出建设用地周转指标
	2004年10月21日	国务院	《关于深化改革严格土地管理的决定》（国发〔2004〕28号）	明确"城乡建设用地增加要与农村建设用地减少相挂钩"增减挂钩政策正式明确
试点阶段：2005—2009年	2005年10月11日	国土资源部	《关于规范城镇建设用地增加与农村建设用地减少相挂钩试点工作的意见》（国土资发〔2005〕207号）	于2006年部署了第一批城乡建设用地增减挂钩试点

续表

阶段	发布时间	发布部门	信息来源	相关内容
试点阶段：2005—2009年	2007年7月13日	国土资源部	《关于进一步规范城乡建设用地增减挂钩试点工作的通知》（国土资发〔2007〕169号）	对第一批试点情况全面调查，对存在问题进行规范并及时整改
	2008年6月27日	国土资源部	《城乡建设用地增减挂钩试点管理办法》（国土资发〔2008〕138号）	明确了增减挂钩完整含义、明目标、原则及具体操作办法。增减挂钩政策正式出台
清理整改：2010—2014年	2010年12月27日	国务院	《关于严格规范城乡建设用地增减挂钩试点切实做好农村土地整治工作的通知》（国发〔2010〕47号）	针对增减挂钩实施过程中出现的一系列问题进行整治
	2011年2月12日	国土资源部	《国土资源部关于印发〈城乡建设用地增减挂钩试点和农村土地整治清理检查工作方案〉的通知》（国土资发〔2011〕22号	对各地2006年以来实施的增减挂钩试点项目和农村土地整治工作进行全面清理和检查
	2011年12月26日	国土资源部	《关于严格规范城乡建设用地增减挂钩试点工作的通知》（国土资发〔2011〕224号）	对增减挂钩项目提出系统政策要求
助推扶贫：2015年至今	2015年11月29日	中共中央、国务院	《中共中央 国务院关于打赢脱贫攻坚战的决定》（中发〔2015〕34号）	明确提出"利用增减挂钩政策支持易地扶贫搬迁"
	2016年2月17日	国土资源部	《关于用好用活增减挂钩政策积极支持扶贫开发及易地扶贫搬迁工作的通知》（国土资规〔2016〕2号）	可将增减挂钩节余指标在省域范围内流转使用
	2017年4月10日	国土资源部	《关于进一步运用增减挂钩政策支持脱贫攻坚的通知》（国土资发〔2017〕41号）	明确省级扶贫开发工作重点县可以将增减挂钩节余指标在省域范围内流转使用
	2018年3月10日	国务院办公厅	《关于印发跨省域补充耕地国家统筹管理办法和城乡建设用地增减挂钩节余指标跨省域调剂管理办法的通知》（国办发〔2018〕16号）	多方面对"三区三州"及其他深度贫困县开展的城乡建设用地增减挂钩节余指标国家统筹跨省域调剂使用进行了规定
	2021年12月28日	自然资源部	《巩固拓展脱贫攻坚成果同乡村振兴有效衔接过渡期内城乡建设用地增减挂钩节余指标跨省域调剂管理办法》的通知（自然资发〔2021〕178号）	要求跨省域调剂任务生产的节余指标必须是可长期稳定利用的耕地，位于生态保护红线范围内或25°以上陡坡的耕地原则上不得复垦为耕地，从而对耕地保护提出更严格的要求

资料来源：自行整理

2. 增存挂钩

2018 年 7 月，自然资源部印发《关于健全建设用地"增存挂钩"机制的通知》，提出向批而未供土地和闲置土地亮剑，强力破除土地资源无效低效供给，提高资源供给质量和效率，以改革举措切实落实党的十九大精神、深化供给侧改革、推动高质量发展。这是从土地供给端发力，倒逼经济转型升级、推动高质量发展。创新建设用地"增存挂钩"机制，也意味着今后各级自然资源主管部门分解下达新增建设用地计划时，将把批而未供和闲置土地数量作为重要测算指标，逐年减少批而未供、闲置土地多和处置不力地区的新增建设用地计划安排。下一年度的土地利用计划安排，将根据各地区处置批而未供和闲置土地的任务完成情况实行指标奖励和核减。

3. 人地挂钩

人地挂钩指城镇建设用地指标与人口迁入迁出或增加减少情况相挂钩。人地挂钩实施是通过"城镇化率增长指标"，通过总体规划中对未来城镇化率的增长指标，来测算每个地市的城镇人口增加数量，再按照人均用地标准测算出农村建设用地减少和城镇建设用地增加的规模，在此基础上进行规划评估修改，以城乡建设用地增减挂钩的形式分年度实施，年度挂钩周转指标由各省自然资源管理部门根据各地的"人地挂钩"的规模来下达。

5.5.2 全域土地综合整治

2018 年 9 月，浙江"千村示范、万村整治"工程获联合国"地球卫士奖"，习近平总书记作出重要批示。为贯彻落实习近平总书记对浙江"千村示范、万村整治"重要批示精神，按照《乡村振兴战略规划（2018—2022 年）》相关部署要求，2019 年 12 月，《自然资源部关于开展全域土地综合整治试点工作的通知》提出，全域土地综合整治是以科学规划为前提，以乡镇为基本实施单元，整体开展农用地、建设用地整理和乡村生态保护修复等，对闲置、利用低效、生态退化及环境破坏的区域实施国土空间综合治理的活动，明确要求在全国范围内部署开展全域土地综合整治试点。

全域土地综合整治的目标任务包括农用地整理、建设用地整理、乡村生态保护修复。①农用地整理：要适应发展现代农业和适度规模经营的需要，统筹推进低效林草地和园地整理、农田基础设施建设、现有耕地提质改造等，传承传统农耕文化，增加耕地数量，提高耕地质量，改善农田生态，落实耕地数量、质量、生态"三位一体"保护。②建设用地整理：要统筹农民住宅用地、农村产业用地、公共服务用地等各类建设用地，有序开展农村宅基地、工矿废弃地以及其他低效闲置建设用地整理，优化农村建设用地布局结构，提升农村建设用地使用效益和集约化水平，支持农村新产业新业态融合发展用地。③乡村生态保护修复：要按照山水林田湖草整体保护、系统修复、综合治理的要求，结合农村人居环境整治，优化调整生态用地布局，保护和恢复乡村生态功能，维护生物多样性，提高防御自然灾害能力，保持乡村自然景观。[1]

《自然资源部关于开展全域土地综合整治试点工作的通知》明确提出支持全域土地综合整治的配套政策如下：①强化耕地保护，允许合理调整永久基本农田。一是强调"不动是常态，动是例外"的导向要求。涉及永久基本农田调整的，必须确保整治区域内新增永久基本农田面积原则上不少于调整面积的5%。整治区域完成整治任务并通过验收后，更新完善永久基本农田数据库。二是与《自然资源部 农业农村部关于加强和改进永久基本农田保护工作的通知》进行衔接，对整治区域内涉及永久基本农田调整的，要按照数量有增加、质量有提升、布局集中连片、总体保持稳定的原则，统筹"三线"划定，编制整治区域永久基本农田调整方案，由省级自然资源主管部门会同农业农村主管部门审核同意后，纳入村庄规划予以实施。②盘活乡村存量建设用地，增添乡村发展活力。一是增强乡村用地保障力度，通过全域土地综合整治腾退的建设用地，在保障项目区内农民安置、农村基础设施建设、公益事业等用地的前提下，重点用于农村一二三产业融合发展，促进产业振兴，增强乡村自我造血功能；二是显化农村土地资产价值，允许节余的建设用地指标，按照城乡建设用地增减挂钩政策使用，并将流转范围从县域扩大到省域，促进土地要素科学配置、合理流动，为乡村振兴提供强有力资金支持。另外，为鼓励各地积极开展全域土地综合整治试点工作，对试点工作给予一定的计划指标支持。

5.5.3　低效用地再开发

为贯彻落实节约集约利用资源、转变资源利用方式的要求，推动城镇低效用地再开发利用，2013年2月，在广东省前期探索试验的基础上，原国土资源部下发《关于开展城镇低效用地再开发试点指导意见》（国土资发〔2013〕3号），提出城

---

1. 自然资源部国土空间用途管制司. 国土空间用途管制理论与实践［M］. 北京：商务印书馆，2023.

镇低效用地是指城镇中布局散乱、利用粗放、用途不合理的存量建设用地，主要包括国家产业政策规定的禁止类、淘汰类产业用地；不符合安全生产和环保要求的用地；"退二进三"产业用地；布局散乱、设施落后，规划确定改造的城镇、厂矿和城中村等。2016 年 11 月，原国土资源部印发《关于深入推进城镇低效用地再开发的指导意见（试行）》，明确指出城镇低效用地是指经第二次全国土地调查已确定为建设用地中的布局散乱、利用粗放、用途不合理、建筑危旧的城镇存量建设用地，权属清晰、不存在争议。其中，国家产业政策规定的禁止类、淘汰类产业用地；不符合安全生产和环保要求的用地；"退二进三"产业用地；布局散乱、设施落后，规划确定改造的老城区、城中村、棚户区、老工业区等，可列入改造开发范围。现状为闲置土地、不符合土地利用总体规划的历史遗留建设用地等，不得列入改造开发范围。2023 年，自然资源部印发《关于开展低效用地再开发试点工作的通知》，开展为期 4 年的低效用地再开发试点，支持试点城市重点从规划统筹、收储支撑、政策激励、基础保障四方面探索创新政策举措，完善激励约束机制，健全节约集约用地制度。

本质上，城镇低效用地再开发就是对城镇中特定类型的存量建设用地及其附属设施进行以整治、改善、重建、活化与提升为主的再开发活动。再开发的目的一般是为满足城市产业转型升级、经济结构调整需要，为新兴产业提供高品质高质量的土地空间载体支撑，为新型城镇化战略、区域协调发展战略、乡村振兴战略等提供强有力支撑，以保护资源、统筹发展。

各地开展城镇低效用地再开发工作的时间及侧重点、采取的工作路径各不相同，因此对该项工作采用的名称也有所差异，具体称法包括"三旧"改造、"城市更新""城镇低效用地再开发"等。其中，"三旧"改造是对旧厂房、旧城镇、旧村庄改造工作的统称，以广东省的地方实践为典型示范，并直接推动了全国城镇低效用地再开发工作的发展。

现行土地管理政策主要围绕新增建设用地展开，针对城镇低效用地再开发尚未建立完善的基本制度体系。与增量开发建设的管理不同，城镇低效用地再开发强调对既有物权主体的权利再分配，产权的整理及利益协调深刻影响着再开发项目的推动。因此，再开发的基本流程与增量用地开发不同，会增加产权征收—土地平整与再建这一环节，大致包括项目申报、项目区域划定、方案编制、产权征收、土地平整与重建、实施监管等环节。在此过程中，围绕城镇低效用地再开发的政策制度设计不仅包含国土、规划、建设等的管理政策，还涉及相关的房地产、产业、金融、财政、税收、法律法规等方面的政策。

专栏 5-8 低效用地再开发历程

我国城镇低效用地再开发工作经历了四个阶段的历程：

(1) 广东省率先探索阶段。2007 年 6 月，广东省佛山市下发《关于加快推进旧城镇旧厂房旧村居改造的决定及 3 个相关指导意见》，成为全国第一个明确提出"三旧"改造的城市；2008 年 12 月，原国土资源部和广东省启动联手共建节约集约用地试点示范省工作，"三旧"改造是其中一项重要任务和政策创新；2009 年 8 月，广东省出台《关于推进"三旧"改造促进节约集约用地的若干意见》，广东省"三旧"改造政策体系正式确立。

(2) 省级层面试点探索阶段。2013 年 2 月，原国土资源部下发《关于开展城镇低效用地再开发试点指导意见》，确定内蒙古、辽宁、上海、江苏、浙江、福建、江西、湖北、四川、陕西 10 个省、市及自治区开展城镇低效用地再开发试点。

(3) 国家层面深入推进阶段。2016 年 11 月，原国土资源部发布《关于深入推进城镇低效用地再开发的指导意见（试行）》，在全国部署开展城镇低效用地再开发工作；2017 年 5 月，原国土资源部土地整治中心召开城镇低效用地再开发座谈会，由北京、上海、江苏、浙江等 19 个省、市介绍城镇低效用地再开发工作情况[1]。

(4) 超特大城市低效用地再开发试点阶段。2023 年 9 月，自然资源部印发《关于开展低效用地再开发试点工作的通知》，结合开展为期 4 年的低效用地再开发试点，在北京等 43 个城市，以国土空间规划为统领，以城中村和低效工业用地改造为重点，以政策创新为支撑，推动各类低效用地再开发，推动城乡发展从增量依赖向存量挖潜转变，促进形成节约资源和保护环境的空间格局、产业结构、生产方式、生活方式。

专栏 5-9 广州推进低效与存量建设用地再开发

(1) 广州低效与存量建设用地再开发工作历程

低效与存量建设用地再开发主要分成三个阶段（图 5-5）。①危房改造导向阶段（2008 年之前）：亚运会为契机，包括城中村整治与危旧破房改造；②产

---

1. 林坚，叶子君. 绿色城市更新：新时代城市发展的重要方向 [J]. 城市规划，2019，43（11）：9-12.

业置换导向阶段（2008—2014年）："中调"战略的实施，包括污染性企业的退二进三和低端产业用地的腾笼换鸟；③集约用地导向阶段（2009年至今）：由"三旧"改造试点到常态化的城市更新，实现各类低效与存量建设用地开发政策的整合。

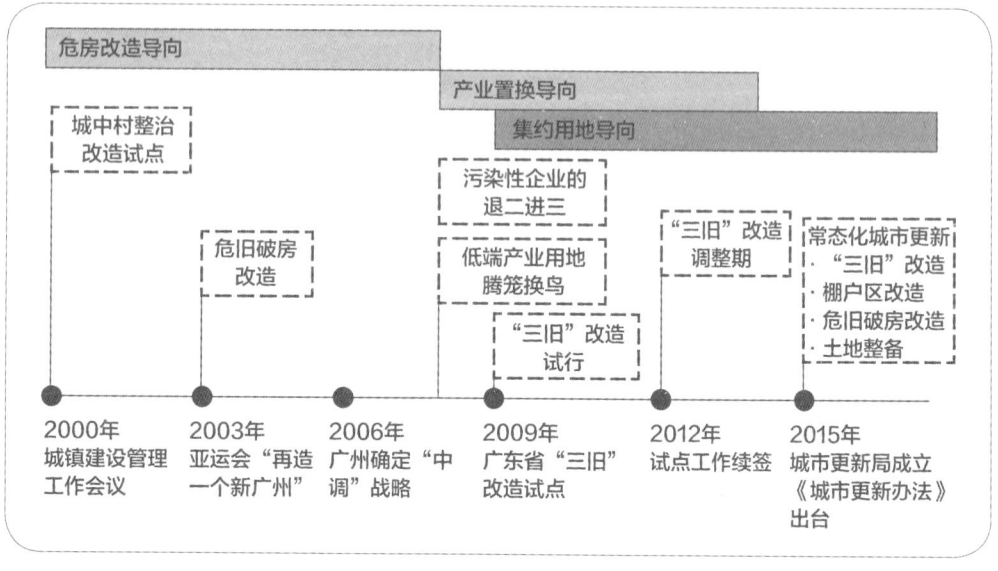

图5-5　广州低效与存量建设用地再开发进程
资料来源：唐燕，杨东.城市更新制度建设：广州、深圳、上海三地比较［J］.城乡规划，2018（4）：22-32.

（2）广州低效与存量建设用地再开发主要做法和经验

广州低效与存量建设用地再开发主要做法：①推行"1+3+N"规划编制控制体系（图5-6）；②推进事权向区级下放，强化项目监管；③积极推进村级工业园升级改造和老旧小区微改造。

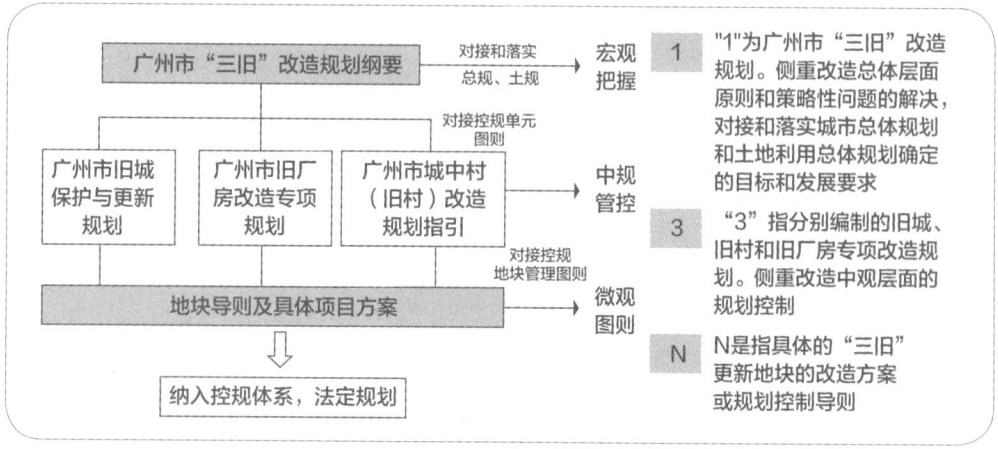

图5-6　广州低效与存量建设用地再开发"1+3+N"规划编制控制体系
资料来源：唐燕，杨东.城市更新制度建设：广州、深圳、上海三地比较［J］.城乡规划，2018（4）：22-32.

广州低效与存量建设用地再开发主要经验：

①坚持规划引领，从"守门员"转向"引领者＋守门员"。建立"总体规划确定目标和重点、专项规划制定路径和机制、详细规划确定功能和控制指标"的规划传导机制（图5-7）。

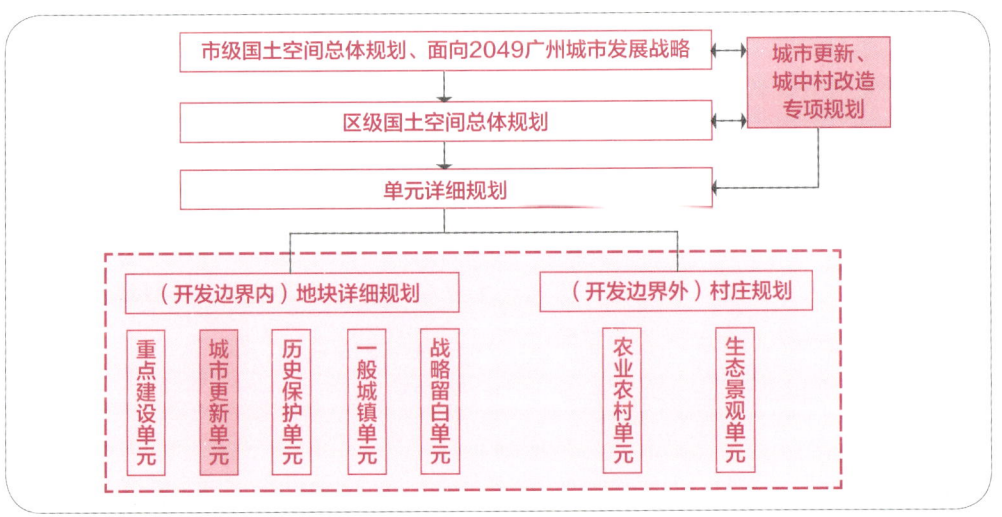

图5-7　广州市低效与存量建设用地再开发（城市更新）涉及的规划传导机制
资料来源：广州市规划和自然资源局.锚定高质量发展新方向，探索低效用地再开发的广州路径［EB/OL］.（2023-10-07）［2024-07-01］.https://www.gzcsgxxh.org.cn/page85.html？article_id=1294.

②进行顶层设计，从"技术规范"转向"成果规划和公共政策"。在规划统筹的基础上，从产业布局、弥补短板、简化程序、提高审查效率，传承文化、推动低碳城市建设等方面完善政策支持。

③坚持政企联动，推动"市场有效性"与"积极作为政府"相结合。通过探索政府"提供土地"的模式有效地激活存量低效用地，鼓励重点片区通过储备改造相结合的方式实现成片连片的更新改造。例如，琶洲西区采用政府收储和国有企业自留改造相结合的方式，实现成片连片引进创新型企业，促进重点功能区产业集聚。白云棠溪站周边采用政府收储和自主改造相结合的模式，突破多个旧村权属边界，实现连片土地资源的统一配置，保障重大设施的建设。

④因地制宜、分类施策，探索多元路径。探索了全面改造、混合改造、微改造等多种再开发路径。例如，琶洲村采取了全面改造的方式，确定了拆迁补偿和市场融资方案，以提升综合效益；聚龙湾片区尝试了混合改造，通过结合历史保护活化项目和更新项目，推动了区域的统筹平衡；永庆坊则通过微改造的方式，引入了新的业态，活化房屋功能。

⑤创新土地供应方式，释放土地要素活力。针对位于交通枢纽节点的项目，实行"带设计导则出让"，例如：番禺汉溪长隆综合体项目组织国际竞赛，将设计成果融入地块出让条件。针对产业用地，采用先租后让与弹性年期。在2018—2022年间，创新性采取了弹性出让和先租后让的方式，共供应了95宗工业用地，为企业节约了用地成本20.39亿元，有效保障了粤芯半导体、广汽现代产业园等重点产业和新产业的用地发展空间。实行分层管控与确权，如南村万博地铁站地下公共空间综合开发项目，针对地面道路与各层地下空间红线投影不完全重合的特点，分别确定了地下四层的红线范围以及各层边线、接口、设施位置等管控内容。探索实施"公开招商，净地出让"，如：聚龙湾项目由区政府组织在公共资源交易中心公开挂牌，将拟改造土地的拆迁补偿工作及相关土地使用权一并通过挂牌方式确定给合作主体。合作主体按规定承担项目固定成本并完成实施方案报审、清租解约、拆迁补偿、土地通平等工作后，与主管部门签订土地使用权出让合同。

5.6　国土空间生态修复方法

生态修复是帮助退化、破坏或损毁的生态系统进行恢复的过程。党的十九大报告进一步明确了加大生态系统保护力度、统筹山水林田湖草系统治理、实施重要生态系统保护修复重大工程等新时期国家生态文明建设的重大战略需求，对国土空间实施整体保护、系统修复、综合治理成为当前中国国土空间生态修复的核心理念。

5.6.1　国土空间生态安全格局构建技术

近几十年来，全球范围内的快速城镇化进程推动城市空间蔓延，导致环境污染、生态退化、自然灾害频发等一系列生态环境问题，严重威胁区域生态安全与可持续发展。作为现代生态学发展的重要学科，景观生态学的兴起与发展为治理复杂的生态环境问题奠定了重要的理论基础[1]。景观生态学家将"斑块—廊道—基质"模式的景观生态学原理具体化为斑块、边缘、廊道和镶嵌体等核心内容，提出了生态安全格局的概念，为维护生态系统完整性、保护生物多样性、保障生态安全提供有

1.邬建国.景观生态学：格局、过程、尺度与等级［M］.北京：高等教育出版社，2007.

效解决方案[1, 2]。

生态安全格局是指通过耦合景观结构、生态过程和生态系统服务，识别某些关键位置、要素及其空间相互关系形成的特定格局，确保自然资源合理配置，保障生态功能，实现生态安全[3]。生态安全格局主要由生态源地、生态廊道和生态节点组成，生态源地指物种扩散和维持的源头，是提供重要生态系统服务、生境质量较高和具有一定规模的斑块[4]；生态廊道指景观中生态流动扩散的载体[5]；生态节点指景观基质对于生物的扩散或移动过程起到关键作用的位置，通常是廊道与廊道之间的交点。

目前，生态安全格局的构建方法已日趋成熟，基于景观生态学"斑块—廊道—基质"理论，形成了"生态源地识别—阻力面构建—生态网络生成"的基本范式，如图5-8所示[6, 7]。

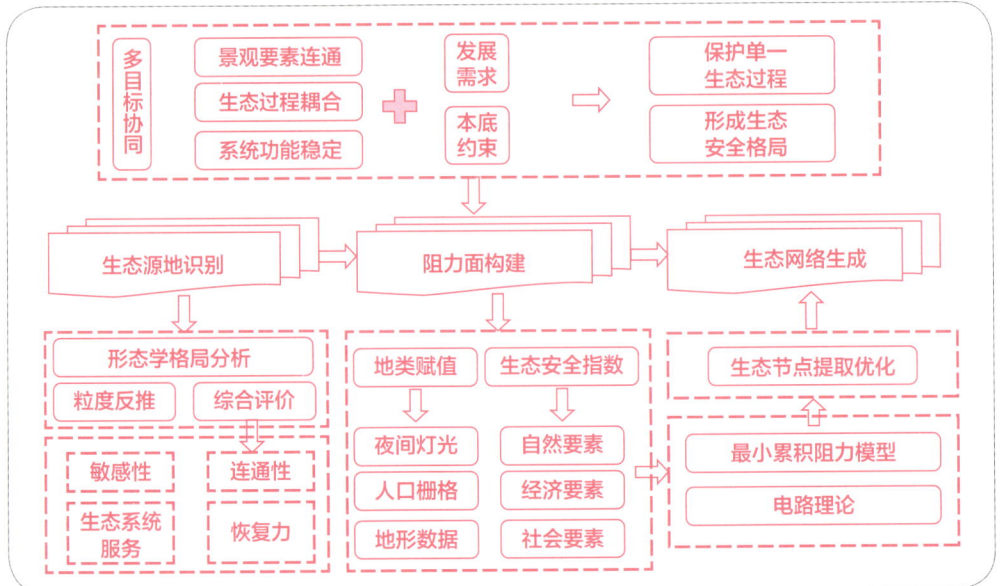

图5-8　生态安全格局的构建方式
资料来源：自绘

---

1. 彭建，赵会娟，刘焱序，等．区域生态安全格局构建研究进展与展望［J］．地理研究，2017，36（3）：407-419.
2. LI Y G, LIU W, FENG Q, et al. The role of land use change in affecting ecosystem services and the ecological security pattern of the Hexi Regions, Northwest China［J］. Science of the Total Environment, 2023, 855: 158940.
3. 李权荃，金晓斌，宋家鹏，等．基于尺度嵌套与复合功能视角的高强度城市化地区生态网络体系研究——以江阴市为例［J］．生态学报，2023，43（22）：9133-9147.
4. 王玉莹，金晓斌，沈春竹，等．东部发达区生态安全格局构建——以苏南地区为例［J］．生态学报，2019，39（7）：2298-2310.
5. 李权荃，金晓斌，张晓琳，等．基于景观生态学原理的生态网络构建方法比较与评价［J］．生态学报，2023，43（4）：1461-1473.
6. 张晓琳，金晓斌，赵庆利，等．基于多目标遗传算法的层级生态节点识别与优化——以常州市金坛区为例［J］．自然资源学报，2020，35（1）：174-189.
7. 张晓琳，金晓斌，韩博，等．长江下游平原区生态网络识别与优化——以常州市金坛区为例［J］．生态学报，2021，41（9）：3449-3461.

1. 生态源地识别

生态源地识别是构建生态安全格局的基础，主要包括形态学空间分析方法（MSPA）、空间粒度反推法和综合评价法。①形态学空间分析方法。MSPA是基于腐蚀、扩张、开运算和闭运算等数学形态学原理对光栅图像进行测量、识别和分割的图像处理方法[1]。MSPA将区域景观划分为核心区、孤岛、孔隙、边缘区、环道区、桥接区、支线7种景观要素，通常以核心区作为生态源地。该方法数据要求较为简单，但生态源地规模的确定与提取较大程度受到主观影响[2,3]。②空间粒度反推法。空间粒度是景观中最小可辨识单元所代表的特征长度、面积或体积，空间粒度反推法采用不同粒度栅格表征不同生境斑块结构，通过连通性评价确定最佳生态景观组分结构，将结果反推至所对应的栅格，作为生态源地[2,3]。该方法考虑了景观连通性与规模的权衡关系，能够识别较为丰富的生态源地。③综合评价法。综合评价法从生态系统服务重要性、生境敏感性、景观连通性和生态系统恢复力等方面对全域生态系统进行综合评价，并根据评价结果提取生态源地[2]。该方法能够全面反映对区域生态安全具有重要影响的区域，但需要大量的数据支撑。

2. 阻力面构建

阻力面描述了物种在不同景观单元或生境斑块迁移过程中受到阻碍的程度[3]，其构建方法主要包括基于景观类型赋值方法和基于生态安全指数方法。①基于景观类型赋值方法。基于景观类型赋值方法根据不同用地景观类型对物种、物质扩散的影响差异，人类活动对物种迁移、生态流动的干扰作用以及物种迁移难度等因素来构建阻力因子评价体系[2,3]。②基于生态安全指数方法。基于生态安全指数方法从生态环境本底特性和所受潜在威胁出发构建生态安全指数评价指标体系，通过空间主成分分析、多因子综合评价等方法对区域进行生态安全评价和阻力分等定级[2,3]。

3. 生态网络生成

生态网络生成方法主要包括最小累积阻力模型（MCR）和电路理论。①最小累积阻力模型。MCR以阻力距离度量区域景观连通性，通过计算物种由生态源地扩散至空间某点的最小累积阻力实现景观模拟及廊道提取。该方法较为成熟，简单

---

1. 刘小琼，何鹏飞，韩继财，等. 长江经济带生态安全格局演化及多情景模拟预测［J］. 经济地理，2023，43（12）：192-203.
2. 梁坤宇，金晓斌，张晓琳，等. 耦合生态系统服务供需的生态安全格局构建——以苏南地区为例［J］. 生态学报，2024，44（9）：1-17.
3. QIAN W Q, ZHAO Y, LI X Y. Construction of ecological security pattern in coastal urban areas: a case study in Qingdao, China［J］. Ecological Indicators, 2023（154）: 110754.

易行，但无法计算廊道的宽度，对生态规划的支撑作用较弱。②电路理论。电路理论基于电流随机漫步的特性，即景观中的电流密度越高，物种穿过此处的概率就越大，根据电流密度分布提取潜在生态廊道[1]。该方法解决了难以确定廊道宽度的问题，为生态保护规划确定关键的栖息地和生态廊道等提供了方法支撑。

5.6.2　国土空间生态修复技术

面对日趋复杂多样的生态环境问题，传统生态修复逐渐演变为国土空间生态修复，其内涵、对象、尺度、目标均得到拓展[2]。作为生态修复的重要支撑，生态修复技术也随着生态修复的演化而不断迭代发展。目前，生态修复技术主要包括以下内容。

1. 生态保护技术

生态保护技术通过作用于各类自然生态系统，改善生态功能，保护生物多样性，主要包括[3]：①就地保护技术。就地保护技术通过建立国家公园、自然保护区、各类自然公园对原生动植物栖息地进行重点保护，保障物种繁衍与生长，稳定生物多样性。②迁地保护技术。当物种数量较少或栖息地破碎严重导致难以开展就地保护时，可通过建立特色植物园、动物园、温室生态园、野生动植物繁育中心、资源圃等迁地保护系统保障物种繁育。③种质资源库建立。种质资源库通过超低温保存生物细胞和组织使物种及其遗传基因得到延续。④外来入侵物种管理。外来入侵物种是指传入定殖并对当地生态系统造成严重威胁的外来物种。因此，在引种过程需要全面评估外来物种对本土物种的可能性威胁。

2. 土壤污染修复技术

土壤污染修复技术是指利用工程、物理、化学和生物手段转移、吸收、降解和转化土壤污染物的技术，主要包括：①工程修复技术。工程修复技术通过挖取土、混合土、交换土和深耕土等工程手段转移土壤中的污染物。②物理修复技术。物理修复技术借助土壤蒸气浸提、热脱附等各种物理作用过程从土壤中分离或去除污

---

1. 孙枫，章锦河，王培家，等. 城市生态安全格局构建与评价研究：以苏州市区为例［J］. 地理研究，2021，40（9）：2476-2493.
2. 曹宇，王嘉怡，李国煜. 国土空间生态修复：概念思辨与理论认知［J］. 中国土地科学，2019，33（7）：1-10.
3. 付战勇，马一丁，罗明，等. 生态保护与修复理论和技术国外研究进展［J］. 生态学报，2019，39（23）：9008-9021.

染物。③化学修复技术。化学修复技术通过固化/稳定化、氧化还原、淋洗/浸提等化学反应过程实现土壤污染物的分离、降解与转化。④植物修复技术。植物修复技术利用植物来提取、吸收、分解、转化或固定土壤中的重金属、微量元素等污染物[1,2]。各类土壤污染修复技术具有不同优势和不足，如表5-12所示。

表5-12　各类土壤污染修复技术的优缺点

技术名称	优点	缺点
工程修复技术	技术成熟，无污染	工作量大，无法彻底清除污染物
物理修复技术	污染物处理范围较为广泛、去除率较高	工程量大、成本较高
化学修复技术	修复周期短	存在二次污染的风险
植物修复技术	成本低，对重金属、微量元素污染修复效果较好	生长周期长、种植量大

资料来源：周骏，闫国杰，施曙东.土壤修复技术进展及国外发展趋势［J］.广州化工，2016，44（22）：12-14+23.；贺帅兵，牟林云，甄霖，等.长江三角洲生态环境脆弱带生态修复技术研究进展［J］.生态学报，2023，43（2）：487-495.

3. 水生态修复技术

水生态修复技术依据生态系统原理，借助各种方法修复水体生态系统的生物群体与生态结构，实现生态系统自我维持、自我协调的良性循环，主要包括：①物理修复技术。物理修复技术通过修建水工建筑物、机械除藻、疏挖河道底泥、引水冲淤、调水稀释等工程措施，改善河道的水文及底泥环境条件，实现河道生态修复的目标。②化学修复技术。化学修复技术通过向河道投入化学改良剂，与污染物发生化学反应生成对环境无污染的中性物质以达到去除水体污染物、修复河道生态环境的目的。③生物修复技术。生物修复技术利用水体中的动植物和微生物来吸收、降解、转化水体污染物，实现水环境净化和水生态恢复的目标。④生境重构技术。生境重构技术主要是人工浮岛技术，即由人工设计建造的漂浮在水面上供动植物及微生物生长、栖息、繁衍的生物生态设施[3]。

4. 景观恢复技术

景观恢复技术是指从景观尺度恢复生态系统的景观格局及各要素间的功能联系，主要包括：①生态重建技术。生态重建技术通过生物、物理、化学、生态等人

---

1. 周骏，闫国杰，施曙东.土壤修复技术进展及国外发展趋势［J］.广州化工，2016，44（22）：12-14+23.
2. 贺帅兵，牟林云，甄霖，等.长江三角洲生态环境脆弱带生态修复技术研究进展［J］.生态学报，2023，43（2）：487-495.
3. 谷勇峰，李梅，陈淑芬，等.城市河道生态修复技术研究进展［J］.环境科学与管理，2013，38（4）：25-29+46.

工措施，围绕生境修复、植被恢复、生物多样性重组等过程，重构生态系统使其形成良性循环。②地貌重塑技术。地貌重塑技术基于场地地貌破坏方式、损毁程度及周边地貌特点，通过地形重塑、土地整治、重构截排水系统等措施重塑与周边环境协调的新地貌。③土壤重构技术。土壤重构技术通过培肥改良、土层置换、表土覆盖、土层翻转、化学改良、生物修复等措施，重构土壤剖面结构与土壤肥力条件。④植被重建技术。植被重建技术根据生态系统特征，合理配置植物种群结构，并借助人工支持和诱导的方式，重建与周边生态系统相协调的生态系统，保障植物群落持续稳定。

5.国土综合整治技术

国土综合整治是指在一定区域内，按照土地利用总体规划确定的目标和用途，以土地整理、复垦、开发和城乡建设用地增减挂钩为平台，推动田、水、路、林、村综合整治，改善农村生产、生活条件和生态环境，促进农业规模经营、人口集中居住、产业聚集发展，推进城乡一体化进程的系统性工程[1]。根据整治对象的差异，国土综合整治划分为农用地整治、建设用地整治和乡村生态保护修复。①农用地整治：以增加耕地数量、提高耕地质量、恢复耕地生态为主要目标，统筹推进高标准农田建设、低效林草地和园地整理、耕地提质改造、农田基础设施建设等，服务于保障耕地与粮食安全战略[2]；②建设用地整治：应统筹各类农村建设用地，有序开展农村宅基地、工矿废弃地及其它低效闲置建设用地整理，优化农村建设用地布局结构，提升农村建设用地使用效益和集约化水平[3]；③乡村生态保护修复：开展农村人居环境整治、生态用地布局优化调整、水土污染治理等措施，保护和恢复乡村生态功能，保持乡村自然景观。

专栏5-10 江苏省常州市金坛区直溪镇生态型土地整治项目

项目区位于江苏省常州市金坛区直溪镇，土地总面积为107.81 hm²，主要的土地利用类型为水域（面积占比49.37%）、耕地（占36.29%）及农村建设用地（13.4%）。全部土地均为集体所有，由本村村民承包经营。项目区内耕地

1.韩博，金晓斌，顾铮鸣，等.乡村振兴目标下的国土整治研究进展及关键问题［J］.自然资源学报，2021，36(12)：3007-3030.
2.范业婷，金晓斌，张晓琳，等.乡村重构视角下全域土地综合整治的机制解析与案例研究［J］.中国土地科学，2021，35（4）：109-118.
3.应苏辰，金晓斌，罗秀丽，等.全域土地综合整治助力乡村空心化治理的作用机制探析：基于乡村功能演化视角［J］.中国土地科学，2023，37（11）：84-94.

地块严重分割，边界形态复杂；沟渠道路设施尚不完善；水面连通性较差；坑塘水面以养殖水面为主，水质污染日趋严重；建筑景观缺乏层次；生活垃圾污染严重，环境较为脏乱。针对项目区存在的问题，基于景观生态学理论、土地整治规划理论、生态工程理论，采用 GIS 与 RS 技术，按照"景观格局评价——土地整治功能分区——廊道格局优化——斑块基质优化"的总体思路，对项目区进行生态型土地整治，如附图 5-2 所示。具体而言，从景观尺度、类型尺度、廊道格局及图斑尺度综合评价项目区景观格局，基于景观格局评价结果将项目区划分为农田整治区、水面整治区和水乡风貌提升区，最后从廊道格局和斑块基质层面有针对性地优化项目区的景观格局。通过生态型土地整治，农业设施得到完善；新增人工湿地面积 1.24 hm^2；沟渠功能覆盖面积和道路功能覆盖面积分别提升 54.02% 和 60.06%；沟渠廊道密度和环通度分别提升 447.31% 和 114.91%；水系廊道连通度和环通度分别提升 55.43% 和 454.95%；项目区景观生态安全指数提升 35.56%。

5.6.3 国土空间生态修复类型及策略方法

1. 重要生态廊道和生态网络构建

在区域生态安全格局框架下，落实和细化上级国土空间生态修复规划明确的生态源地、生态廊道、关键节点和生态断裂点，构建生态网络。其中，生态源地的构建以市域内具有较高自然和历史文化价值的各类自然保护区、风景名胜区、重要湖泊湿地、自然公园、重要生态功能区，以及水产种质资源保护区和作物种质资源保护区等为核心，优先保护关键生态系统、珍稀濒危物种及其栖息地、重要生态功能区等；重要生态廊道的构建以重要山脉、河流水系、重要动物迁徙路线、重要交通水利等基础设施为脉络，可提升重要生境之间的连通性，恢复动物迁徙廊道，保障江河湖海的生态流量，改善水系网络的连通性，延续历史文化脉络与地域景观风貌。

2. 生态空间保护修复

着眼于森林、湿地、海洋等不同生态系统的利用问题及目标导向，立足自然地理格局，遵循生态系统演替规律和内在机理，科学配置保护和修复、自然和人工、生物和工程等措施，对生态功能退化、生态系统受损的关键生态资源及空间统筹开展山水林田湖草海一体化保护修复活动，以维护生态安全、促进人类福祉提升。经过多年理论研究与实践探索，围绕关键生态资源、典型生态空间等的利用、保护、修复等问题，我国已形成较为成熟的生态修复理论和技术方法体系，主要包括：森林生态修复、红树林湿地修复、海洋生态修复、退化草地修复、蓝色海湾整治、恶臭水体修复、流域水污染治理与水环境修复、盐碱地修复、沿海生态修复保护等。

3. 农业空间保护修复

重点聚焦粗放利用、产能低下、设施缺失的农用地以及农业空间利用中面临的生态环境污染困境，如农业面源污染（土壤重金属）、农村地下水污染等，通过高标准农田建设、中低等耕地提质改造、宜耕后备资源开发、农田半自然生境建设以及物理化学修复、生物修复等技术手段有效遏制环境污染，提升农业生产产品价值，塑造新时期耕地利用与保护新格局，促进农业系统可持续发展。因此，根据不同的类型、目标、治理路径及修复导向差异，农业空间生态修复的重点内容主要包括面向高产稳产的高标准农田建设、面向产能提升的中低等耕地提质改造、面向耕地补充的宜耕后备资源开发、面向生态强化的农田生态系统提升、面向环境修复的农业面源污染治理及农村地下水治理等。

4. 城镇空间保护修复

党的十八大和中央城市工作会议提出，用"生态修复、城市修补"破解"城市病"，城镇生态修复成为生态文明导向下的新型城市建设方式。《关于加强生态修复城市修补工作的指导意见》提出要着力针对山体、水系、棕地、工矿废弃地等对象开展城市生态修复工作，包括城市破损山体修复、河湖水系治理、棕地整治修复、工矿废弃地整治修复等。其中，在破损山体修复方面，根据城镇山体受损情况，因地制宜采取工程措施消除安全隐患，恢复自然形态。在城市河流水系治理方面，落实海绵城市建设理念，重点开展江河、湖泊、湿地等水体生态修复。在城市棕地整治修复方面，综合运用多种适宜技术改良废弃场地土壤，消除生态安全隐患，建设人工—自然交互式生态；同时加强地质灾害综合防治，实施城市地质安全防治工程，开展地面沉降、地面塌陷和地裂缝治理，提升城市韧性。在工矿废弃地整治修复方面，基于绿色发展理念，以生态环境保护为前提，遵循"保护优先、自然恢复为主"的基本原则，按照"保证安全、恢复生态、兼顾景观"的先后次序，依据矿山实际情况确定针对性的修复策略与方案。

5.6.4　国土空间生态修复重点区域与项目制定方法

1.国土空间生态修复重点区域识别

国土空间生态修复重点区域是指从生态系统系统性和整体性出发，为加强修复成效、统筹协调任务布局，体现生态修复任务的区内一致性和区际差异性，引导生态修复重大工程和重点项目空间布局方向，实现治理对象从单一向全要素转变，治理手段从局部治理向系统治理转变，治理区域从政区分界向区域协同转变，而划定的均质性强、资源环境问题相似、治理手段和途径基本相同的区域。

精准识别生态修复重点区域是科学制定国土空间生态修复规划的关键所在。生态修复重点区域应充分衔接上位国土空间生态修复规划和本行政区国土空间规划确定的生态修复重点区域，以生态修复分区为基础，依据主要生态胁迫问题诊断类型，识别生态系统中生态服务价值核心区和生态问题受损区，主要包括对研究区生态安全有重大影响的关键地区（如重要山脉、河流、湖泊、河口、海域等）、跨行政边界的生态系统服务低值区和生态胁迫问题突出区、破碎源地、重要生态廊道、关键连通性节点、障碍点等。此外，在边界模糊、交叉的区域，按照主要生态胁迫问题的空间分布和重大战略发展导向划定跨空间修复重点区域。识别生态修复重点区域并加强生态保护提升生态系统服务整体功能，是当前国土空间生态保护修复系统工程面临的严峻挑战，对系统维护国家生态安全具有重要意义。

识别和诊断国土空间生态修复重点区域的主要方法如下。

1）基于生态网络的重点区域诊断方法

生态网络作为一种被动适应的、底线式的生态系统管理方式，通过对关键生态要素空间位置和范围的提取来识别待修复关键区域，具有重要的生态学价值，同时也为国土空间系统性和针对性修复提供重要的决策参考。近年来，学者们将生态网络构建、生态连通性修复识别方法引入国土空间生态修复领域，分别开展了四川华蓥山区、山东烟台市、河北遵化市、江苏徐州贾汪区等生态修复重点区域识别，为国土空间生态保护修复规划和管理提供了一种新的视角。生态网络是对区域生态空间进行国土空间格局优化的空间配置方案，对维护景观格局完整性及区域生态安全具有重要意义，景观生态恢复与重建是构建生态网络的关键，故基于生态网络识别国土空间待修复关键区域更具系统性和生态学价值。当前，生态网络研究已形成"源地—阻力面—生态廊道"的研究范式，亦有学者将生态断裂点、生态"夹点"纳入此领域研究中。生态廊道表征了源地间生物流通的最优通道，生态"夹点"刻画了廊道中不可替代的关键区域，生态断裂点、生态障碍点是生态廊道中阻碍物质循环流动的区域，以上均是国土空间生态保护与修复关键区域（图5-9）。

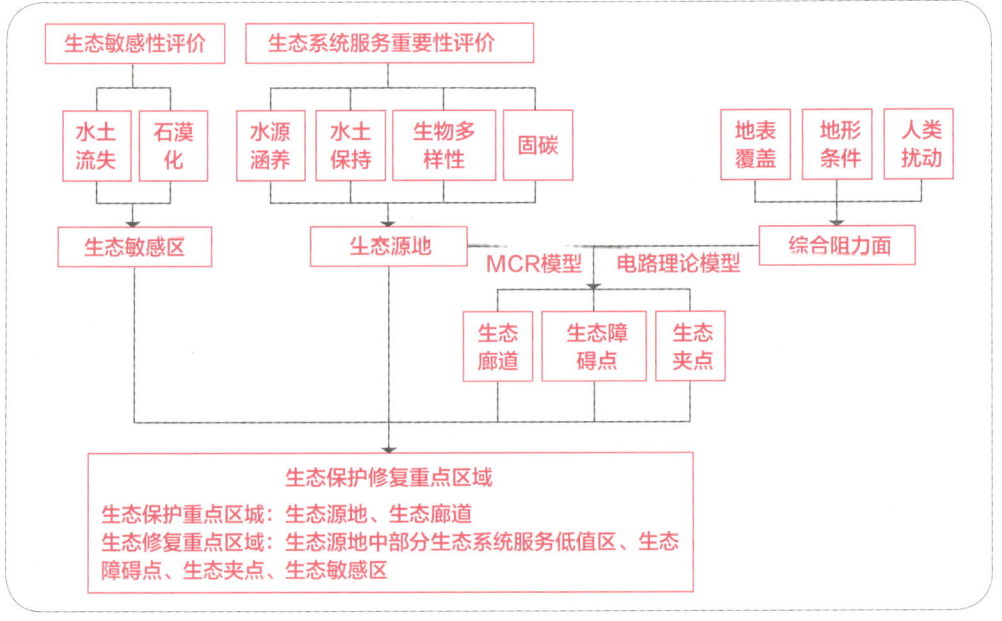

图5-9　基于生态网络的重点区域诊断技术流程
资料来源：王秀明，赵鹏，龙颖贤，等 . 基于生态安全格局的粤港澳地区陆域空间生态保护修复重点区域识别［J］. 生态学报，2022，42（2）：450-461.

2）以生态胁迫问题为导向的诊断方法

关于生态胁迫问题空间评价识别的研究主要针对水源涵养、水土保持、生境维护等重要生态功能下降和石漠化、水土流失、土壤风蚀荒漠化、农业和城镇空间品质受损等重大生态问题，开展生态功能重要性评价、生态环境敏感性评价和空间品质评价，依据结果确定评价空间的生态功能重要等级、生态环境敏感等级、风貌空间品质等级。生态系统服务是根据生态系统本身生态过程对人类生存所需自然条件的维持功能及效用，细分为供给、调节、支持、文化服务。评价生态系统服务功能是分析外界胁迫干扰对生态空间发挥服务能力的影响，目前评价内容分为综合评价和单项评价两类。综合评价是评估生态类型直接或间接对自然、经济社会、文化产生的服务价值，单项评价集中于生物多样性保护、重要生态因子等单一价值的评估。基于特定的自然环境背景，系统识别人类扰动和生态敏感问题作用下的生态胁迫空间是辨识生态修复重点区域的有效途径。

专栏 5-11 我国不同类型区域的国土空间生态修复重点任务

国土空间生态修复重点区域识别和项目策划需要依据基础分析、问题诊断、修复分区、整治策略的研究思路进行。具体工作中，应充分衔接及落实国家、省级和各级政府重点生态修复工程及重大修复工程项目，在国土空间生态修复总体布局、生态修复分区的基础上，以重点区域为指引，根据生态问题的紧迫性、严重性，以及生态系统的退化程度和恢复能力，在生态修复重点区域科学布置重点工程。我国不同类型区域的国土空间生态修复重点任务涉及如下。

（1）传统农耕区。该区域是以水稻、小麦、玉米等传统农作物种植为主的耕作区，时间上随着生产力水平提升、人口压力增大和经济社会发展而发生了空间格局拓展，大体包括华北平原、东北平原、关中平原、四川盆地、东南丘陵和长江中下游平原。传统农耕区的资源环境症结主要为农业面源污染、农药化肥使用过量、地下水位下降、耕地地力下降、耕地非粮化利用等，应重点围绕耕地生态功能改善、粮食生产能力提升和耕地进退平衡等开展生态修复重点任务。

（2）农牧交错带。该区域是指我国东部传统农耕区与西北部草原牧业区的半干旱生态过渡带，也是农业生产边际地带和生态脆弱地带。在空间划分上，大体以 400 mm 年降水量等值线为界，该线以东和以南是传统农业种植为主的农区，以西和以北是草原畜牧业为主的牧区，而这两大区之间存在着一条呈东北西南向分布的农牧交错并存带，在种植时序上存在农牧或牧农交替现象。农牧交错带的生态环境十分脆弱，过度的放牧和开垦会加剧土地退化、土地沙化风险，应重点围绕区域轮牧、退耕、造林等开展生态修复工程。

（3）干旱半干旱荒漠区。该区域是以岩漠、沙漠、戈壁滩和稀疏荒草等大型地貌类型为主构成的景观类型区，在空间上主要位于西北内陆地区，包括内蒙古高原、塔里木盆地和准噶尔盆地等，面积占陆域国土面积的30%，但人口仅占4%。区内降水稀少、植被稀疏、风沙频繁，人类活动受限严重，生态系统极度脆弱，土地不合理利用，极易造成土地沙化和土壤盐渍化。区内需实施以生态保育、自然力恢复理念，重点开展林／草植被建设、天然林保护、退耕还林、防沙治沙和绿洲水平衡等生态修复工程。

（4）西南山地丘陵区（包括云南、贵州、四川和重庆三省一市）。该区域地处大江大河上游，自然环境复杂，地域类型多样，生物多样性丰富，生态区位十分重要。区内地貌类型复杂，土地类型多样，河流纵横、水资源丰富，是我国重要的生态屏障；同时，区内生产力水平低下、生产方式相对落后，经济实力弱、山地和岩溶生态系统脆弱，生态灾害频发。自然生态系统脆弱叠加不合理的土地利用，使得区内生态安全面临土地石漠化、水土流失、土地退化和土地生产力下降等系列威胁。区域生态修复应坚持小流域、分类型治理理念，重点围绕丘陵顶部、山地分水岭、坡地、山区峡谷、丘陵宽谷等地貌类型，开展封山育林、坡耕地退耕还林、修建梯田和造沟造地等修复措施[1]。

（5）黄土高原区。该区域是我国重要的生态屏障和经济地带，同时也是我国乃至世界水土流失最严重的地区之一；地处中国中部偏北，包括陕西高原、陕甘晋高原、陇中高原、鄂尔多斯高原和河套平原，面积达63.5万km²。由于区内黄土结构疏松，降雨冲刷侵蚀强，植被郁密度低，加之不合理的土地利用，使得塬梁峁地貌丰富，沟壑纵横，山地与断谷、盆地相间分布，水土流失显著。黄土高原区生态修复应以防止水土流失、控制开发强度为基本准则，重点开展陡坡还林还草、合理安排放牧，建设旱作梯田、修建挡土坝，建设三北防护林工程、稳妥实施生态移民等综合措施。

（6）海岸带。该区域是海岸线向陆海两侧扩展一定宽度的带状区域，包括陆域与近岸海域；海岸带是海陆之间相互作用的地带，是潮间带及其两侧一定范围的陆地和浅海的海陆过渡地带。关于其范围至今缺乏统一的界定，联合国《千年生态系统评估项目》将海岸带定义为"海洋与陆地的界面，向海洋延伸至大陆架的中间，在大陆方向包括所有受海洋因素影响的区域；具体边界为位于平均海深50 m与潮流线以上50 m之间的区域，或者自海岸向大陆延伸100 km范围内的低地，包括珊瑚礁、高潮线与低潮线之间的区域、河口、滨海水产作业区，以及水草群落"。由于海岸带人口密度高、经济社会活跃度大，对海岸带环境造成了系列问题，主要包括近岸土壤污染、海洋污染、破坏自然岸线。海岸带生态修复应坚持陆海统筹、协同治理原则，重点围绕近海水体水质、红树林补种、珊瑚礁种植、废弃物拆除、增殖放流和沙滩整治等开展整治修复工程。

专栏 5-12 内蒙古伊金霍洛旗的国土空间生态修复重点区

伊金霍洛旗位于内蒙古自治区鄂尔多斯市东南部，地处鄂尔多斯高原之东胜西波状高原、准噶尔黄土丘陵与毛乌素沙漠北部边缘交接地带，地势西北高

1.杨庆媛.西南丘陵山地地区土地整理与区域生态安全研究［J］.地理研究，2003，22（6）：698-708.

东南低，海拔在 1 070~1 556 m。伊金霍洛旗森林覆盖率高于全市平均水平，森林以防风固沙林等人工林为主，天然林占比较小，森林生态系统生态功能不强；草地面积大，类型多样，但无优质高产草原，退化、沙化和盐碱化现象明显；耕地质量不高，并呈破碎化分布；湖泊湿地多，碱性高，部分河流水质不高，水资源不足；中心城区水域水生态质量不高、自然补给不足，矿井疏干水水环境质量达标任务艰巨；矿山开采导致地面塌陷、崩塌等地质灾害隐患。

依据伊金霍洛旗国土空间生态修复分区（矿产资源集中开采生态系统修复区、核心城区城市品质提升区、水土流失综合治理区、沙地生态系统稳定维持与功能调控区、无定河流域水土保持与水源涵养生态修复区），结合伊金霍洛旗整治策略（筑牢祖国北方重要生态安全屏障，建设黄河流域及黄土高原生态屏障核心区，深入推进矿山治理和塌陷区修复，打造生态文明示范区和全国采煤沉陷区生态修复治理示范区），划定伊金霍洛旗国土空间生态修复重点区域。

伊金霍洛旗共划分为七个生态修复重点区域。东部纳林陶亥镇和乌兰木伦镇两个重点区域的生态修复以矿山整治、塌陷区治理、河道整治、流域治理为主；中心城区重点区域的生态修复以水系连通、绿色廊道建设为主；中部重点区域的生态修复以提高森林质量和生态功能、优化林分结构为主；北部重点区域以遗鸥国家级自然保护区为核心，其生态修复以退耕还湖还草、禁牧、禁渔、林草修复、加强自然保护地保护和综合治理为主；西部重点区域以耕地质量提升、农田基础设施生态化建设、构建农用地周边生态廊道、维护提升农用地生态系统为主；南部重点区域以农村土地综合整治为主，综合提升农业生态品质。

2. 国土空间生态修复项目制定

国土空间生态修复项目部署应落实上位规划安排，根据自然地理状况、生态环境问题以及生态修复目标、主要任务，结合生态修复分区及重点区域划定结果，分区分类分时安排，包括明确项目空间布局、确定项目类型和内容、安排项目建设时序。

1）项目空间布局

在落实国家和区域重大战略、上位规划的项目安排的前提下，在生态修复分区和重点区域的基础上，统筹各部门各类型项目，布局生态修复项目。项目布局按照生态问题—重点区域项目、修复分区—系统性部署两条主线，遵循山水林田湖草沙一体化保护和系统治理原则，以分区为系统治理的空间单元，生态修复项目是单元内各类治理任务的系统性集成，下设若干子项目具体实施；以重点区域为子项目落地的空间指引、需解决的主要问题为子项目类型和内容的确定依据，部署各类子项目。省级生态修复规划中项目范围的精度应落到县级行政单元，市级规划中项目精度应落到乡镇，县级规划中项目精度应落到村或地块。

2）项目建设时序

坚持远近结合，按照轻重缓急合理安排项目时序。一是按照保证生态安全、提升生态功能、兼顾景观的优先级次序，优先安排生态问题严重、对群众生产生活威胁大或生态功能重要性高的区域的项目；二是衔接相关部门规划的部署，结合当地财政能力，有序安排生态修复项目；三是结合生态系统恢复力水平，充分发挥生态系统自我恢复能力，重点考虑人工修复程度高的项目。

3）项目概预算

生态修复工程投资概算是为了生态修复规划编制的科学性、可行性而提供资金需求和供给平衡方面的技术支持。生态修复工程投资概算的任务是预测生态修复投资规模，测算实现规划目标的投资总额。生态修复工程应依据规划内容确定的总目标任务，结合生态修复工程类型和内容措施、时序安排等进行投资概算。可参照相关部门的工作定额、测算依据及相关标准。

投资概算主要反映的是生态修复工程的支出项目和计划安排。生态修复工程预算支出包括工程施工费预算、设备购置费预算、其他费用预算和不可预见费预算等，并按照工程实施年度分别制定阶段支出计划。

■ 思考题

1. 国土空间调查、规划、用途管制用地用海分类的划分标准、适用范围和分类体系是什么？

2. 国土空间总体规划指标、详细规划指标和土地利用计划指标主要有哪些？

3. 试比较分析主体功能分区、国土空间规划分区划定方法、对象和管控内容的区别与联系。

4. 试述永久基本农田、生态保护红线、城镇开发边界的划定原则和方法。

5. 试述海洋控制线主要包含的内容及管制措施。

6. 什么是公益林、基本草原、重要湿地控制线？主要管制规则是什么？

7. 如何划定历史文化保护线和产业区块控制线？主要管制措施有哪些？

8. 试述城市四线及其对应的管制要求。

9. 国土空间转用管控的方法主要有哪些？试比较耕地占补平衡与耕地进出平衡的区别。

10. 节约集约用地配套方法主要有哪些？

11. 试述国土空间生态修复的主要技术和类型。

12. 如何识别国土空间生态修复重点区域？如何布局国土空间生态修复重点项目？

第 **6** 章

国土空间规划技术应用

■ 本章要点

　　计算机数字化技术的应用已成为推动现代规划体系建设的重要手段。进入大数据和人工智能时代后，国土空间规划体系建设在承接传统规划机助技术和地理信息系统技术的同时，以前沿的应用需求积极拥抱各类新兴技术，实现在规划的科学性、效率和精确度上的不断突破。本章介绍了支撑国土空间规划体系建设的技术应用：规划机助技术介绍了当前规划领域较为成熟的基础性技术，以简单了解为学习目标；地理信息系统技术已成为当前国土空间规划体系建设的重要基础性技术支撑，对其具体的技术手段和应用场景的理解是本章的重点和难点；面向未来的规划设计技术主要介绍了大数据、人工智能、CIM和数字孪生等前沿技术，应以理解技术概念、体会应用场景为学习目标。

6.1　规划机助技术

6.1.1　规划机助技术

　　规划机助技术是通过利用计算机技术和图形处理技术，以及大数据、互联网、云计算、虚拟现实等技术，从多种渠道和方向收集、分析和整合规划领域的决策支持数据，实现规划信息的有效获取、规划设计的协同、规划管理的智能决策。20世纪60年代开始，规划机助技术在空间规划领域得以应用，从而更加高效地提高规划设计构思和方法，更好地把规划设计成果数字化，为规划方案的定量分析、模拟和预测带来便利，促使规划决策的科学化。

6.1.2 规划机助技术的应用

1.计算机辅助制图及日照分析

随着各种计算机技术如数据库、CAD、GIS、虚拟现实等被引入，计算机辅助制图成为规划工作必备技术手段，该项技术推广，规划设计师从原来的笔纸方式转变为数字化方式，极大地提高规划设计工作效率，丰富设计意图表达，日照分析以及其他相关的信息处理能力得到了大大提升[1]。

2.描绘城市地形图

在描绘城市地形图中，规划机助技术可以把各种地理信息按照空间位置以一定的形式完成输入、检索、更新、显示、绘图，最终形成城市地形图[2]。

3.规划设计方面的应用

总体规划中，运用规划机助技术，帮助规划师收集和分析数据，比如人口统计、用地评估、分析和辅助计算等。详细规划中，可以帮助创建三维模型、渲染景观和进行日影分析。规划方案确定后，计算机就可以制作出精美的动画和演示。

6.2 地理信息系统技术

不管是城乡规划、土地利用规划还是国土空间规划，空间数据都是规划过程中需要处理的核心数据。狭义上，地理信息系统技术在规划领域的引入是用于专门处理空间数据，因此也属于规划机助技术。但近年来，随着计算机技术和空间信息技术的发展，地理信息系统技术的服务范围已经大大扩展，形成了以处理空间数据为核心功能的应用集群，已涵盖传统规划机助技术中的大多数应用需求，为国土空间规划体系的落地应用提供了基础而全面的技术支持。

1.钮心毅.西方城市规划思想演变对计算机辅助规划的影响及其启示［J］.国际城市规划，2007，22（6）：97-101.
2.彭国强.计算机景观仿真技术在城市规划及建筑设计中的应用［J］.信息通信，2014，27（7）：80.

6.2.1 地理信息系统技术

地理信息系统（Geographic Information System，GIS）是由计算机硬件、软件和不同的方法组成的系统。计算机硬件包括计算机、用于输入原始地理数据的扫描器和数字化板等设备，以及用于数据的打印机和绘图仪等；计算机软件提供输入、储存、查询、运行分析地理信息的功能和工具，它不仅能够处理多种格式的地理信息数据，还能够提供复杂的空间分析和模拟工具，常用的 GIS 软件包括 ArcGIS Desktop、QGIS 等；不同的方法指为了解决现实问题提出的各种模型方法。

地理信息系统被设计来支持空间数据的采集、处理、管理、分析、建模和显示，以便解决复杂的规划和管理问题（图 6-1）。数据采集是将 GIS 的外部原始数据输入内部并转换为便于系统处理的格式。数据处理是根据使用者的需要，在采集到的数据的基础上进行结构变换、格式变换、坐标变换等操作。数据管理是建立数据库的关键步骤，其选择的空间数据结构（如矢量、栅格数据）在一定程度上决定了系统能执行的分析功能。空间分析是 GIS 系统的核心功能，按照功能复杂程度递进可以分为空间查询、空间叠加分析和空间模型分析。模型分析是 GIS 应用深化的重要标志，利用收集到的空间数据来分析和解决现实问题。数据可视化功能用于显示和输出空间分析成果，根据用户需要生成全要素地图、专题图、统计图等，是 GIS 最常用到的功能之一。

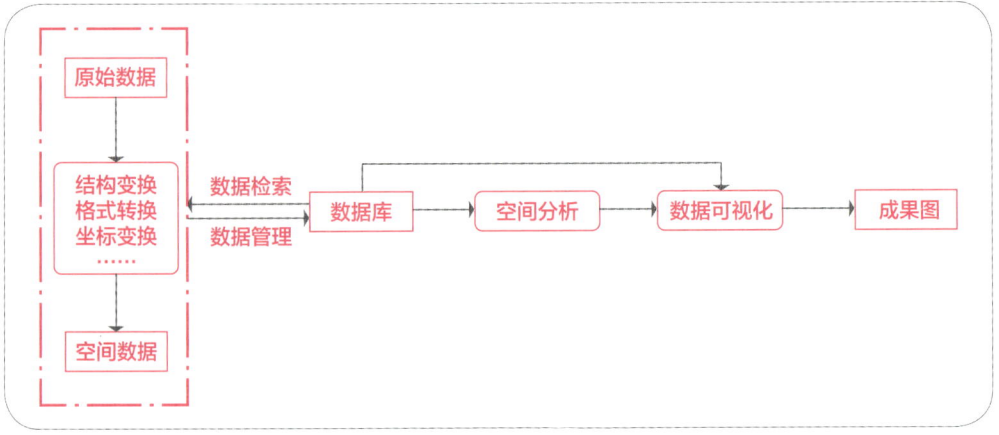

图 6-1　GIS 功能概述
资料来源：邬伦，刘瑜．地理信息系统——原理、方法和应用［M］．北京：科学出版社，2018.

在国土空间规划中，由于 GIS 具有出众的空间数据处理、分析能力，且其主要数据源之一遥感数据的时空分辨率、光谱分辨率日益精进，具有不可或缺且不可取代的作用。在规划编制阶段，GIS 的数据库和空间查询功能可以帮助规划部门进行城市基础特征分析，掌握城市的社会、经济、人口、交通等格局，识别关键特征和潜在问题。其空间分析功能可以对城市进行土地利用分析、交通分析、环境分析等，帮助规划部门对交通、公共设施等布局进行合理布局和优化。GIS 还能够预测不同政策条件下的用地变化和城市演变，帮助选出最优决策。在规划管理阶段，GIS 能够将城市运行数据进行集成、显示和共享，帮助规划部门进行项目精细化管理，快速反映城市突发问题。在规划评估和监督阶段，GIS 可以和遥感结合，检测城市变化，判断城市发展实际情况和规划的偏差，为下一轮规划的编制提供有效信息。其可视化表现功能有助于面向公众展示规划效果，推动国土空间规划的公众参与。

GIS 已经成为建构自然资源"一张图"、国土空间基础信息平台、国土空间规划"一张图"的基础性技术手段。通过整合和分析地理数据，GIS 技术能够提供精确的空间分析和决策支持，从而在规划、管理和保护自然资源方面发挥关键作用。在自然资源"一张图"项目中，GIS 用于集成土地、水、森林等各种自然资源数据，形成一个统一的、可视化的信息平台，便于政府和公众更好地理解资源分布和利用状况。对于国土空间基础信息平台，GIS 技术提供了一个强大的工具，用于收集、存储和分析关于土地使用、规划和环境监测的数据。这种集成的信息系统使得政策制定者和规划师能够在进行空间规划和土地管理决策时，考虑到各种地理和环境因素。在国土空间规划"一张图"中，GIS 帮助实现对不同规划层级和类型的集成，从而形成一个综合的、多维度的空间规划框架，支持可持续发展目标的实现。

6.2.2　地理信息系统技术的应用

GIS 作为一种集成了地理学、地图学、计算机科学等多学科知识的综合性技术工具，为国土空间规划提供了强大支撑，可用于各项具体技术工作。

GIS 可用于资源环境分析，开展资源环境承载能力与国土空间开发适宜性评价。基于土地利用状况、自然资源分布、环境质量等空间数据，GIS 技术能够进行空间分析和综合评价，从而揭示出资源与环境质量的空间分布格局。结合地形、土壤、气候等环境因素，GIS 能够通过模型对水、土地、森林等资源的支撑能力进行定量化分析，识别出适宜用于农业生产、城镇建设等不同开发类型的土地并进行分级，评估资源环境承载能力与国土空间开发适宜性，从而为规划的制定和实施提供科学依据。

专栏 6-1 GIS 技术在资源环境分析中的应用

对资源环境进行分析和优化是 GIS 应用的典型场景之一。GIS 可以用于收集、管理和分析与城市资源环境相关的数据，包括土地利用状况、自然资源分布、环境质量等，从而辅助开展资源环境承载能力分析、国土空间开发适宜性评价、环境保护措施制定等多方面工作。以下以 GIS 技术在资源环境分析中的应用为例，阐述如何通过 GIS 技术对城市的资源环境进行分析及优化。具体流程涉及以下内容。

（1）数据收集与管理。收集与城市资源环境相关的空间数据，包括但不限于以下几类：土地利用类型和变化情况数据，水资源、森林资源、矿产资源等资源数据，空气质量、水质、土壤污染等环境质量数据，数字高程模型（DEM）数据，气温等气候数据。在开展分析前，需要对收集到的数据进行预处理，包括数据格式转换、空间投影变换、数据清洗和插值等步骤，确保数据的准确性和一致性。

（2）空间分析。主要包括以下几方面：通过对比不同时期的土地利用数据，分析土地利用的变化趋势；分析水资源、森林资源、矿产资源等自然资源的空间分布格局；分析空气、水文和土壤等环境因素的空间分布特征。

（3）环境评价。结合地形、土壤、气候等环境因素，根据需求，对资源承载能力进行综合的定量化分析，进而识别出具有不同开发适宜性的土地，并进行具有针对性的规划，帮助提高环境质量，提升环境承载能力。

（4）监测与反馈。利用 GIS 技术对资源环境的变化进行动态监测，及时获取最新的空间数据，更新评价结果。同时根据监测结果，对规划方案和优化措施进行反馈与调整，确保资源环境的可持续发展。

在交通方面，GIS 可以用于交通网络构建及相关服务区、设施布局优化、可达性等交通分析。GIS 能够通过整合土地利用情况、地形情况、现有路网数据等多种空间数据，建造约束多边形，确定道路建设的适宜区域，进行路廊设计，实现交通网络构建。GIS 的网络分析工具能够基于不同交通工具的行驶速度，在已有交通网络的基础上计算任意两点的最优路线（时间最短、距离最近或费用最低），计算交通设施的覆盖范围，划定交通网络服务区，评估交通系统的效率、瓶颈和改进空间，由此协助进行交通设施布局优化。其动态分段和网络拓扑功能可以识别不同交通方式路线间的障碍或连通，更真实地模拟不同出行方式的活动范围，进行道路管

理、流量和路径分析。此外，GIS 还可以结合交通模拟模型，预测未来交通需求，为公共交通系统优化等交通规划提供决策支持。

专栏6-2 GIS 技术在公共交通优化中的应用

对城市交通网络的优化是 GIS 应用的典型场景之一。GIS 可以用于收集、管理和分析城市交通相关数据，包括道路网络、交通流量、人口分布、公共交通线路等，从而辅助道路网络的优化、公共交通的规划、交通环境影响的评估和改善等目的。以下以 GIS 技术在公共交通优化中的应用为例，阐述如何通过 GIS 技术对城市的公共交通系统进行分析及优化。具体流程涉及以下内容。

（1）数据收集与管理：收集公交、地铁等公共交通系统相关的数据，包括车辆运行轨迹、站点信息、乘客上下车数据等，并且将收集到的数据整理成 GIS 可处理的格式进行管理。

（2）可视化分析：利用 GIS 将数据可视化，生成公共交通系统的专题地图，并将不同的数据图层叠加在一起，利用 GIS 的可视化功能，展示公共交通线路、站点、乘客出行热点等信息，帮助规划者更直观地了解公共交通系统的运行情况。

（3）空间分析：可通过 GIS 的空间分析功能，对公共交通线路进行空间分析，包括站点分布情况、线路覆盖范围等，测度市域范围内公交站点的可达性情况和服务情况，判断主要居民区、商业区和教育区等重要地点是否被公交站点充分覆盖到，识别未被站点充分覆盖的公交服务盲区（图6-2）。

（4）网络分析：利用 GIS 进行网络分析，一方面，可测度不同交通线路之间的连接情况，评估各个站点的网络可达性，以便更好地优化线路；另一方面，可对居民的出行行为进行分析，确定居民出行的主要路径和热点区域，以便更好地对车辆进行调度。

（5）需求预测与优化：根据对公共交通数据的分析结果，可进一步预测未来乘客的出行需求，并提出相应的优化建议，如增加车辆班次、调整线路布局等。通过 GIS 技术模拟不同优化方案的效果，并评估其对公共交通系统运行的影响。

基于上述 GIS 技术分析结果，提出一系列优化建议，包括调整线路和站点的布局、增加某些线路的车辆班次、优化乘车换乘方案等。此外，还可以利用 GIS 技术对线路和实时运行状况进行监测和调整，以确保优化措施的实施效果。

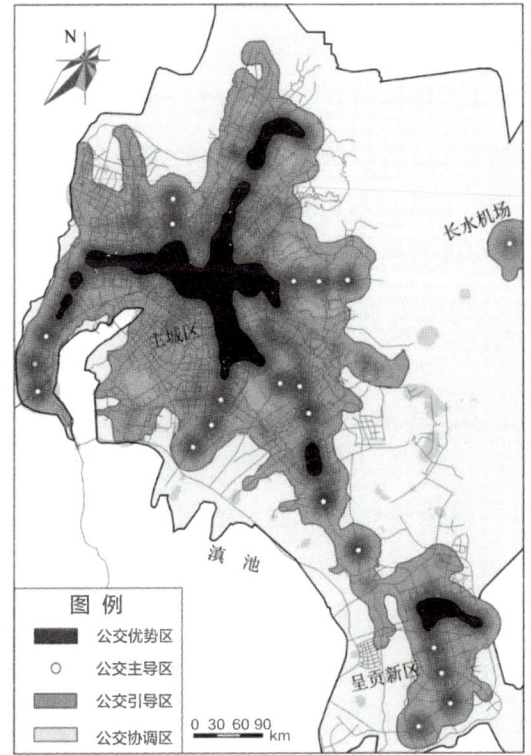

图6-2　2017年昆明市公交站点覆盖分析图
资料来源：何保红，陈丽昌，高良鹏，等.公交站点可达性测度及其在停车分区中的应用［J］.人文地理，2015，30（3）：97-102.

GIS可以通过邻域分析、叠加分析和聚类分析等方法，分析城市空间格局。通过GIS技术，能够整合地理信息，对城市内部的土地利用、建筑密度、功能分区等问题进行空间分析和模拟。邻域分析法通过测量地理空间上的接近程度来揭示城市内部各要素之间的关系，有助于理解城市内部的空间布局和结构，揭示不同区域之间的联系和差异。叠加分析法将不同要素的空间数据叠加在一起，揭示它们之间的关联和重叠，揭示城市内部各要素之间的相互作用和影响。聚类分析是一种用于识别和划分相似空间单元的方法，能够反映出城市内部的空间模式和结构。这些方法有助于揭示城市空间结构的内在规律，从而进行空间布局优化和方案比选，为国土空间规划和产业布局提供科学指导，促进城市可持续发展。

GIS可将地理空间数据的表达方式从二维平面图转换为三维立体模型，后者常用于地形分析和构建技术、景观视域分析、街道活力分析等方面，并且可以为空间方案的对比选择提供直观的参考。通过将地理空间数据以三维模型的形式呈现，构建数字地形模型，能够实现对地形起伏的立体呈现，便于研究者更加直观地观察地形的起伏和地貌的特征，并进一步分析地形特征对水文过程、土地利用等方面的影响，为地质勘探、灾害防治等工作提供科学依据。在景观视域分析层面，GIS 技术可以将地形、高程、障碍物等相关景观数据综合起来，构建出真实的三维景观模型，利用空间分析和可视化技术，进行景观视域分析，为景观规划和设计提供科学依据和参考。另外，通过 GIS 技术还能构建城市街道的三维模型，结合人口数据、交通数据、商业数据等多源数据进行综合分析，模型能够直观地反映出城市街道的活跃水平，为国土空间规划和管理部门提供科学的决策依据。

专栏6-3　GIS 技术在三维地形分析中的应用

三维地形分析是 GIS 应用的一个重要领域。GIS 可将地理空间数据的表达方式从二维平面图转换为三维立体模型，后者常用于地形分析和构建技术、景观视域分析、街道活力分析等方面，并且可以为空间方案的对比选择提供直观的参考。以下以 GIS 技术在三维地形分析中的应用为例，阐述如何通过 GIS 技术对城市地形进行详细分析及优化。具体流程涉及以下内容。

（1）数据收集与管理：收集地形相关的数据，包括数字高程模型、地形图、卫星影像等，并将收集到的数据整理成 GIS 可处理的格式进行管理。这些数据可从遥感卫星、激光雷达（LiDAR）和其他测绘设备中获取，确保数据的高精度和高分辨率。

（2）三维可视化：利用 GIS 将地形数据进行三维可视化，生成三维地形模型。这些模型可以展示地形的起伏、坡度和方位等信息，帮助地理学家和规划者更直观地了解地形特征。通过三维可视化，可以发现地形中的突出特征，如山脊、谷地和坡地。

（3）地形剖面分析：通过 GIS 进行地形剖面分析，生成地形剖面图。这些剖面图可以展示地形的纵向变化，帮助了解地形的总体趋势和局部细节。地形剖面分析在工程建设、道路规划和生态保护等领域有广泛应用。

（4）流域和水文分析：利用 GIS 进行流域和水文分析，确定流域的分界、河流的流向和集水区的范围。这些分析可以帮助预测洪水风险、规划水资源管理方案，并评估土地利用变化对水文环境的影响。

（5）三维建模与景观视域分析：利用 GIS 进行三维建模与虚拟现实技术的结合，可以创建虚拟的三维地形环境。通过空间分析和可视化技术，进行景观视域分析，为景观规划和设计提供科学依据和参考。规划者可以利用三维景观模型分析视线范围，确定最佳观景点和景观屏障的位置，优化景观设计，提升景观效果和环境质量。

括调整土地利用规划、加强灾害防治措施、优化自然资源管理等。通过这些应用，GIS 在三维地形分析中的作用得到了充分体现，为科学研究和实际应用提供了强有力的支持。

利用 GIS 分析技术，通过网络发布规划信息并收集公众的意见，使公众参与更加便利，拓宽公众参与的渠道并加深参与的程度。通过在网络平台上发布规划信息，并设立专门的意见征集渠道，可以方便广大市民了解规划内容，并就规划方案提出意见和建议，实现规划过程的公开透明和民主参与。同时，GIS 技术能够将规划信息与地理空间数据相结合，通过交互式地图、数据可视化等方式，直观地展示规划内容，增强公众对规划方案的理解和参与度，让公众更直接地了解规划方案的内容和影响。这种网络化的规划信息发布和意见征集方式，不仅提高了公众参与规划的便利性和及时性，也为规划决策提供了更广泛的社会基础和科学依据。

6.3　面向未来的规划设计技术

近年来，随着大数据和人工智能技术的快速发展，空间规划技术也实现了在精细海量数据的获取、智能化分析评价、空间环境数字化仿真模拟等方面的巨大进步。对于涵盖理论发展、技术应用、现实治理等多方面的国土空间规划体系建设工作而言，在未来仍需要积极拥抱新兴技术，将前沿技术与规划应用有机结合，真正做到在全要素全过程统筹规划要求下的"以我为主，为我所用"。

6.3.1　大数据分析技术及应用

空间大数据，或更广义的时空大数据，是近年来涌现出的崭新数据类型。时空大数据是大数据与时空数据的融合，即以地球为对象，基于统一时空基准，与时空位置直接或间接相关联的大数据。除了拥有一般大数据的 5V 特征（Volume，大量；Velocity，高速；Variety，多样；Value，低价值密度；Veracity，真实），时空大数据还包括时空数据所特有的特性，如空间特征、时间特征、尺度特征及语义特征，以及多源异构及多维动态特征。

常见的社会感知数据包括来自用户个体的社交媒体、移动运营商、私人和公共交通系统数据，以及来自互联网平台的街景照片和智慧城市平台数据等。依其记录方式，可以将社会感知数据分为被动、主动记录两类。被动记录的数据是在被观测对象无意识或不知情的情况下进行的。常见的被动记录社会感知数据包括手机信令数据、交通轨迹数据、视频监控数据以及街景照片数据等。移动通信数据因其广泛渗透而成为重要的时空数据源，而GPS技术的发展也带来了丰富的交通轨迹数据。街景影像则提供了独特的视角，补充了传统遥感的不足。与被动记录相反，主动记录数据是指用户在有意识的情况下自发"制造"的数据。如社交媒体内容，特点是量大、覆盖广、更新快，且易于获取。此外，智慧城市平台的"新政务数据"，通过城管、网格员和志愿者等渠道收集，包括城市事件报告和投诉信息，为城市研究提供了新的视角和数据源。两种视角下的数据相互补充，为洞察人类社会带来了一个新的视角和机遇。

在国土空间规划工作中，可挖掘时空大数据的多维度信息，并推导出基于海量、高动态活动的模型及其统计结果，以支持分析和实践工作。通过时空大数据的获取、清洗、模型化、可视化、信息挖掘与特征工程，以及时空数据的管理和高性能计算等处理环节，可通过参数化设计、空间句法、元胞自动机、生成性对抗神经网络辅助设计等方法直接支撑规划设计方案的形成。

国土空间规划中的大数据应用包括以下几个方面：①为科学编制国土空间规划提供技术支持。在规划实施评估、自然资源承载力国土空间适宜性评价、"三生空间"构建、"三区三线"划定等方面，通过对大数据技术的应用，能够更好地把握区域自然资源的本底特征和利用状况，预测资源利用趋势，研判社会经济发展与资源利用内在联系，辅助规划决策，优化国土空间规划选择。②为国土空间规划公众参与提供平台。通过大数据应用搜集和分析舆论、民情，搭建公众参与平台，提高公众参与程度。③为国土空间规划决策提供辅助手段。国土空间规划决策自身具有复杂性，导致规划成果很难满足各方面需求。通过大数据清洗、整合、挖掘可以提高信息的共享程度，为国土空间规划决策带来更充分的信息支撑。④为国土空间规划实施监管提供数据支撑：大数据可以提供空间及时序考核、实时动态监测、重要因素追踪分析、实施结果即时呈现等信息表达，全面实现对已规划国土空间的监管。

大数据在城市信息应用中面临可靠性和可用性问题，主要体现在"稀"

"薄""偏"三个方面：①时空稀疏性。城市数据虽庞大，但在特定分析尺度下可能不足，限制了应用范围和分析深度。这可能导致地理分析中的可变面元问题（Modifiable Areal Unit Problem，MAUP），引发分析误差。②语义单薄性。与传统数据相比，大数据除必要的时空标签之外，往往仅具有极为有限的语义信息，这限制了数据价值的挖掘。③观测有偏性。大数据的获取往往缺乏严格的抽样设计，导致样本可能不具代表性，反映城市态势时存在偏差。此外，数据应用中的算法偏差、信息茧房效应以及数据伪造行为可能进一步扭曲数据，影响对客观事实的准确反映。

在三个问题中，时空稀疏性和语义单薄性有多种成熟的方法可以应对，例如通过数据扩样或生成式补全来处理稀疏性，以及利用多源数据融合技术来增强数据的语义信息。而观测有偏性是根本性的问题，它根植于数据生成过程中的各种认知和行为因素，无法通过简单的统计手段解决。要有效应对有偏性，需要深入理解数据生成的背景，将其视为行为科学基本范式下的一个"暴露—认知—行动"过程。通过引入多源数据，对同一对象设计一种"多渠道部分重复观测"的自然实验：由于任一观测渠道均有其特定的偏误构成和性质，如果对同一对象进行多渠道且各渠道有部分重复的观测，则可借助比较多个观测结果中各类偏误构成的不对称性来实现其纯净效应的分解。

6.3.2　人工智能技术及应用

人工智能（AI）是一种研究、设计和实现使机器能够模拟人类智能行为的技术，其目的是使机器能够执行那些通常需要人类智能才能完成的任务，如学习、推理、问题解决、感知、语言理解和决策制定。随着技术的发展，人工智能技术已经渗透到许多领域，包括计算机视觉、自然语言处理、机器学习和机器人技术等[1]。而国土空间规划需要确立城市空间未来数年的发展方向，目前围绕经验主义和统计学的传统规划方法难以满足日益"高频"的城市。随着生产力的进步和城市的发展，城市系统愈趋复杂，主导城市变化的法则多且复杂，任何一个法则的忽略都会带来极大的不确定性影响。同时，线性分析方法也无法预测和模拟不同决策下的城市场景，与现实情况都存在很大的偏差。此外，由于缺少全样本的支撑，规划师对于城市的把握和细节的研究往往需要长时间的积淀。"高频"城市时代的到来，依靠经

---

1. 贾可荣，张彦铎. 人工智能［M］. 北京：清华大学出版社，2018.

验进行的传统规划模式需要逐渐精细化、实时化，进而提高规划的功能与效率。因而，人工智能技术非常符合新时代国土空间规划工作的上述要求。

国土空间规划中的人工智能技术主要涉及对包含语义的时空大数据的建模、处理和分析，其呈现形式则包括机器学习、深度学习、强化学习、迁移学习等。这些技术能够支持国土空间规划中的时空模式识别、空间交互分析、时空复杂系统分析、时空推断、时空运筹和优化等任务，以实现诸如预测城市规模、刻画城市空间结构、识别城市空间行为模式等国土空间规划工作中的关键分析工作，从而将"数据"转化为"知识"，支撑国土空间规划各阶段、各层次、各专项的调研、编制、实施、监测和反馈。

在国土空间规划中，人工智能技术应用主要体现在以下方面。

（1）增进规划智能化。包括：①时空模式识别：通过机器学习和深度学习技术，可以识别城市或区域内的时空模式；②空间交互分析：可以分析城市内不同要素之间的关联和相互作用，帮助规划者理解城市内部的空间交互模式；③时空复杂系统分析：可以帮助分析城市内各种相互影响的因素，以便更好地预测未来发展趋势；④基于历史数据和模型：人工智能技术可以进行时空推断，帮助规划者预测城市未来的变化和发展方向；⑤时空运筹和优化：人工智能技术可以优化资源配置，以实现规划目标的最佳实现。传统的经验主义和统计学方法在处理城市高频变化和复杂性方面存在局限性，而人工智能技术可以处理大量的非线性、多变量数据，提供更精确的预测和分析结果，尤其是机器学习和深度学习，可以更好地刻画城市内部的复杂规律和相互影响，从而提供更准确、实时的规划支持。

（2）优化规划支持模型。早期的规划决策支持模型如元胞自动机（CA）已被广泛使用，但这些技术存在建模和仿真能力的局限性。人工智能技术开始涉及并行计算，使得计算效率得到大幅度提升，如基于 CA 的城市用地模拟并行化也已成为探索的热点。但是，目前的规划支持模型仍主要关注结构化数据，监控视频、遥感图像、社交网络数据、街景图片等非结构化数据尚未被充分利用。AI 特别是深度学习技术，已经在图像识别、自然语言处理等领域取得了令人瞩目的成果。这为处理和解析上述非结构化数据提供了可能性。例如，遥感图像可以用于自动检测土地使用变化，社交网络数据可以揭示人们的出行模式和偏好，而监控视频则可以提供实时的城市活动信息。

（3）实现规划文本深度挖掘。国土规划中包含大量的文本信息，广泛存在于成果文本、调研资料、会议记录、专家意见、公众评论和政策法规等形式之中。通过机器学习技术，可以深度挖掘这些文本中的知识，从而更好地支持规划决策。机器学习 AI 技术应用的热点领域之一是自然语言深度学习，可以提炼文本中的内在关系经验和规律，服务于规划文本、说明和相关成果的编制。

6.3.3 CIM 城市信息模型

传统意义上的时空数据是以低频时间和中宏观精度为主，实际上是地理信息的一种说法，地理信息系统、建筑信息模型（Building Information Modeling，BIM）都属于时空数据的范畴。城市信息模型（City Information Modeling，CIM）的概念诞生于在 21 世纪初期[1]，可分为两种不同方向的解读：①CIM 被视为指导城市信息系统开发的系列文件与元数据类型的集合，用于城市信息系统的结构、功能和行为等规范化描述[2]。在这种意义上，CIM 是基于逻辑学与语言学的抽象性建模，提出统一的概念及其相互关系，为城市软件工程的设计、开发、测试和调试等，搭建标准化的通用语言模式，试图解决信息模型的可复用性与可推广性，涵括元—元模型、数据库模型、组件模型、知识管理模型、用户对象模型等，并对软件进行描述与可视化。②CIM 被视为真实城市的数字化与信息化的表达方式，体现对城市构成与运行的建模，表现为适用于城市理论验证与实践的可操作性方法与工具，该解读是我国目前普遍采用的[3]。例如，CIM 的行业标准提出："以建筑信息模型、地理信息系统、物联网等技术为基础，整合城市的地上地下、室内室外、现状未来多维的信息模型数据以及城市感知数据，构建起三维数字空间的城市信息有机综合体，并以此规划建造管理城市的过程和结果的总称[4]。"

对于第二种解读，仍然存在不同的理解，大体分为四种类型：①CIM 是验证城市理论的综合性或单一性模型，包括诸如物质形体模型、区位发展模型、生态环境模型、社会经济运行模型、心理认知模型、行为环境模型、历史文化演变模型等，其初始目标是整合跨行业的多源异构数据，并进行偏宏观层面上的实证分析与综合模拟。②CIM 是支撑三维城市设计的参数化模型，包括方案策划、生成与评估等模型，理性地刻画城市三维体形与社会经济环境等因素之间的动态关联，服务于参与式的城市设计协商过程。③CIM 是 BIM 在城市尺度上的集合，适用于城市尺度上

---

1. 吴志强，甘惟，臧伟，等.城市智能模型（CIM）的概念及发展［J］.城市规划，2021，45（4）：106-113+118.
2. 梁军.数字城市信息模型研究［D］.北京：中国科学院研究生院，2002.
3. 杨滔，张晔珵，秦潇雨.城市信息模型（CIM）作为"城市数字领土"［J］.北京规划建设，2020（6）：75-78.
4. 季珏，汪科，王梓豪，等.赋能智慧城市建设的城市信息模型（CIM）的内涵及关键技术探究［J］.城市发展研究，2021，28（3）：65-69.

精细化施工与运维管理。这源于某些工程建设过程之中，建材的制造、运输、成本计算等需要在城市、区域乃至全球范围内进行考量，从而推动 BIM 在规划、设计、建设、治理、运营等全生命周期管理的应用。④ CIM 是数字孪生城市的基础。在空间范围和技术基础上，CIM 的建设是大场景的 GIS 数据 + 小场景的 BIM 数据 + 物联网（Internet of Thing，IoT）的有机结合。通过 BIM 技术对城市中地物进行微观尺度的数字孪生，将地物信息数字化；GIS 技术在城市尺度对生态、土地利用等宏观空间环境特征和人群特征、要素流动等城市中无形的社会经济活动信息进行结构化储存与仿真；物联网技术通过广泛布设城市传感器，既对 BIM 中建筑物的运营数据进行补充，又对交通流、大气水文等城市开放空间中的微观环境变化进行实时感知、收集与模拟。三者互补共通，覆盖宏观、中观、微观尺度，实现对空间精细、全面、动态、实时的数字化与信息化。完整的 CIM 平台的投入使用意味着城市历史、现状、未来的数字孪生实现[1]。

基于上述分析，CIM 平台体现为人们对城市的感知、认知、推演与操作，对应于数据汇聚、模型搭建、场景演绎与应用反馈。一般而言，CIM 平台包括"五层"（基础设施层、数据资源层、应用支撑层、业务应用层、用户层）、"两标准"（标准规范与管理制度、网络与信息安全保障体系）。其中，基础设施层是支撑 CIM 平台的基础性软硬件，包括云服务、边缘感知、终端、区块链等；数字资源层是汇聚规划、设计、施工、竣工、运营、维护等全生命周期的各种数据，包括时空基础数据、资源调查与登记数据、规划管控数据、公共专题数据、工程建设项目管理数据以及物联网感知数据，并依据空间编码体系，对这些数据进行治理与共享；应用支撑层是共用的组件模块，包括 GIS 引擎、BIM 引擎、IoT 引擎以及数据转化工具、基础性模型引擎等；业务应用层往往根据不同的 CIM 应用需求而定，如雄安新区的 CIM 平台包括数字决策、数字建设、数字运营与数字安全；用户层包括政府、企业与公众[2]。

CIM 平台面向四个基础性问题：①城市数据与信息如何高效地展示；②分析信息如何揭示城市自我发展规律；③仿真信息如何预判城市的未来发展；④综合信息如何辅助决策并处置事件。换言之，这将关注到 CIM 平台的可视、可解、可判、可动四个方面，进而确立 CIM 平台从数字化到智能化，最终到智慧化的发展路径。通过打造上述 CIM 平台，可构建现实和虚拟相互映照的"数字孪生"城市，实现对城

---

1. 杨滔，田力男，孙琦，等.基于时空嵌入的未来城市信息模型（CIM）探讨——以青岛为例［J］.城市与区域规划研究，2023，15（1）：98-110.
2. 杨保军，杨滔，冯振华，等.数字规划平台：服务未来城市规划设计的新模式［J］.城市规划，2022，46（9）：7-12.

市的全要素、全方位、全生命周期规划、建设、运营，并深入到"细胞级"的精细化管理，同时还保留有智能升级空间，形成智慧城市应用的完整闭环。

雄安新区 CIM 平台架构如图 6-3 所示。

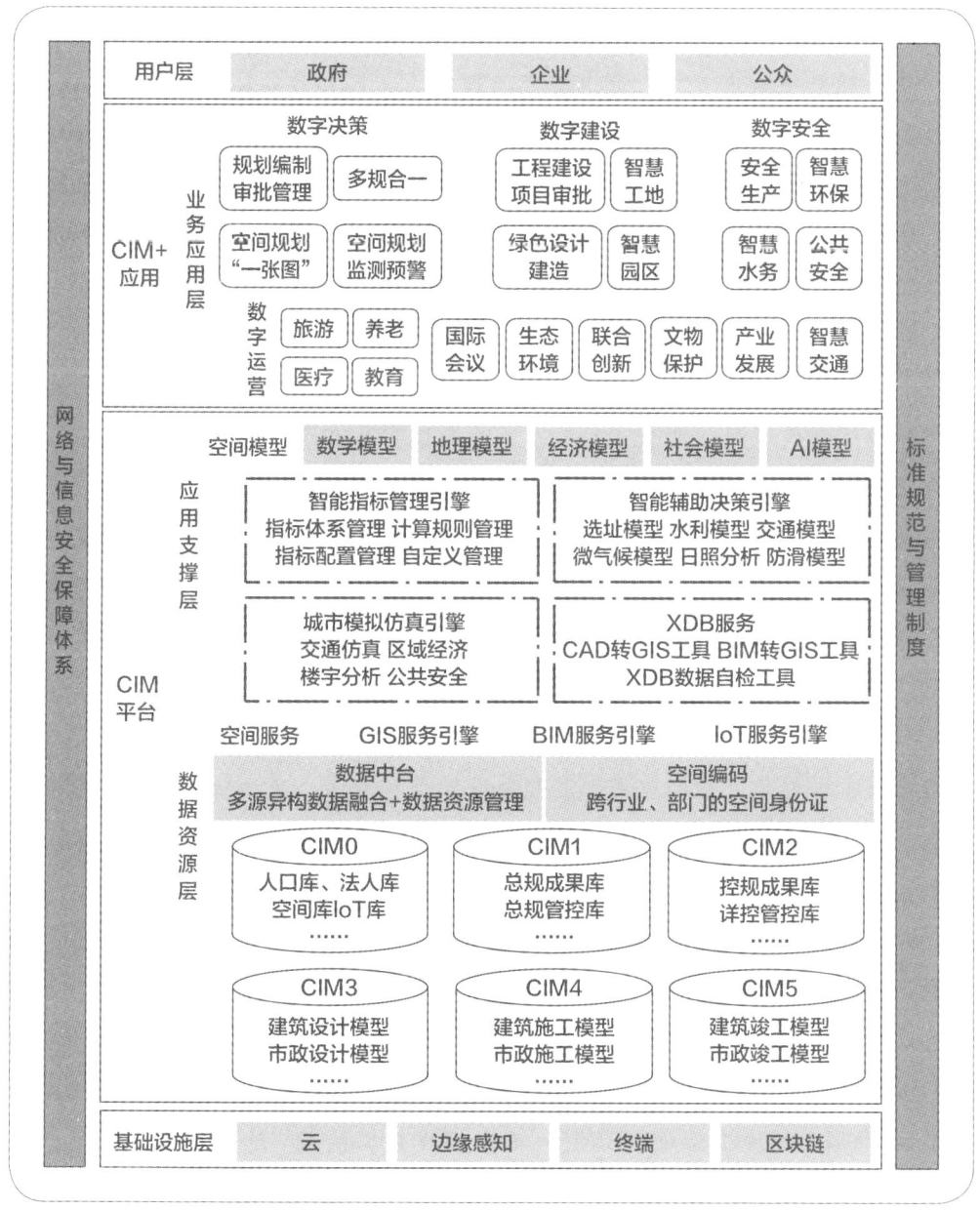

图 6-3　雄安新区 CIM 平台架构
资料来源：自绘

第6章　国土空间规划技术应用

专栏6-4 规建管全周期一体化的雄安新区 CIM 平台[1]

雄安新区从2017年7月开始探索 CIM 平台建设，其核心是坚持数字城市与现实城市同步规划、同步建设，适度超前布局智能基础设施，推动全域智能化应用服务实时可控，建立健全大数据资产管理体系，打造具有深度学习能力、全球领先的数字城市。建立城市智能治理体系，完善智能城市运营体制机制，打造全覆盖的数字化标识体系，构建汇聚城市数据和统筹管理运营的智能城市信息管理中枢。旨在建设以"全程在线、高效便捷，精准监测、高效处置，主动发现、智能处置"为原则，以数字化城市规划、建设、管理一体化创新模式为目标的具有国家自主产权的数字城市规建管智能审批平台。

雄安新区 CIM 平台建设以"空间"为核心，抓住规建管行政许可环节，采用数字技术，来记录雄安实时生长与演变规律。建立不同阶段的城市空间信息模型和循环迭代规则，进而奠定数字城市与现实城市同步规划、同步建设的基础构架。CIM 平台的建设目标：一是全面创新雄安数字空间规建管的科学体系，运用大数据、人工智能、云计算等新兴技术，重建数字国土空间规划、建设以及管理的体系，建立科学理性的决策机制。二是全面协调雄安新区数字城市和现实城市的共生，在制度和技术上实现实时互通，打造虚实一体化的未来城市典范。三是全面挖掘雄安数字资源和技术价值，利用平台网络推动多方位、多行业、多层次的绿色发展，营建社会、经济、环境的多维综合绿色体系。四是全面开放平台智慧汇聚的应用，汇聚全球智慧和人才，开拓新兴产业，推动公众参与，共同营造数字雄安新时代。五是全面共享雄安数字知识创意生活，借助平台推动全方位的共享经济，让人民具有获得感和幸福感。

雄安新区 CIM 平台强调全周期。根据现实城市成长的"现状评估—总体规划—详细规划—方案设计—施工监管—竣工验收"六个阶段，实现城市全生命周期信息化和城市审批管理全流程数字化，推动数字城市数据汇聚和逐步成长，以现状运营（BIM0）—总规（BIM1）—详细规划（BIM2）—设计（BIM3）—施工（BIM4）—竣工验收（BIM5）共同构建数据积累、迭代的闭合流程，记录雄安的过去、现在与未来。

雄安新区 CIM 平台强调全要素。平台汇集地上地下空间数据和动态信息，建立空间编码体系，促进数字城市全时空要素管理。以雄安实体空间为载体，

---

1. 杨滔，鲍巧玲，李晶，等. 雄安城市信息模型 CIM 的发展路径探讨［J］. 土木建筑工程信息技术，2023，15（1）：1-6.

纳入地质、自然地理、地理信息、市政管线、建筑模型等城市建设信息，完成雄安地上地下全息数字模型，统筹立体时空数据资产。转变城市开发与管理的传统思维，创新地下空间的共构模式，强化地上、地下空间资源的可视化管理，促进国土空间资源的立体化、综合化利用。以"空间"为城市数据交换、共享和融合的基本 ID，构建统一空间编码作为空间唯一身份证，以映射城市每一立方的数字空间和实体空间的对应关系，覆盖城市—组团—社区—邻里—街坊—街块—地块—建筑—构件不同空间粒度，以位置—单元—属性将不同层次、不同维度、不同粒度的数据进行融合后协调处理，从空间和时间的维度对城市进行全方位、全生命周期的数字化描述，支撑城市精细化管理需求，并通过 AI 技术，让数据发挥价值，让城市更加智慧。

雄安新区 CIM 平台强调全贯通。要素本身的实现依赖于规则的运用，以区域—组团—用地—建筑等实体空间为单元，搭建跨行业的城市规则库，实现多专业打通与指标传递。构建生态环境、水环境、能源、土地、交通等多方面的城市模型库。在规划阶段、建设阶段以及今后的运营阶段，将规划目标传导到建设、运营过程中，实现规则的纵向打通。与此同时，在不同行业之间进行横向规则打通，实现全要素系统联动的关键。完善全联动、多维度的数据决策体系，在规划管理上不断进行迭代。利用 IoT 等新型信息技术对多维指标动态监测与管理，并建立预警体系，加强对指标传递与落实的管控力度。

雄安新区 CIM 平台建设借助数字化技术，创新实体城市运营的方方面面，促进提升城市规划建设管理信息化、数字化、智能化水平，以技术去实现一个更加包容、更加民主、更加集约、更加绿色、更加舒适的人类未来栖居之境。

专栏 6-5　面向数字经济的苏州市 CIM 基础平台 [1]

面对苏州数字化发展对时空信息载体建设的迫切需求，苏州市自然资源和规划局于 2020 年底启动建设市域一体化"1+10"CIM 基础平台，打造智能化、现代化、国际化水准的时空信息基础设施，为政府治理能力和公共服务水平的提升以及苏州数字经济发展提供基础支撑。苏州市 CIM 基础平台定位为城市的时空信息基础设施，其核心是"时空化"。平台以时空场所整合土地、规划、文

---

1. 杨滔，李晶，张月朋，等. 城市信息模型（CIM）平台顶层设计的理论与方法探讨——以苏州为例［J］. 城市发展研究，2022，29（7）：24-29.

化、金融、治理等各条线，重构三维空间场所的多维度关系，通过对社会、经济、环境等各种要素进行数字化、空间化管理，提供时空信息服务，服务于各部门数据与业务的时空流转，支持感知敏捷、开放流通、创新应用，最终实现善治、兴业和惠民。

苏州市 CIM 基础平台以现状（测绘）数据、规划数据为基础，融合各业务部门的管理数据、社会经济数据形成公共的空间数据融通底板，实现全市公共数据底板共建；基于物联感知体系，实时整合人、事、物等动态信息，推动人机互动交流，为城市提供公共的空间决策支撑服务，实现全生命周期共治；按业务需求，将数据组合成为模型，用于分析、模拟、仿真和可视，形成全市公共的空间信息服务操作系统，构建具有价值的数据资产，驱动新经济模式产生，形成数字经济价值共享；以"空间场所"的应用为出发点，通过空间数据共享、空间分析支撑、空间可视表达、空间应用赋能，实现数字孪生空间共创。通过构建一条"业务链"，编织一张"数据网"的技术路线，在数据、模型、流程三轮驱动下，以业务集成重塑流程、整合模型、重组数据；以新型数据采集来推动数据治理的创意，支撑模型创新，辅助流程创意，通过模型和标准建立业务与数据之间的映射关系，实现数据与业务的双向赋能。

一是搭建"1+10"分布式架构体系。苏州市 CIM 基础平台是"1+10"市域一体化的平台，其中"1"表示苏州市，"10"表示苏州六区四县共 10 个板块。以苏州市的城市级感知网络、空天地一体化网络体系、数字基础设施作为底层支撑，平台采取市级统筹、市区共建的模式，在纵向上通过统一的数据标准实现市区两级的数据汇聚和交换，在横向上以空间编码为纽带打通各业务条线的空间管理单元，实现多源异构数据的融合和数据的空间化映射。二是架构 3 中台模式。苏州市 CIM 基础平台重点构建数据中台、业务中台、模型中台三大中台。数据中台通过对多维数据资源进行汇聚、融合、治理，提供数据资产服务能力和便捷快速的开发环境；业务中台将不同用户的共性业务需求提取出来，包括描述、诊断、预测、决策、信息交换等类型，将其集中开发为通用功能组件；模型中台提供三维建模、数据分析、模拟仿真及模型迭代的能力，建立数据与业务的交互映射。三个中台共同促进多专业协同在城市规划、建设和管理中的应用，推动场景引领、数据支撑、算法辅助的科学决策。三是建立多场景的松耦合应用模块。基于微服务，苏州市 CIM 基础平台的应用系统建设应充分反映苏州在生态环境、社会经济、历史文化等方面的独特优势，重点关注以下几个方面：①生态价值挖掘，搭建山水城市的三维生态本底，模拟生态平衡、量化生态价值；②流动空间追踪，发现苏州人口、企业、资金、气候环境等要素的流动特征；③文化复兴决策，以古城保护为代表，建立人口、土地、交通等多模型、多流程、多专业协同决策模式，创新内生型数字经济路径，搭建数字孪生信用体系；④土地精细治理，以数字化土地权属、项目审批为抓手，强化重大项目选址和实施的可行性研究，建立土地全周期流转闭环；⑤人民参与协同，强化多主体空间协商，基于人机互动和参数化设计，就空间识别、策划、规划设计、建设竣工、不动产登记等进行多主体协商，加强公众参与。

苏州市 CIM 基础平台衍生出很多数字经济产业，也为传统产业的数字化转型提供新的数字化空间。基于 CIM 融合产业多源要素信息、企业空间位置信息和企业的行业、类别、位置等属性信息，提供苏州产业集群的时空数据底座；基于 CIM 构建规建管全生命周期、全要素、全方位的城市治理平台，缩短企业登记注册、拿地批地、开工建设、运营投产的时间成本，为世界级产业集群的形成营造世界一流的营商环境；基于 CIM 提供精细化的产业服务，融合产业链与创新链，提炼形成具有苏州特色的产业集群模式。

专栏 6-6　支撑交互式城市更新的深圳妈湾 CIM 平台 [1]

深圳妈湾位于深圳前海妈湾片区，目前处于工业用地更新升级的阶段；总用地面积为 3.574 km²，总体建设规模控制在 600 万 m² 以内，就业人口拟为 10 万以内，居住人口拟为 10 万以内。该规划定位为中国特色社会主义先行示范引擎，基于相关利益方深度参与空间设计各个环节，在空间上探讨"用地布局—公共服务—投资建设"之间的滚动协商与发展模式，以推动高质量的发展。深圳妈湾 CIM 平台采用开发智慧空间设计与决策系统的方式，建构起参数化互动的模式，伴随规划设计的深化进程，推动了"基于原有路网分配与优化强度指标—生成三维模型—多专业协调评估"的循环迭代工作方式，从空间运营与治理的角度去看待城市设计的合理性。

该技术路线面向人所观看与体验的空间延伸，围绕空间本身的塑造去促进多专业互动，优化空间结构与形态的创作过程。这包括四阶段的人机交互过程（图 6-4），分别为：根据空间可达性调整二层路网与地块；根据合适出行半径

---

1. 杨滔，罗维祯，林旭辉，等. 人工演进的元城市系统：城市空间形态的一种智能生成 [J]. 上海城市规划，2022（3）：14-22.

调整组团；根据功能平衡与空间区位调整用地性质与容积率；根据空间形态生成调整能耗、成本以及路网结构。这四个阶段彼此循环迭代，共同不断优化城市设计形态及其功能，推动高质量的空间结构的最终涌现。该系统以每个街道段的空间特征、人口、功能、能耗等作为局部张量，以街道与功能拓扑空间网络将这些局部张量连通起来，并以此参数化的方式去实现不同专业的张量属性之间的互动关系，最终建立起空间形态生成的计算模式。其中，人视角的行为模式是建立起拓扑网络的基础，也是参数调整的底层逻辑。

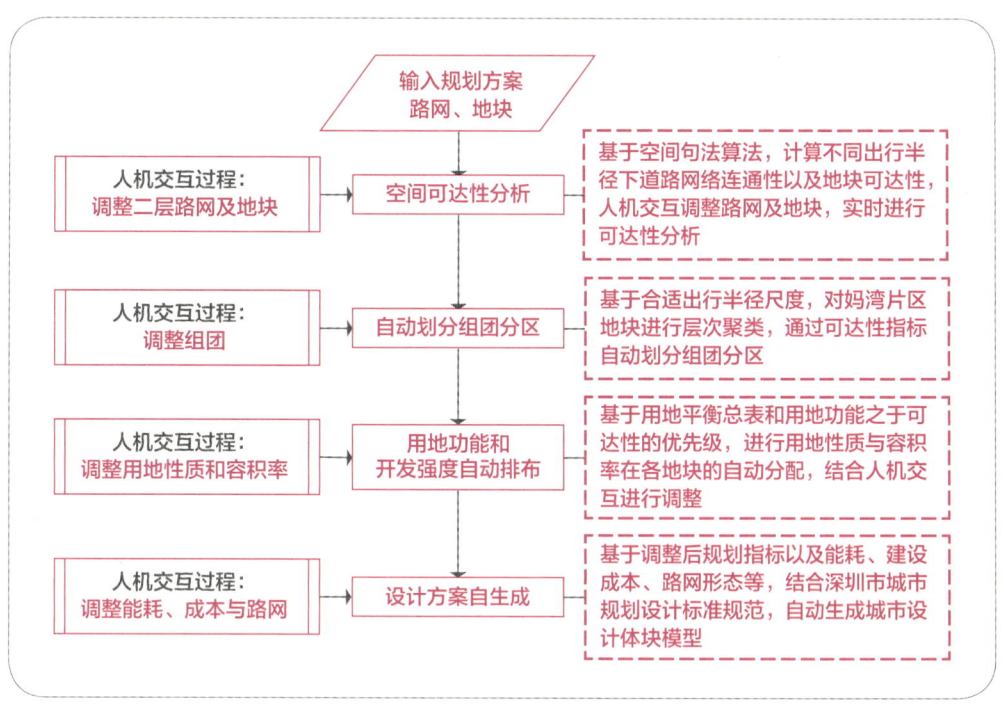

图6-4　四个阶段的流形分析
资料来源：自绘

首先是空间结构的参数化调整（附图6-1）。将妈湾的空间结构纳入深圳整个城市的空间结构之中，参数化地调整妈湾与周边路网和地铁网络的连接方式，识别妈湾内外空间结构的不同设想；妈湾立体空间结构根据两层街道网络之间的连接要素，如垂直电梯、自动扶梯、坡道等，设置不同类型的参数，模拟人与车在不同类型方式下的行为模式；此外，充分考虑海岸线、地面层街道采光模式等，还开展城市级、片区级、15分钟生活圈等不同层级的立体空间分析，便于多方根据自身的诉求，而不断地调整空间发展方向与连接措施。

其次是空间组团的参数化调整，便于地面路网选型与二层路网分期开发。组团划分的方式就是空间结构之中不连续点的识别过程。各个地块沿周边立体网络而向外延伸，按不同出行距离的限制，结合城市核、公共服务设施、人口覆盖情况、造价成本等因素，计算出需要聚类的地块，形成可行的组团分期开发方式。

再次是用地性质与开发强度的参数化调整，考虑地块的可达性、15分钟生活圈的聚类、邻里动态用地平衡、用地性质优先次序等在空间结构之中的互动过程。在人机互动过程之中，CIM平台考虑三维连接模式和立体不动产属性，动态识别出不同地块的潜力服务中心，对应于邻里与社区中心的布局，融入不同的开发强度参数，共同建构起基于用地性质的空间中心体系；基于地块层面上的快慢交通驳接方式、不同类型的公共服务设施、工作与居住人口、街道界面、建筑功能等，参数化地识别不同的精细化空间模式，支撑中微观决策（附图6-2）。

最后是三维空间形态的参数化调整。结合诸如日照、太阳热辐射、室外舒适程度等，共同建构起碳中和的空间模式（附图6-3）。与之同时，建筑物能耗、固废排放、耗水以及开发成本等也内置到空间形态调整之中。以此，空间形态本身的塑造容纳了不同专业的表达与初步评估。其核心是建立起多专业之间互动的空间介质，使得空间结构调整的同时，其他社会、经济、环境、文化等要素能随之而发生变化，最终折射到物质空间形体生成之中。

总体而言，深圳妈湾项目提供了一种众人参与到空间动态规划与治理的路径，有利于规划设计人员、开发管理者、投资者、使用方、民众等从各自的视角去感知与理解空间的构成方式，从而至少建构了利益相关者之间基于时空的协同交流模式。与传统城市更新相比，基于CIM平台的城市更新从人的沉浸式角度，强化了多专业、多尺度、多维度的及时联动，桥接了社会、经济、环境、文化等因素在空间形态上的互动式折射，便于动态地生成或调整不同视角下的空间方案。在人机互动的过程之中，各种空间利益诉求将逐步共同建构起数字化与参数化链条，不断地迭代与优化，使得城市空间中适合人所使用的多样性与结构性内容得以涌现，有助于推动复杂城市空间系统中城市更新与治理的动态融合发展。

6.3.4 数字孪生技术

"数字孪生"（digital twins）最早产生于工业生产领域，是指构建与物理实体完全对应的数字化对象的技术、过程和方法，通过对物理实体在其整个生命周期中的虚拟表示，根据实时数据进行更新，并使用模拟、机器学习和推理来帮助决策。这一概念包括三个主要部分：物理空间的实体、虚拟空间的数字模型、物理实体和虚拟模型之间的数据与信息交互系统。而"数字孪生城市"（Digital Twins City）的概念首次在雄安新区规划中提出，是将物理世界的数字化映射，通过构建城市物理世界及网络虚拟空间一一对应、相互映射、协同交互的复杂系统，在网络空间再造一个与之匹配、对应的孪生城市，实现城市全要素数字化和虚拟化、城市状态实时化和可视化、城市管理决策协同化和智能化，形成物理维度上的实体世界和信息维度上的虚拟世界同生共存、虚实交融的城市发展新格局。数字孪生技术在国土空间规划领域的应用，有望建立一个与城市物理实体几乎一样的"城市数字孪生体"，打通物理城市和数字城市之间的实时连接和动态反馈，通过对统一数据的分析来跟踪识别城市动态变化，使国土空间规划更加契合城市发展规律。

20世纪70年代，美国宇航局将"数字孪生"的概念用于航空航天飞行器的模拟仿真，以确保航空器安全，并且提高了其运行寿命[1]。2003年，迈克尔·格里夫（Michael Grieves）教授在美国密歇根大学首次提出"信息镜像模型"（Information Mirroring Model），他在2011出版的《几乎完美：通过PLM驱动创新和精益产品》中给出了数字孪生的三个组成部分：物理空间的实体产品、虚拟空间的虚拟产品、物理空间和虚拟空间之间的数据与信息交互接口[2]。数字孪生理念逐渐在航空航天、工业制造、农业、电力乃至城市领域快速发展，展现了从复杂性较低的系统到复杂性较高的系统中的应用发展过程。在我国，"数字孪生城市"的概念最早出现在2018年的《河北雄安新区规划纲要》中，即"坚持数字城市与现实城市同步规划、同步建设，适度超前布局智能基础设施，推动全域智能化应用服务实时可控，建立健全大数据资产管理体系，打造具有深度学习能力、全球领先的数字城市"[3]。

随着数字孪生理念应用领域的逐步扩展，数字孪生技术经历了技术迭代发展的过程，并在每个发展时期展现了不同的互动方式和特征。总体来看大致可以分四个

---

1. SHAFTO M，CONROY M，DOYLE R，et al. Modeling，simulation，information technology & processing roadmap [J]. National Aeronautics and Space Administration，2012（32）：1-38.
2. GRIEVES M，VICKERS J. Digital twin：Mitigating unpredictable，undesirable emergent behavior in complex systems [M] // Transdisciplinary perspectives on complex systems. Springer，2017.
3. 中国测绘学会. 建设数字孪生城市的逻辑与创新思考 [EB/OL]. （2022-08-20）[2024-06-01]. https://m.thepaper. cn/baijiahao_11852264.

阶段。一是数字孪生技术萌芽期，以模型仿真技术为主，体现物理实体到数字虚体的映射特征。20世纪80年代以来，CAD、CAE、CAM等计算机建模、模拟仿真技术迅猛发展，主要在工业制造业和建筑领域广泛应用，可以将物理空间的实体形成数字映射的过程。例如现有的数字孪生城市实践是从数化仿真城市物理环境开始的，包括建筑、道路、桥梁、水系。这种初步的物理世界到网络世界的映射而产生的三维可视化环境，为城市信息的快速获取和基于信息的判断和交流提供了便捷的途径。

二是数字孪生技术概念期，以模型与感知技术为主，能够体现物理实体到数字虚休映射后数字虚体对物理实体的反馈特征。随着模拟技术的不断发展以及21世纪初"物联网"技术的初步应用，通过感知通信获取产品实时运行数据与实时计算成为可能。2010年NASA将数字孪生应用于航天航空领域，随后通用电气、达索、西门子等制造业龙头企业广泛开展数字孪生应用，推动了物联感知技术与建模仿真技术的集成融合。不过该时期缺乏城市尺度物联网的应用，城市的相关应用仅停留在智能建筑的物业、监控管理等方面。

三是数字孪生技术推广期，以模型、感知、空间位置等多技术融合为主，体现物理实体和数字实体在空间中的互动特征。随着全球导航卫星系统（Global Navigation Satellite System，GNSS）等空间定位技术的推广，以及参数化模型的应用，结合物联网、BIM技术的成熟普及3DGIS的实体语义化发展，形成了以模型、感知、空间位置等多技术融合为主的数字孪生技术。这使得数字孪生逐渐从封闭空间小微场景，向开放空间大中型场景转变，从数字孪生产品、工厂、楼宇，走向数字孪生园区、城市等大尺度范围。

四是数字孪生技术壮大期，以模型、参数化、位置、感知、交互、AI大模型等技术全面融合为主，体现物理实体和数字实体在时间和空间维度协同互动的特征。随着对城市系统规律的认知加深，参数化模型、感知交互（AR、VR）、人工智能（机器学习、深度学习等）、区块链等技术从组织模式和交互模式上彻底改变了城市的生产生活方式[1]。然而，最近越来越多的学者认为数字孪生城市不是一个模型，而是由多个模型组成的集合体，其中每个模型都反映了真实城市的某个侧面[2,3]。

---

1. 杨滔，田颖，徐艳杰. 数字孪生赋能下的互动生成式规划与治理［J］. 上海城市规划，2023（5）：4-10.
2. 巴蒂，林旭辉. 数字孪生、图灵测试和城市模型［J］. 上海城市规划，2023（5）：1-3.
3. 吴志强，甘惟，李舒然，等. "城市众脑"：理论模式及关键议题［J］. 城市规划学刊，2023（6）：20-26.

第 6 章　国土空间规划技术应用

专栏6-7　赋能苏州古城复兴的数字孪生城市应用[1]

苏州市基于苏州市城市信息模型（CIM）基础平台，以历史城区 19.2 km² 为试点率先探索古城的数字孪生示范应用，提出运用数字孪生技术构建"数字孪生场景"，以全时空共享、全周期共治、全领域孪生互动为目标，建设苏州古城的数字孪生系统，在场景、技术的双驱动下，释放古城独特的文化价值，实现历史文化遗产的保护与活化。

数字孪生场景对苏州古城数字孪生的整体构建具有驱动作用，从而夯实古城数字孪生架构的基石。首先，场景本身为数据采集或机器学习提供了一种参考系，以场景需求来推动数据的重组，并搭建不同模型之间的参数联系。其次，数据的融合或模型的迭代又构成多层场景的学习过程，围绕场景的实现，不同模型通过定制化组合共同作用，形成业务与数据的互动，从不同的维度去模拟空间场景的功能运行，推动数字孪生场景的搭建。最后，数字孪生通过这种学习过程，将真实世界之中的人、地、事、物抽象为数字世界之中的知识，并在真实的空间场景中得以再生产，加速知识的迭代，孕育出人机互动的智慧，通过反复校验、迭代的过程构建起多层次、多精度、多模态的复杂场景系统。因此，基于场景构建数据、基于数据挖掘价值、基于价值推演模拟，支撑起各种宏观与微观的决策，构建起从认识到识别、从决策到治理的古城保护更新活化利用的全过程，最终实现古城孪生的整体可持续发展闭环（图 6-5）。

整合多维时空数据，构建古城数字底板，结合历史图纸、现状模型、城市设计模型等三维模型和社会经济属性数据，实现古城过去、现在、未来场景的数字化再现与文化价值重构。数字底板包括两个方面。从物质形态入手，通过数字化建模对房屋、建筑、院落、文物保护单位、古树、古桥、古井、河流水系、街巷道路等古城各类实体要素进行保护。根据不同空间尺度的需求，会涉及不同精度的模型，例如高精度的倾斜摄影模型最接近古城真实现状（附图 6-4），能在较大尺度实现大范围的现状概览，直观看到古城的风貌特色，加强对整体视线通廊、建筑高度的管控；单体化建筑模型、分层分户模型可以展现出建筑形态、立面和相关属性信息；构件级的模型，如 BIM 模型则可以反映出古建筑的室内、构件等细节；人工精模经过游戏引擎渲染之后（附图 6-5）则可以让用户感受到身临其境的感觉，对文化体验和宣传大有裨益。

1.杨滔，李晶，李梦垚，等.苏州古城历史文化遗产保护与活化的数字孪生方法 [J] .城市规划学刊，2024（1）: 82–90.

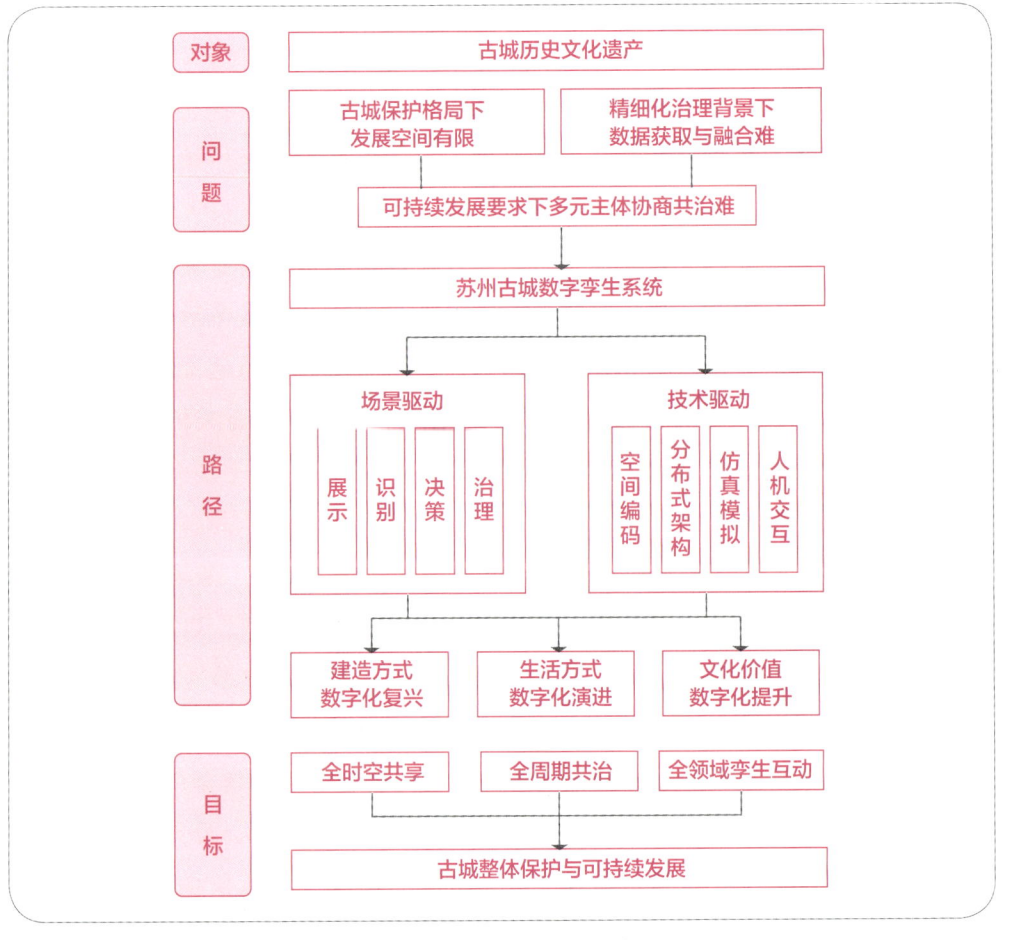

图 6-5 基于数字孪生场景的城市历史文化遗产保护与活化利用路径
资料来源：自绘

　　基于数字底板，从不同维度、不同要素、不同指标入手，从生态、社会、经济、文化等多个维度构建数字孪生的"识别"场景，对数字要素及要素间的关系进行抽象化和重组，构建评估模型，对古城进行评估和价值挖掘，形成古城一幅幅独特的数字画像，反映出现实场景的运行规律、古城历史文化遗产的价值、古城发展中隐藏的问题。在此基础上，可以识别出需要强化历史文化保护和管控的地区、可以进行微更新的地块，抑或是具有较大更新潜力的区域（附图 6-6），以细颗粒度的数据为政府部门、投资实施主体等提供精细化的数据和科学的分析结果，同时有利于明确古城更新项目所涉及的人口量、建筑量、资源量，辅助相应主体做出更加准确的决策判断，推动后续古城保护与活化更新在项目层面的实施落地。

　　在"识别"场景价值的基础上，结合保护与更新的双重需求，将古城视为有机整体，结合古城保护更新发展总体策划与古城更新业务流程，通过数字孪生技术模拟出具有本地社会特征和需求的数字决策场景，提供辅助项目选址、规划条件给出、设计方案管控和影响评估等功能，辅助古城规划建设管理的全生命周期，构建古城更新多主体会商平台，探索三维数字化、智能化方式创新古城保护更新模式。

在古城更新项目的策划和选址时，可以通过调整不同指标自动模拟出空间体块模型，对项目实施效果进行预判，并结合历史文化名城保护的要求，与三维现状模型联动，查看城市整体的空间形态和风貌状况；通过系统算法，预先对搬迁安置人口、交通流量影响、公服设施需求等社会影响及拆迁改造成本、复建规模、融资总量等经济影响进行定量估算，平衡更新过程中居民、政府、投资商等不同参与方的综合利益。

将数字孪生技术应用到城市运行、城市管理、社会治理、应急管理等领域，可实现全主体映射、全要素感知、全场景赋能。运用物联网、边缘计算、云计算技术，结合各类要素在虚拟空间的可视化展示，对古城中原本不可见的地下管廊、地下管线以及交通要道、重大市政基础设施等城市生命线工程进行精准监测，在古城数字孪生中全范围反映真实场景的运行态势。结合模拟仿真技术，可实现交通流量、人群活动、自然灾害、疫情扩散等的仿真，为交通拥堵治理、景区景点人群疏散、疫情精准防控等提供智能预测服务。结合公众参与，可为市民提供更加便利的数字化公共服务，也可以通过在线调整建筑立面颜色、更换屋顶等，对街巷立面管理、老宅修缮、违建拆除等进行在线模拟。不断丰富数字孪生场景，可促进古城保护更智慧、古城治理更科学，推动古城规划、建设、管理和运行一体化闭环运转，展现数字孪生城市的高阶智慧。通过数字孪生技术对古城的文化遗产进行数字化再现，还可以推动相关"文化资源"到"文化资产"的转化，全面提升古城的文化价值。

思考题

1. 如何将规划机助技术与现有的国土空间规划方法结合？

2. 在国土空间规划中应用规划机助技术时，数据的来源有哪些？如何确保数据的准确性和可靠性？

材编撰与出版工作，重点领域"多学科交叉的国土空间规划虚拟教研室"和"国土空间规划理论与方法"知识图谱和教学资源建设团队共同承担了《国土空间规划理论与方法》教材的编写任务。教学资源建设、虚拟教研室建设和教材编写三项工作的内容和团队具有高度延续性，成为本教材内容丰富性、可靠性、前沿性的重要保障。与此同时，本书编写也融合了国家自然科学基金项目（42171247、42371231）、重点领域教学资源建设项目课题"学科交叉的国土空间规划本科专业人才培养和课程体系设置研究"等阶段性成果。

本书是团队协作的成果。各单位团队经过十余次工作会议的深入研讨，先后提交了五轮成果，每个单位的团队带头人、百余位编委和参编人员都为书稿的编撰付出了大量时间和精力，作出了切实的重要贡献。作为本书主编和重点领域"多学科交叉的国土空间规划虚拟教研室"带头人，林坚教授全面统筹知识图谱、教学资源、虚拟教研室的组织建设和教材编写工作，搭建知识体系和本书的框架结构，组织协调各单位团队开展工作，并对每轮书稿进行系统的审校、增删和修改，刘涛研究员协助主编开展工作，全书统稿由林坚、刘涛完成。

在本书编写过程中，得到了丛书主编吴志强院士的指导及其团队的支持，同济大学出版社为本书的质量和进度提供了坚实保障，北京大学杨焯斯、郭家新、彭荣熙、王宁诚、朱羽佳以及其他参与高校的国土空间规划及相关专业师生也通过不同形式参与书稿的研讨和编写工作。自然资源部、国土空间规划局、国土空间用途管制司有关领导，重点领域教学资源建设办公室王宏宇、许长江、董平，同济大学孙施文教授对本书编撰及相应教学资源建设给予大力支持和指导。对于诸位的上述工作和贡献，我们表达衷心的感谢。

国土空间规划作为一门新兴学科领域，相关的理论和方法体系建设仍在探索阶段，期待本书能够为本领域的学科建设、人才培养及实践应用工作提供支持和参考，更期待学界业界同仁提出宝贵意见建议，共同推进国土空间规划理论与方法体系的建设完善工作。

3. 地理信息技术在国土空间规划中的应用有哪些主要挑战和限制？

4. 在国土空间规划中，人工智能如何支持复杂问题的自动化决策和预测？有哪些潜在风险？

5. 数字孪生技术如何在国土空间规划中模拟和优化未来发展场景？其准确性和保密性如何保障？

6. 大数据分析在国土空间规划中如何支持实时数据的监控和应急响应？

7. 人工智能在国土空间规划中的应用是否会导致规划过程中的"黑箱效应"？如何解决？

8. 随着大数据分析、人工智能和数字孪生技术的不断进步，国土空间规划的角色和方式将会发生哪些变化？

后 记

"多规合一"的国土空间规划改革与实践对高等院校的规划学科建设和人才培养提出了新的要求，需要城乡规划学、地理学、公共管理学等多学科的共同支持和交叉互鉴，需要重新梳理整合和完善提升空间规划的理论与方法，需要更加系统全面地融合规划教育、科研和实践应用工作。面向改革需求，本书的编写团队走在规划教育的前沿，通过多种形式的探索，形成了空间规划学科建设和人才培养的系列成果，本书就是其中非常重要的成果之一。

2020年8月，教育部高等教育司启动国土空间规划相关领域教学资源建设工作，确定北京大学城市与环境学院林坚教授担任"国土空间规划理论与方法"领域的负责人。随即，北京大学城市与环境学院联合北京师范大学地理科学学部、重庆大学建筑与城市规划学院、天津大学建筑学院、苏州科技大学建筑与城市规划学院成立专家团队，发挥各单位空间规划研究和教学工作的传统优势，聚焦国土空间规划的理论与方法，开展该领域的知识图谱研制、知识体系构建及教学课件、视频、习题、案例等教学资源的建设工作。

2022年8月，首批重点领域虚拟教研室建设试点名单公布，依托国土空间规划理论与方法教学资源建设团队申请的教育部重点领域"多学科交叉的国土空间规划虚拟教研室"正式成立，成为国土空间规划领域的三个专业建设类虚拟教研室之一，为国土空间规划理论与方法体系建设提供了新的平台。在新平台的申请和建设过程中，进一步明确了多学科交叉、多地区参与、教学科研与实践应用高度融合的指导思想，建设方向更加明确，成果特色更加凸显。同时，建设团队进行了大幅度的扩容，随着中国科学院大学、清华大学、中国人民大学、中国农业大学、中国地质大学（北京）、同济大学、浙江大学、南京大学、东南大学、中山大学、华中农业大学、西南大学、沈阳建筑大学、陕西师范大学、中国地质大学（武汉）、东北农业大学、哈尔滨工业大学、华南理工大学相继加入，参与建设的高校达到23所；自然资源部人力资源开发中心、自然资源部国土空间规划研究中心、中国国土勘测规划院、中规院（北京）规划设计公司、中国城市发展规划设计咨询有限公司、北京市城市规划设计研究院、北大国土空间规划设计研究院、自然资源部第一海洋研究所、易景科技（天津）股份有限公司9家企事业单位后续也相继加入，不仅提供了丰富的实践案例，更使得教学科研与规划实践的深入融合成为可能。

2023年3月，正式启动国土空间规划战略性新兴领域"十四五"高等教育教